愛酒家的蘇格蘭威士忌講座

100間蒸餾廠的巡迴試飲之旅

三悅文化

CHEERS!
FOR THE WHISKY!
FOR THE SCOTCH!

男人的酒＝威士忌

威士忌是男人的酒，且不分任何階級。

如果用車子來比喻，那麼相當於英國的BMW MINI。

從市井小民到王公貴族大家都愛喝，威士忌可說是全人類喝的酒。

雖然都是蒸餾酒，不過威士忌給人的感覺多少還是和白蘭地不盡相同。

白蘭地是上等的法國酒，由於滑潤順口，

所以適合喜歡那種微醺和氣氛的人飲用。

不過像是威士忌，它卻不會這麼輕鬆地就讓酒迷入醉。

在任何時候，你都可能會突然想要來杯威士忌。

在今天工作忙了一整天後，抱著感謝的心情小酌一杯，

突然，在人生的旅途上感到迷惘而小酌一杯，

或者因為一件小小的、美好的事而在當天傍晚小酌一杯，

然後覺得「啊～明天也繼續加油吧」，威士忌就是像這樣的酒。

讓我們感謝今日，然後有活力面對明日。

威士忌真的就是「生命之水」。

對男人而言，威士忌是生存所不可或缺的東西。

目次

CONTENTS

關於蘇格蘭

我的單一麥芽威士忌初體驗是在曼島採訪完機車賽之後，接著從利物浦延伸了3、400公里而來到了出現在莎士比亞的「馬克白」裡的城堡以及順道繞去尼斯湖的時候所發生的事。當時，我們去了當地的酒舖買了旅途要喝的酒，接著回到飯店並在晚飯前來個小酌一杯。結果，這些酒讓我們感到非常驚艷！
我們當時買的是「拉佛格」、「格蘭傑」以及愛爾蘭威士忌「布希米爾」這3款威士忌，而這些酒比起我們至今為止在日本以為所喝到的蘇格蘭威士忌，味道也未免好喝太多了。那一晚，我們仔細地品嚐並比較了「約翰走路黑牌」、「約翰走路紅牌」、「順風」、「起瓦士」彼此之間的不同。拿著煙燻大西洋鮭當下酒菜，然後一邊享受著這3款單一麥芽威士忌，我們度過了相當快樂的一晚。

回到日本之後，我查了一下這3款威士忌的相關資料，接著再仔細地品嚐並比較彼此之間的差異，結果我發現：原來至今我所喝到的其實是「調和威士忌」，而所謂的單一麥芽威士忌，必須要在同一個蒸餾廠裡，只用100%的大麥麥芽來進行糖化、發酵以及蒸餾，最後再裝進酒桶裡經過3年以上的熟成才行。

由於當時在日本要能夠輕易地喝到的單一麥芽威士忌的種類其實非常有限，因此了解到這樣的事實之後，讓我興起了想要採訪蘇格蘭所有的蒸餾廠並且品嚐更多威士忌的念頭。

自此過了20幾年，而我們也幾乎快變成酒鬼了。

現在回想起來，我曾經去過許多國家並喝了不少當地產的酒。

從艾雷島望向吉拉島時所看到的吉拉峰（Paps of JURA）。隔著海峽的急流，在眼前向180度展開的風景，那樣子竟是如此地纖細美麗，讓人非常感動。

到德國或比利時，會覺得「白酒和啤酒很讚！」；
到法國會感覺到「這才是真正的紅酒！」；
到義大利則會想要喝「義式白蘭地（Grappa）」；然後到美國又會覺得「波本威士忌其實也很不賴」等等。
總之，只要喝了當地所產的酒，就會很習慣地想對酒的滋味品頭論足一番。

不過，後來上了一些年紀之後，對於酒的看法也開始有了本質上變化。

究竟怎樣才算是好的酒呢？
第一，隔天早上醒來覺得很清爽的酒。
第二，能確實讓人有醉意的酒精濃度。
第三，雖然也有相當珍貴的陳釀，但是我喝的通常是以10到12年酒款為主。雖然我也曾喝過18到25年左右的陳酒，但是畢竟所費不貲無法經常飲用，所以能夠每天喝的還是以10到12年的酒款最好。
第四，即使加水或蘇打稀釋也不會影響到本身美味的酒最好。有些酒只要稀釋味道就會立刻走味，像那樣的酒還真是讓人無法領教。

綜合以上所述，我到了這個年紀才終於了解到，原來單一麥芽威士忌才是最能讓人享受醉意的好酒。

打開買來的酒，一邊享受酒倒出來的美妙聲音，一邊感謝我的身體依然健康，然後痛痛快快地喝上一杯。就這樣，今天又度過了平安的一天。

酒的貴賤與價格的關係

酒的價格會因為熟成的時間與蒸餾廠的不同而跟著改變。
不過以酒來說，18年款或是21年款是否就比10年款還要更好呢？
一直不斷熟成的威士忌究竟好不好喝？
我想我能理解為什麼21年款會比10年款的價格還要「更加昂貴」。
這是由於長期放在酒窖裡熟成的場地費、所耗的人力、物力
以及因蒸發而減少的部分等，所以使得21年款像奢侈品那樣地昂貴。
價格是根據成本再加上酒廠利潤所制定出來的，
這跟「美味的程度」並非成正比。
事實上，在義大利賣的最好的是7年款。
因此在日本許多人都搞錯了，
他們以為「蘇格蘭威士忌因為經過長期熟成所以才會那麼好喝，
貴一點也是沒辦法的事」，但實則不然。
簡單的說，好不好喝純粹是個人喜好和TPO（time, place, occasion）罷了。
不過10年款變成20年款之後價格竟然就要貴上10倍，
這對一個愛喝酒的人來說，未免也太不合理了。
在蘇格蘭單一麥芽威士忌的專賣店裡，
只要店員想要推薦熟陳年酒等於貴的酒時，我總會覺得相當不以為然。
因此，每次我都會直接說「我要○○○10年款」。

被切開來的泥煤層。含有大量水分的泥煤，會經過數個月的曝曬，等到完全乾燥之後便能做為燃料使用。在艾雷島上隨便一挖就能很容易地找到相當優質的泥煤層。

序言

PROLOGUE

有一種酒叫做調酒，它是專門用來解憂消愁的。不過這個小玩意不僅只是為了讓喝的人能夠藉由「酒」這種液體來達到放鬆精神的目的，透過飲用的過程也能讓人享受到歲月的變化與自我的轉變。

為了達到這樣的目的，首先要仔細挑選時間跟地點（這點非常重要），接著走進自己喜歡的酒吧裡，然後對著眼神沉穩的酒保用俐落又輕鬆的口吻點上一杯（總是堅決地）特別講究的調酒。這個時候，便能開始放鬆自己的精神於四周流動的空氣裡，然後一邊將目光跟著酒保那熟練的調酒步驟和技巧轉動，自然地、不自覺地露出微笑。不過，隱藏在微笑背後裡的憂愁其實也再等待著調酒，如果喝一小口就能感覺煩惱好像少了點，第二口時覺得心情放鬆，到第三口的時候就能徹底地將自己的身心解放於這浮世之中。

小說家有的時候會讓自己筆下的主角用這樣費工夫的方式來喝酒，尤其是冷硬派的推理小說家更是經常使用這樣的表現手法。不過大致上來說，會讓調酒含有某些意涵的這種構思，其實並非是自然發生的。讓一般大眾對於調酒產生這種印象的始祖，雖然據說是戰前的美國平裝小說家達許・漢密特（Dashiell Hammett），不過除了漢密特之外，其他讓人印象深刻的還有雷蒙・錢德勒（Raymond Chandler）筆下的私家偵探菲力普・馬羅（Philip Marlowe）、以及羅斯・麥唐諾（Ross Macdonald）筆下、同樣也是私家偵探的盧・亞徹（Lew Archer），這三位小說家都是大家公認的美國冷硬派推理小說的三大天王。

在這些小說家各自所描繪出的剛毅又善良的私家偵探當中，一定會出現他們用極為簡潔的幾句話來描述自己所喜歡的調酒等場景，從這些地方讓我們有機會能一窺美國孤獨硬漢的傳統形象，讀起來格外引人入勝。善與惡，簡單明瞭。這對感情錯綜複雜又障礙重重的現代生活來說是完全不一樣的世界，可說是男人們的童話。

在夜裡翻開已讀超過10遍以上的錢德勒的「漫長的告別」（The Long Goodbye），雖然對於裡面的情節已經倒背如流，不過每次讀的時候卻還是會出現感到心碎的瞬間。而這個時候，如果還突然發現自己的手中少了一杯酒杯冷到起霧的Gimlet，那麼內心總是會更感到空虛。

漢密特的小說「紅色收穫」（Red Harvest）裡，那猶如孤狼一般的大陸偵探社無名探員所喝的Gin Fizz（雖然沒有明講，但應該是這款）、以及剛才提到的錢德勒筆下的菲力普・馬羅所愛喝的Gimlet和其他各種調酒，甚至同樣也是冷硬派推理小說家羅伯・派克（R.B. Parker）筆下的史賓賽（Spenser），作者通常都習慣用主角所喜愛的調酒來表現他們的性格，然後將調酒細分成許多種類，而且描述的非常詳盡。不過如此一來，會容易讓人感覺所寫的這些調酒似乎只是作者自己個人的偏好罷了，因此有時候讀起來容易會讓人覺得「啊，這是酒鬼寫出來的小說。」此外，雖然他們對於酒的描述與相關場景都寫得相當精彩生動，但是真實世界裡的那杯酒是否果真如此精彩，我想我就先不予置評了。

我會這樣說，是因為我覺得像調酒這樣的酒總有點裝模作樣，如果抽掉那些想像中的場景和情境，將這杯酒直接擺在眼前，這些調酒是否還會如小說所描寫的那樣閃閃生輝，我實在是感到存疑。

不過既然如此，那我又何必花那麼長的篇幅來討論調酒呢？雖然對「喜歡調酒的人」而言，這樣的說法好像有點粗魯，但是如果沒有了調酒這個「小道具」，那麼這些「費工夫」的場景根本也就無法成立，而我本身也不喜歡裝模作樣，因此對於像我這樣開始上了年紀又有點頑固的男人來說，能夠更直接配合自己的心情、更純粹且徹底地激勵著粗曠的男人心的酒更好。

這種時候，這樣的酒非威士忌莫屬了，總之不管蘇格蘭威士忌或是波本威士忌都好。不過，回顧創造出這些酒的民族的歷史，一種酒的誕生，是要靠該民族費盡多少的心血和努力才得已完成，雖然說接著再繼續創造出第二種、第三種的酒也不是不可能，但是卻總顯得有些欲振乏力。總之，對於本編輯部T先生的想法我完全認同，如果重新審視威士忌起源的歷史、事實與民族的光榮，那麼在展開話題之前，我在這裡很肯定地說：「威士忌非蘇格蘭威士忌莫屬」。

另外，既然已經說到了調酒，應該也要提一下當然也有以威士忌為基酒的調酒，不過這樣的調酒並不會出現在美國的平裝小說裡，就算有也非常稀少，而且純粹的威士忌愛好者通常對調酒也都比較不以為然，因此在這裡先暫時略過。

羅伯特．伯恩斯

在日本大家應該都有聽過「螢之光（即台灣的驪歌）」一曲，這首歌其實是來自誕生於18世紀中的蘇格蘭詩人羅伯特．伯恩斯所寫的「Auld Lang Syne」，只要是蘇格蘭人一定都知道這首歌。另外，在日本還有另一首學校都會教的歌曲「故鄉的天空」，這首歌的原曲也是來自羅伯特．伯恩斯所寫的詩。

「Comin thro' the Rye」這首歌在蘇格蘭語的意思中，正如同歌名「行經麥田」一樣，講的是男女進入麥田而發生關係的事，歌曲的內容可說是相當的戲謔。這和在日本小學教的「夕陽西下，秋風吹起～」那樣富教育性又高尚的意境完全不同。以前在日本也有人會把這首歌的歌詞換成「誰和誰在麥田～」，其實這樣的內容反而才更貼近原意。實際到蘇格蘭問當地人對這首歌的印象如何，據說他們也都會覺得有點鄙猥。

如此一來，突然感覺蘇格蘭似乎親近了起來，同時也讓人對於羅伯特．伯恩斯這位作者究竟是怎樣的人物充滿了興趣。稍微調查之後，果然如所料的一樣，他似乎也是個風流之徒。羅伯特．伯恩斯出生在1759年蘇格蘭南部一個叫Alloway的小村子裡，雙親是小佃農。他雖然在37歲便離開人世而留下大量的詩歌，不過評價相當高的作品卻都是用蘇格蘭語（蓋爾語）所寫出來的。總的來說，他的評價算是相當不錯，感覺是位品格高潔的人士。不過就如所料的一樣，從麥田那首詩的內容來看，似乎也不能算是真正高尚超然又完美的人物。當我聽到他和他的老婆總共生了5個小孩的時候，心裡覺得他還真有一套，結果沒想到除此之外，他竟然還有9個私生子，這真是太讓人嘆為觀止了。

大致上，那些早逝的詩人或是作家，不論東西方通常都還滿風流的，但像這樣如此沉溺其中的倒是非常少見。這樣的本性會不會對未來的人物評價產生影響呢？我的內心不禁感到疑惑。

不管如何，冠上這個男人名字的威士忌經典調酒就叫做「Robert Burns」或「Bobbie Burns」。除了威士忌當然要用蘇格蘭威士忌之外，它標準的做法為用一般的調酒杯（60cc再少一點）、威士忌：多一點、Vermouth苦艾酒：少一點、苦精和替代品Absinthe苦艾酒共5～6滴（即1 dash），不過其實我覺得這款調酒並沒有甚麼特別吸引人的地方。雖然頂多只覺得調酒的名字多少還帶點蘇格蘭人式的幽默，不過如果是英格蘭人，他們應該會一笑置之地說「蘇格蘭人並不懂幽默」。

關於蘇格蘭

蘇格蘭是一個真正的國家。雖然日本人提到

蘇格蘭時總會想到英國，但蘇格蘭事實上是英國（UK＝聯合王國，此外，大不列顛＝GB）的組成國之一，而非只是英國的一個地區。在地理上，大不列顛島北部1/3的地區即為蘇格蘭，面積可說是相當廣大。流通的貨幣有英格蘭的英鎊，另外也有自己獨自發行的貨幣（雖然在英格蘭也能使用，但有時並不受歡迎），首都則是愛丁堡。

日本人對蘇格蘭民謠相當熟悉，雖然以前在中小學都會時興教唱，可是其實真正了解蘇格蘭的人並不多。對大部分的人來說，它只是個曖昧模糊的一個地方。到了戰後，只要提到蘇格蘭，通常都會想到角瓶造型，有個剪影的紅牌或是黑牌「Johnnie Walker」，對許多父親來說，這樣的東西光用想像的就會讓人垂涎三尺，「哪怕只有一次也好，真想喝喝看。」關於高級威士忌，一般日本人所知道的程度也大概僅止於此，至於「Old Parr」則簡直是遙不可及的東西。這就像是一般百姓所不能碰觸的違禁品一樣，甚至連實際看過的人都很少，其他像是「Chivas Regal」更是鮮為人知，即使有聽過，也無法想像那是多麼高級的東西。

總之，大部分的日本人對蘇格蘭的認識大概只僅止於唱歌和高級威士忌，其它方面的則一概不清楚。不過隨著時間的改變，尼斯湖水怪聽說是在蘇格蘭因而讓那裡一時成為話題；此外聽說因為生活滿不錯的，所以英國高爾夫球公開賽在聖安德魯斯的某處舉行而讓該地廣為人知。事實上，會有以上的認知完全就是因為我們這個大和民族對蘇格蘭認識太少的緣故。在那個時代對地理的認識可說就只有如此…。

我第一次去蘇格蘭的時候，當時是騎機車從英格蘭南端的多佛市向北縱跨到蘇格蘭。原本在英格蘭時並沒有察覺到有甚麼不同，當地大家的生活也都極為普通。不過等到進入蘇格蘭之後，不管是到觀光詢問處、港口、公園或是古堡等各個歷史遺跡，都不難發現蘇格蘭和英格蘭長期對立、抗爭以及合併的歷史宿命的蹤跡等，都活生生地出現在眼前。那時候我才了解到，蘇格蘭人即使到了現在仍未真正接受自己是英國的組成國，他們並沒有忘記自己是蘇格蘭王國的子民，他們熱愛自己的國家、喜歡飲酒，那樸質但堅韌頑固的民族性是來自於嚴酷的環境。同時，這也讓我多少體悟到了甚麼是所謂的蘇格蘭魂。

此外，我也是那時才第一次聽到蘇格蘭有位叫做英俊王子（Bonnie Prince）的人。他的名字叫查爾斯．愛德華．斯圖亞特（Charles Edward Stuart），當年為了奪回蘇格蘭，對英格蘭挑起完全沒有勝算戰爭而敗北（1746年）。不過在之後，許多的蘇格蘭人卻對這場抗戰感到相當的自豪，英俊王子不管是現在還是未來，相信都會一直是他們心中的英雄而繼續受到大家的喜愛。

順帶一提，Tony Sheridan（由披頭四擔任伴奏樂隊）在1961年的暢銷曲「My Boonie」裡面的boonie指的即是這位英俊王子，這首歌本是蘇格蘭的民謠。如歌詞所述，查爾斯從海路逃到法國，並於42年之後死於義大利。這場抗爭也被稱作以查爾斯為領導的詹姆斯黨（1688年因光榮革命而被推翻的詹姆斯二世及其追隨者所成立的組織）抗爭，這是蘇格蘭對英格蘭的最後一場戰役，而英俊王子即是詹姆斯二世的孫子。

另外再補充一下，當時幫助英俊王子逃亡的是芙羅拉（Flora MacDonald）小姐，她是麥芽威士忌知名產地之一斯開島（Isle of Skye）領主的女兒。現在在印威內斯（Inverness）還有地帶著她的愛犬（牧羊犬）等待王子歸來的芙羅拉像，至今仍凝望著大海。

高地區與低地區

蘇格蘭這個國家大致上可分為高地區和低地區。粗略地來說，南部屬於低地區，先不談當地的氣候，那裡給人的整體印象是蒼綠又美麗的田園。低地區自古以來就有都市，因此蘇格蘭的大型街道大多聚集在此。

另一方面，相當具有特色的地方則是在高地區。日本人對於高地一詞的印象通常是草木茂盛而婀娜多姿的高原景觀。但是蘇格蘭的高地區實際上卻是原野、荒野和滿是岩石的山群彼此相連，完全不適合耕作，可說是寒冷又濕潤的不毛地帶。荒野在英國通常習慣稱為moor，雖然分散在各地，但是卻都有廣大的低矮樹叢（灌木）的石楠花在此生長著。

石楠花雖是常綠樹種，但實際上卻帶著褐色，它在春秋兩季會開著釣鐘狀的白色、紅色和紫色的小花，從遠處看不太明顯。因此，佈滿在山上的岩石所剝露出來的褐色部分會和褐色的石楠花叢重疊，所以整體無法給人水嫩青翠的感覺。在這裡幾乎看不見花，頂多偶爾會看見威雀（grouse），或是迷途的羔羊，只要是從哪裡傳來陣陣的風聲，總會讓人備感寂寥。不過，這樣的寂寥其實也更襯托出村莊所帶來的溫暖，讓高地的荒涼與溫暖形成了對比，描繪出絕妙的平衡。

蘇格蘭不論是高地區還是低地區，氣候之惡劣都是相當有名，霧、風雨或是霙、雪在當地並不特別，倒是晴朗的好天氣反而才稀奇。在荒野當中，地形較緩的部分屬於酸性土壤，經泥煤堆積後會成為濕地（bog），至於這些泥煤（peat）則是由低矮植物發芽然後枯死等，不斷循環且經過長期的歲月累積而成。

接著，從蘇格蘭特有的惡劣天氣中所降下的大量雨水會流到地表而遍布整個大地並且將堆積植物的遺骸變成泥煤，之後再一點一滴地淤積然後逐漸變成小河。這些小河接著會形成淺灣（creek），在石灰質的土地上造成溝蝕，最後變成石灰流（chalk stream）。所謂的石灰流並非是寬廣的河川，它頂多只是像小溪般大小，然後慢慢地流經石灰岩質的台地。不過，其實這也只是從外觀看起來如此而已。這樣的河流看起來雖然緩慢平靜，但流速其實相當快，腳踏進河裡後，身體能明顯地感覺到水流的力量。就地形來說不會形成川原，河流雖然會因為泥煤而帶點黑色，但其實水質是相當清涼澄澈的，水量豐富，蜿蜒而靜靜地流著。此外，河流會一邊孕育著褐鱒（鱒魚的一種），一邊逐漸轉變成更雄偉壯大的河流。

關於斯貝河

以高地區為源頭的斯貝河，對於喜歡飛蠅釣或是愛喝酒的人來說，這條河可說是世界上絕無僅有的聖地。Just one, only one。

對酒迷而言，散布在這個流域的蒸餾廠是單一麥芽威士忌的故鄉，許多知名的威士忌品牌都在這個不算寬廣的地區裡彼此互相緊偎著。這絕對是個會讓人垂涎三尺的地方。因此，就連在當地所吹來的風，也總似乎有夾雜著當地的酒香而讓人感到十分愉悅。此外，斯貝河也是孕育出珍貴的大西洋鮭的故鄉。

在這裡出生的小鮭魚會在北海花5到7年的時間經過挪威、格陵蘭、冰島等地方，等到身體長到超過70公分後再洄游到斯貝河那淡水甘甜的故鄉。

這種鮭魚在北海洄游時稱作「大西洋鮭」，在食材的排行榜當中，毫無疑問當屬鮭魚類的榜首，它不但遠遠超越壯碩又美味的阿拉斯加或加拿大的帝王鮭，同時也是世界上所有美食家和愛酒人士所夢寐以求的料理而遠負盛名。不過另一方面，這種鮭魚如果一旦在北海成功逃過漁夫的補網回到斯貝河的話，存在價值便會突然一躍而上，從「大西洋鮭」昇華成為「蘇格蘭鮭」。

這種鮭魚的體型呈現紡錘型，它的樣子不像一般日本人常見的白鮭（經常作成鹹鮭魚的那種）、紅鮭或是大型的帝王鮭（king salmon，在北海道又稱鱒之介）那樣腹部隆起、有重量感，而是接近流線般的紡錘型，大大地張開尾鰭而減少在水中的阻力，這種體型在游泳方面占有極大的優勢。這種魚的推進力雖然不及帝王鮭，但是在速度上可說是北海的王者。此外，不像一般的鮭魚一旦產卵後便會死亡，這種鮭魚擁有非常好的體能，因此能夠往返川海數次。這一點和加拿大的王者「鋼頭鮭（steel-head）」非常相似，不過這兩者在學術上都是屬於鱒魚（trout），而非鮭魚（salmon）。

對玩飛蠅釣的人而言，斯貝河的蘇格蘭鮭與阿拉斯加的帝王鮭、加拿大的鋼頭鮭（降海型的虹鮭，不像其他的鮭魚產卵後會立刻死亡，這種鱒魚能夠多次往返河川和海洋。體格壯碩，強而有力，是個堅強的戰士。）同樣並列為三大目標。至於說到飛蠅釣，與其說這是蘇格蘭相當風雅的傳統釣鮭魚的方式，倒不如說這是對於釣魚的一種態度與堅持。

在斯貝河溪釣有一種「不是只要可以釣就ok」的優雅與品格，這或許也可說是一種不成文的規定，特別是雖然並沒有像是「某種東西一定要怎樣」的規定，但是在這裡通常會用長達11呎以上這種不合現代潮流的雙拋釣竿和#10～12的特粗釣線（在阿拉斯加的話，主流是9呎前後的單拋釣竿和#8～9的中粗釣線）以及遵循傳統的防水濕毛鉤來釣魚，怎麼看都感覺相當優雅和傳統。喜歡釣魚這項運動的美國釣者通常比較注重能力和效率，他們會使用在構造上特別研究過的濕毛鉤來釣魚，不過就連他們也會在好幾年前就先預約好斯貝河的釣區（beat），提早來到蘇格蘭，備妥獨特又古意盎然的服飾和釣具（tackle），然後摩拳擦掌地準備要來學習如何使用這種特殊的釣具。總之，這種完美又經典釣魚方式也可說是提升釣者內心「品格」的一種作業方式。

另一方面，斯貝河的鮭魚不像阿拉斯加或加拿大的鮭魚一樣，到了特定時期就會同時開始一起溯河而上，然後在河裡一群又一群地興奮又狂熱地游，它們通常會在暗地裡各自悄悄地行動。對釣魚的人說，正是這樣麻煩又陰沉的個性，因此才給蘇格蘭鮭冠上了「孤傲…」的形容詞和地位。

雖然話題好像有點扯遠了，總之我想說明的是，這條斯貝河有最頂級的威士忌以及與它最搭配的下酒菜。

在中國東晉陶淵明所寫的「桃花源記」一文當中，故事說到有一個人因迷路而來到桃花林盡頭進而發現了與世隔絕的不同世界，在那裡受到了歡迎與款待，在他知道當地叫「桃花源」然後離開之後卻始終無法忘懷此地，雖然每次尋訪，卻再也找不到這個桃花源了。其實對愛喝酒的人來說，斯貝河畔正是像桃花源一樣的地方，而且它的位置還很清楚地標示在地圖上，完全就呈現在我們的眼前。它是確切真實的現實世界，也是一座寶庫。

蘇格蘭與蘇格蘭鮭

蘇格蘭鮭魚的料理方法大致可分成兩種，一種是輪切成塊做成魚排；另一種是用煙燻（smoke）來烤，此外絕對不會用鹽烤或是鹽漬來處理。

如果將鮭魚做成魚排味道會非常棒，不過比較值得討論的則是煙燻的這個部分。煙燻的方法有很多種，弄錯可能會毀了這個來自河裡的珍寶，做對了則會讓它搖身變成彷彿是神的恩賜。此外，關於煙燻的製作方式，儘管味道會因為地點而多少有些不同，但是因為味道都是用「河裡的珍寶」鮭魚和「大地的恩惠」樹木碎片做搭配，雖然我覺得味道應該是大同小異才對，但是詳細的情形卻不是很清楚。例如，如果改用阿拉斯加的鮭魚來料理，先不管魚本身的味道如何，煙燻出來的味道好像還是會有些微妙的差異。由於我在國內外對於煙燻的製作多少有些接觸，因此會特別在意。可惜的是，像這樣的料理手法本來是料理師傅在眾人的笑罵聲中，經過不斷的錯誤嘗試和時間累積才能完成的東西，因此即使我想探究其中的奧秘也終究是無從得知，即使有人肯告訴我，那麼也只是微笑地說：關鍵就在於用煙來悶燒。我在以前是有吃過幾次，雖然經驗少得可憐，不過且讓我試著分析看看蘇格蘭鮭魚的煙燻的過程。

首先，先將鮭魚切成3塊，抹上鹽巴和自己喜歡的香料之後風乾（有的則是放進冰箱裡），再來是除去魚身上多餘的水份等相關作業。接著將處理好的鮭魚吊在煙燻室或是煙燻箱裡，從底下用火讓木屑生煙以充滿整個煙燻室，透過燻烤而讓香氣和美味附在魚肉身上。煙燻時間的長短雖然會因為醃漬方式和火的大小而所差異，但是也有的業者會用冷燻（cold smoke）這種不增加煙燻室溫度的方式來煙燻，總之方法因人而異。用這種方法煙燻出來的味道會很接近煎成一分熟的味道，活用了素材本身的滋味，風味相當棒。如果是業餘的人，這種方法最簡單，很快就能做出自己喜歡的味道。接下的問題則是在於如何挑選適合這個食材的木屑。

如果要煙燻鱒魚或鮭魚，通常都會使用山胡桃的木屑，不過由於蘇格蘭當地並不產山胡桃木，因此推測用的可能是香氣與山胡桃木相似、同樣也是胡桃科的闊葉樹種鬼胡桃木（Onigurumi），但如果是這樣那未免也太容易了，無法稱得上秘傳。此外，雖然都是香氣類似的胡桃科，但是山胡桃是山胡桃屬，鬼胡桃則是胡桃屬，細分的話可以明顯地知道這是兩個不同的品種。因此，首先只能確定的是他們所使用的木屑應該是混合了多種的木屑而非只來自單一樹種。接下來，再來讓我們來看看鮭魚的肉色。和阿拉斯加的鮭魚相比，蘇格蘭鮭魚明顯地肉色比較淡，和阿拉斯加產的橘色系相比，它的顏色比較偏淡紅色並多少帶點粉紅色。所以，如果是將顏色漂亮（較深）的櫟材和香氣溫和舒服、氣味淡泊且不損鮭魚美味的蘋果木再混合一些鬼胡桃木的話，那麼應該就沒問題了吧。不過，在這裡我又忽然想到了另一件事。

再怎麼說，斯貝河畔當地聚集了高達50家以上的蒸餾廠，可說是頂級蘇格蘭威士忌的重鎮。用來儲藏威士忌的橡木桶既然是斯貝河當地所產，那麼想必那裡應該會有很多用來製作儲藏桶的白橡木才對。白橡木是山毛櫸科的樹種，山毛櫸和櫟樹則是同屬。用山毛櫸煙燻出來的色調相當不錯，用櫟木則顏色會較深。因

此，我相信他們用來煙燻的木屑必定是以白橡木為主才對。

此外，雖然已經是35年前的事了，但是我曾經看過肯德基在偏僻的鄉下舉辦過獵野生火雞的活動。當時曾聽過參加者津津樂道地說：「那些用火來烤火雞的都是新來的，像我們這些本地的老手都只用輕煙燻（light smoke）來處理。」那個時候，他們會去波本酒廠將用過且殘破不堪的舊酒桶分解然後自己做成木屑，用這樣的木屑來煙燻會產生非常棒的香味，他們說：「那一晚是一年一度可以好好享受野生火雞的日子」，也就是說酒也是野生火雞，下酒菜也是野生火雞的樣子。從這樣來看，用來煙燻鮭魚的木屑應該就是來自老白橡木桶沒錯，而且老桶與新材的比例應為1比1。關於煙燻鮭魚所用的木屑，以上是我所做出的結論。

蘇格蘭鮭如果是用蘇格蘭威士忌酒桶來煙燻，鮭魚入了威士忌的酒香，如果拿來當下酒菜，味道可說是最出色、最能嚐出其中的精彩。

盡量地喝酒，盡情地享受鮭魚，然後將酒和鮭魚在舌尖所形成的絕妙搭配和平衡深深地烙印在記憶裡。感覺這實在是件相當偉大的工程。

以蒸餾廠為名的蘇格蘭威士忌道場

威士忌通的口中雖然老是說斯貝河畔，但如果細分則可說由斯貝河、丹佛倫河（Deveron）和洛西河（Lossie）這三條河所形成的流域才是單一麥芽威士忌的聖地「斯貝河畔」。這個地區的威士忌蒸餾廠鮮少有從成立以來一直都是由同一家族負責製造和營運的，有的是因大型酒商增資而被他們掌握經營權，也有的是從成立、破產解散再重建，飽嘗辛酸地在困苦中掙扎並死守蘇格蘭威士忌的傳統而努力奮鬥，像這樣的蒸餾廠全部加起來共達50家以上。

這樣的數目以土地不算寬廣的斯貝河畔來說，簡直就像是把所有蒸餾廠都給擠在一起。不過，由於蒸餾廠的所在環境風情十分閒適，空間相對開敞，因此反而不會有非常擁擠的感覺，甚至當微風迎面吹來的時候，還能悠閒地感受時間的流逝並靜靜地欣賞歲月的推移。

既然是企業，追求利潤當然是至上的課題。不過這裡有個更需要重視的東西，那就是用身體所感受到的氣氛。喜歡喝酒的人都能敏銳地感覺到這樣的氛圍，讓心裡覺得溫暖，接著心領神會然後沉浸在安心、放鬆裡。

雖然不是蒸餾廠，但是日本新潟的釀酒（當然是日本酒）藏元（擁有釀造廠，製造自己品牌的酒）計有96家，這個數字可說是遠遠地超過斯貝河畔。然而，包圍在四周的風景與環境和自中世紀以來幾乎沒有任何改變的蘇格蘭相比，新潟的釀酒廠卻似乎沾滿了日常生活的塵埃，在混雜與世俗的染缸裡怎麼看都像是在發出呻吟，雖然在歷史上它絕對不輸給斯貝河畔…。

不論是威士忌還是日本酒，酒被製造出來的過程，多少都離不開所謂的因緣際會。一種酒的誕生所代表的是該民族的智慧結晶，也可說是該民族文化的代表。喝酒時知道這層意義的人與甚麼都不懂只求入醉的人正是酒癡與酒徒的差別。我雖然堅信酒沒有高低之分，但是飲者卻可能有貴賤之別，不，應該是絕對有分別。

既然會說出這樣的話，那我想我應該是屬於「貴」的一方吧，雖然覺得自己並不「賤」，但其實也不太有把握就是了。不過雖然如此，我還是覺得這趟旅行是個絕佳的機會，能夠讓我在喝酒時深深地結合理性與感性，並提高自己的境界與深度。

於是我稍微想一下，便決定起身探訪這些蒸餾廠，內心的感覺就像是要去道場踢館一般。

蘇格蘭蒸餾廠的過去與現在

目前在整個蘇格蘭共有100家以上的蒸餾廠仍處於營運中，而斯貝河畔就占了一半約有50家左右。不過，這樣的數目其實是從17世紀不斷地經過淘汰所剩下來的數目。最盛的時期，也就是為了躲避重稅而造成私釀酒與非法蒸餾極為盛行的1700年代後期，據說蒸餾廠更是超過1000家以上，數目之多實在是讓人嘆為觀止。

稍微試著探究一下其中的背景，便立刻浮現了自12世紀開始蘇格蘭對英格蘭那有如宿命般的抗爭歷史，然後勝的通常都是英格蘭，而敗的一方則經常是蘇格蘭。此外，雖然是說抗爭，但實際上卻都是英格蘭對蘇格蘭的入侵。

關於那個時代的故事，最有名的當屬蘇格蘭獨立運動（抗爭）的英雄威廉・華勒斯（William Wallace）。由梅爾吉勃遜導演、主演的電影「梅爾吉勃遜之英雄本色」（1995年）描述的即是這位威廉・華勒斯的故事，內容十分精彩。雖然故事的內容是基於史實然後加入大量的杜撰，但是裡面蘇格蘭人對英格蘭人所表現出來的恨意卻是相當寫實。1997年在史特林（Stirling）蓋了座華勒斯像，而這座雕像的原型便是來自飾演華勒斯的梅爾吉勃遜。

蘇格蘭在1644年就已經開始對威士忌徵稅，這是全世界最早對威士忌所實施的徵稅法令。到了1707年，蘇格蘭與英格蘭在合併法案（Acts Of Union）通過後而正式成為一個聯合王國。但實際上，英格蘭只是將蘇格蘭當成是自己的附屬國而已，因此造成了蘇格蘭人對此合併的強烈反對，而對威士忌課重稅即是為了壓制蘇格蘭人所祭出的手段之一。

在蘇格蘭與英格蘭合併成聯合王國的104年以前也就是1603年的時候，亦稱為英格蘭詹姆士一世的蘇格蘭國王詹姆士六世以兼任英格蘭國王（共主邦聯）的形式而使兩國成為了實質上的合併關係。這聽起來雖然十分奇妙，但這兩個國家的王室血緣關係其實在當時就已經是相當錯綜複雜了。就這樣，國民的想法與政府的決策完全相左，民意無法反映在政府的決策上。

在蘇格蘭的高地區，有許多自尊心高又相當有名的宗族（clan）。當聯合王國成立的時候便立即遭到這些宗族的抵抗，進而不斷地引發許多小規模的抗爭。甚至在後來，蘇格蘭還禁止使用傳統的蘇格蘭裙（男士穿的裙子）或是蘇格蘭格紋（類似宗族獨自的紋章般的東西）。

至於對威士忌（烈酒）的課稅，蘇格蘭人則是以私造蒸餾廠的方式加以抵抗。結果在1781年的時候，連自家用（不是為了販賣）的蒸餾釀酒亦被禁止，不過卻也因而造成了更多的私釀者。政府雖然提供獎金給舉發者與緝私的查稅官來加以反制，但正式獲得政府合法執照的蒸餾廠卻仍是屈指可數。

於是，政府當局為了嚴加檢測烈酒的酒精濃度，甚至引進了比重計並制訂相關的法令，試圖透過各種手段來避免課稅制度的崩解。這場圍繞著酒與稅金的貓捉老鼠的遊戲，儘管政府查緝如此地努力，結果還是徒勞無功而令人喪氣。最後，更令人想像不到的事情終於發生了。

到了1700年代後期，英國政府對於蒸餾器的容量甚至有了更詳細的規定，將原本每1加侖即課稅的稅制訂得更加苛刻。而另一方面，低地區還不同於高地區，因為它在當時已開發出許多都市，因此在徵稅上會相對容易。酒稅呈倍數增長，因而使得酒廠必須改良蒸餾的方法以提高製酒的效率，但結果卻是招致更多的課稅。當時，原本1加侖課徵1英鎊的稅金提高3倍變成3英鎊，然後再增加3倍變成9英鎊，10年之後更是再倍增成18英鎊且不斷地增加上去。

有別於低地區的重稅，地處偏僻而徵稅不易且私釀酒廠林立的高地區，其稅率僅有低地區的10%，中間地帶的稅率則大約在中間，1加侖的酒大概課徵9英鎊的稅。

進入了19世紀，英國政府為了簡化課稅制度，這次則是禁止了2,250公升以下的蒸餾器，就這樣一而再，再而三地更改稅制。最後，在1821年的時候禁止麥芽和穀類以外的東西做為威士忌的原料，並且成立了查緝私釀的相關單位。

雖然在隔年，也就是在1822年甚至還制定了蘇格蘭私釀蒸餾法這樣莫名其妙的法令，但是卻在1823年改正了稅法，增加了官方所認可的合法蒸餾廠，因而讓這場官兵捉私酒的鬧劇終於劃上了休止符。

新稅制上路之後，原本在此之前大家只用壺型蒸餾器（pot still）來進行蒸餾，不過為了提高蒸餾效率於是在1826年發明出連續蒸餾器。同時，為了降低生產成本，還想到了使用大麥以外如玉米和其他價格便宜的雜穀作為原料，這即是穀物威士忌的開始。

羅伯特．伯恩斯在從家中寄出的信件當中曾嘆道：「此地（丹佛里斯）的威士忌是最哀愁的酒，讓最哀愁的人喝。」這裡指的即是用高速蒸餾所釀造出的穀物威士忌。

關於以上稅金的故事是根據日本蘇格蘭協會的「話說蘇格蘭之會」在2004年9月所發表的報告摘要而來，在這報告中，光是有關酒稅的部分就多達10幾頁，讓人充分體認到蘇格蘭威士忌和該國的歷史有著相當直接而密切的關聯，如果說蘇格蘭這個國家等於是威士忌國，這樣的說法恐怕一點也不為過。

蘇格蘭為了蘇格蘭威士忌這個招牌所做的努力

為了確保傳統蘇格蘭威士忌的品質，蘇格蘭有一套相關的法律規定。英國（United Kingdom，聯合王國）政府在1988年制定了蘇格蘭威士忌法案，並在2年後也就是1990年頒布蘇格蘭威士忌法規，將蘇格蘭威士忌從製造到品質都做了相當嚴格的定義與規範。也就是說，蘇格蘭威士忌的品質是有國家在背後做保證的。

到了1988年才有相關的立法雖然感覺好像有點意外，不過其實這只是將自20世紀初以來，在蘇格蘭原本就有的各種定義再用法律將它明文規範出來罷了。條文的精神相當簡單明瞭，主要是規定『所謂的蘇格蘭威士忌，必須在蘇格蘭境內的蒸餾廠裡用大麥麥芽的酵素進行糖化，且只能用酵母來進行發酵。蒸餾出來的液體必須裝進酒桶，接著再放到蘇格蘭境內的保稅倉庫裡進行3年以上的熟成』。

如果再加以說明，那麼可以說蘇格蘭威士忌的獨特香氣是來自泥煤（peat）這個用來烘乾麥芽的燃料，而單純只是用大麥麥芽所製造出來的威士忌則稱為麥芽威士忌。如果再細究為什麼會產生這種香氣和味道，這是由於在高地區的地下酒廠當時只能用泥煤來做為燃料以烘乾麥芽，並且由於是私釀酒的關係，在找到買家之前只能讓威士忌裝進酒桶裡然後讓它們靜靜地躺在倉庫裡。

威士忌裝進酒桶之後，白橡木做成的酒桶會將顏色慢慢地滲透到威士忌裡，於是原本無色透明的酒液便逐漸成為了琥珀色的樣貌，同時也消除掉味道當中比較刺激的部分，進而讓威士忌的風味變得更加圓潤細緻。這雖然可以說是偶然之下的產物，不過這個偶然卻需要重稅、樹木的精華和時間的巧妙配合，因此也可說是在蘇格蘭嚴酷的歷史下所誕生的稀有產物。

在德國的巴伐利亞政府制定所謂的啤酒純釀法，該法在1516年的時候就已規定出啤酒只能使用大麥、水和啤酒花來製造，這個法令直到現在依然有效。相較之下，蘇格蘭威士忌法的存在對於英國這個沒有成文憲法的國家來說是極為罕見，光從這一點來看，就可以知道蘇格蘭威士忌對英國來說是個多麼的重要的產物。反觀我們自己，不管是酒還是啤酒，只要符合食品衛生法和確實繳稅，啤酒裡即使有加米或是玉米粉都完全沒有關係。在酒類的包裝上都有標示著原料和酒精濃度，這點雖然非常重要，但是政府卻只在乎有沒有收到稅金，對於原料和製作方法卻一點不在意。因此，不論酒是否為文化的一部分，它其實一直都不受政府管轄，從喝的人、製造者乃至於整個國家，大家對於酒的態度似乎都太過隨便了。像我們這些日本大叔平時也會喝蘇格蘭威士忌，並且完全不會感到不順口。雖然喝的時候完全沒有任何問題，但是哪怕只有一瞬間也好，還是希望大家能夠思考看看為何蘇格蘭威士忌會如此充滿魅力。

日本自古就相當珍惜稻米，小孩子從小就會被告誡「每一粒米都是農民辛苦流汗花了一整年的時間才種出來的，所以～～」，如果是威士忌，那麼也可以說「每一滴威士忌都是大麥的精華，都是釀酒師將麥芽發酵、蒸餾接著經過3年以上的時間熟成，用豐收和寶貴的時間所一點一滴磨出來的寶物。」只要像這樣說給酒迷們聽，相信他們應該就能藉由這樣的薰陶而養成對威士忌該有的尊敬。

蘇格蘭威士忌就是這樣的酒。

威士忌是一種蒸餾酒，它的英語是spirit（酒精）。不過spirit又和「精神」的意思相通，因此可以說威士忌代表的是一種精神相當崇高的飲料，希望各位在最後也能認知到這一點。

不過即使如此，我們其實自己也相當清楚知道當醉意逐漸滲透身心時，那不算太崇高的精神也會漸漸被spirit（酒）給侵蝕，這是多麼難以把持的甜美時光、瞬間、以及事實。

總之，希望各位的生活都能過得充實，並且有節制地飲酒。

「Drink a toast！」讓我們乾了

威士忌博物館

WHISKY EXPERIENCE IN EDINBURGH

如果想要到蘇格蘭參訪蒸餾廠、觀光古城或是其他重要的景點，那麼愛丁堡會是個非常適合的選擇。特別是第一次到蘇格蘭的人，相信到了愛丁堡應該都能有非常棒的體驗。如果到愛丁堡觀光，通常都會先去參觀愛丁堡城，接著可能會想去看看「蘇格蘭威士忌體驗館（Scotch Whisky Experience）」，它的地點就在離城門右側約50m的位置。這座茶褐色，看起來相當沉穩的石造建築，所散發出來的氛圍就像是蘇格蘭博物館一樣。

進入建築物之後，售票處在正面的附近，首先要先在這裡購票。雖然有多種的體驗行程，但通常選Silver Tour就可以了，票價則是13.5英鎊。體驗的時間大約是每一小時一梯，並且能提供相關的語音導覽服務，因此即使和其他國家的遊客混在一起參觀也無須擔心。體驗的行程是坐在電動車（搭威士忌酒桶型狀的小電車前往）上，然後搖搖晃晃地進入仿造成蒸餾廠內部的設施裡參觀。搭配生動的實景感受，在途中一一聆聽有關蘇格蘭的氣候、威士忌從蒸餾到熟成的製作過程等的解說。語音導覽的發音非常道地，音質也不錯，可讓人度過非常快樂又舒適的時光。

電動車的行程結束後，接著便會移動到別的展示間，在那裡會有人介紹不同威士忌產區的香氣差異與威士忌的品嚐方法，最後還會讓你用專門的威士忌酒杯（tumbler）來挑選一個自己喜歡的單一麥芽威士忌品嚐看看。

接著在之後便是自由活動，除了可以把剛剛的威士忌酒杯帶回家，在看完該館精心收藏高達3500種以上的各種稀酒和陳釀之後，大部分的遊客還會擠進擁有300種以上的威士忌的商品部來挑選紀念品，至於要不要買當然是看自己…。總之，這裡對喜歡喝酒的人說，真是個讓人進去就不會想出來的天堂。

關於這個商品部有個地方值得一提，那就是不只是單一麥芽威士忌，這裡還有各種非常特別的調和威士忌和迷你威士忌瓶，這些一般在機場的免稅店等地方是絕對買不到的。除此之外，不光只是高級的威士忌，適合一般大眾的當地調和威士忌的數量也是多到嚇人。

在參訪蒸餾廠之前如果能夠先到這裡看看，那麼對之後的行程應該會更有感覺。最後在此順帶一提，在該館所附設的吧檯可以在自己允許的範圍內小酌一番，讓各位可以在那裡開心地乾杯並祝自己旅途愉快。

地址：354 Castle hill , The Royal Mile, Edinburgh ,EH12NE
Tel +44 (0) 0131 220 0441
fax +44 (0) 0131 220 6288
營業時間：每天10:00～18:00（最後一梯）

蘇格蘭威士忌體驗館的外觀。整條街都是像這樣的建築，完全融入在當地的景觀當中，一點都不突兀。

擺設相當多的稀酒和陳釀，其壯觀的程度絕無僅有。會特地來這裡的客人，據說有很多都是美國的酒吧經營相關業者。

享受酒館和酒吧

PUB & BAR

關於喝酒的地方，蘇格蘭或是英格蘭主要是去pub喝酒。Pub指的是「public bar」，甚麼客人都歡迎。相對於pub，只有會員才能進入的則是「club」（club bar）。如果是pub，接待客人的只有酒保，那種專門負責端酒的服務生只有在部分的club裡才會有。因此在pub，客人會走到吧檯然後從擺在酒保身後的各種酒類當中點自己要喝的酒，接著當場取酒然後付錢。拿到酒之後，可能直接坐在吧檯放鬆地享受喝酒，也可找個空位坐下來小酌一番。總之，服務需要靠自己，是相當樸素克制的喝酒場所，就連配酒吃的東西也只有非常簡單的袋裝洋芋片而已。如果想要真正像樣的下酒菜，那麼他們通常會去taverna（希臘語中的小酒館）或是到bistro來酒足飯飽一番，就像到居酒屋一樣。

對日本人來說，所謂的酒店會比歐美人士所認為的範圍還要再大些，不只是純粹用來喝酒的地方，特種行業等場所有時也會叫做酒店，範圍可說是相當複雜。這也就是說，會讓你喝醉的地方，以及喝醉時的相關行為會發生的場所都算是「喝酒的地方」。

在日本，如果想喝日本酒，其實也有稱做「酒道場」、感覺相對單純的喝酒地方，氣氛相當適合愛喝酒的人經過時順道進去喝一杯。但是如果是想要純粹享受威士忌，那麼似乎只有那些專喝高級威士忌的short bar才有，這實在是有些可惜⋯。

因此，想要找到一個自己喜歡的地方或酒吧，就跟要找到自己喜歡的威士忌口味一樣，都需要擁有相同甚至更多的熱情才行。

在Glasgow相當受歡迎的pub『the horseshoe bar』。這裡不只專賣威士忌，平時也總是擠滿了人。

在威士忌迷中非常受歡迎的『the pot still』（Glasgow）。每天都有當日推薦麥芽威士忌（很便宜）！

威士忌的製造過程

WHISKY MAKING

1. 讓大麥發出麥芽

蘇格蘭（麥芽）威士忌的原料100%是大麥。用大麥以外的小麥、裸麥以及玉米等其他穀物做為原料所製造出來的威士忌稱為穀物威士忌（Grain Whisky），這和麥芽威士忌在釀製方式上並不相同。此外，在蘇格蘭用穀物威士忌與麥芽威士忌調配而成的則稱為蘇格蘭調和威士忌（Blended Scotch Whisky）。

蘇格蘭威士忌所使用的大麥也是在春初播種（稱為春大麥）的二稜大麥，這種大麥富含蛋白質，非常適合用來釀製威士忌。目前的主流麥種是Optic種。除了有不少的蒸餾廠將原本的舊種如黃金大麥（Golden Promise）等改換成Optic大麥，也有的是如『艾倫』那樣將Optic和Oxbridge混合使用而讓Optic的市占率大幅增加了不少。不過，像是『拉佛格』則是堅持只使用100%的Oxbridge種，也有的蒸餾廠像是『麥卡倫』則100%只用自家栽種的大麥（Minstrel種），讓各家優秀的蒸餾師展現出獨自的個性與特色。

關於威士忌的製造過程，首先是讓這些大麥吸收約麥重30%的水份後，平均鋪滿在蒸餾廠的地板上，接著每隔4到6個小時就用木製小鏟均衡地翻攪所有的大麥使它們發芽。大麥發芽之後稱為「麥芽（malt）」，在地板讓它們發芽的作業則為「地板式發芽（floor malting）」，在過去，每個蒸餾廠都會進行這項作業，可說是蒸餾廠的象徵。不過近年來，除了極少的蒸餾廠之外，大部分的蒸餾廠會直接向麥芽廠（maltster），也就是專門製造麥芽的業者來購買麥芽。

專門讓大麥發芽的房間一般稱做麥芽房（malt house）。考量到通風的需要，麥芽房通常會讓窗戶和通風孔保持開放，而造成相當多老鼠和野鳥為了偷吃大麥而闖了進來。為此，蒸餾廠為了防止老鼠和野鳥的闖入，從很早開始就會飼養許多的貓，並將它們暱稱為威士忌貓（whisky cat）。在這當中，有一隻收錄在世界金氏紀錄裡叫Towser的貓，牠是『格蘭塔瑞』蒸餾廠所養的威士忌貓，據說一生總共抓了2萬8999隻老鼠而成為傳說。

繼續回到正題，大麥發芽之後，為了防止繼續發芽下去，因此會用泥煤（peat）烘烤大麥使其乾燥，透過這個乾燥的過程而讓蘇格蘭威士忌散發出相當獨特的泥煤香。泥煤烘烤的程度即是以所謂的酚值來作為判斷，目前的做法是由蒸餾廠將以前的麥芽所含的酚值提供給麥芽廠，請他們依此標準來製造麥芽。至於如果是自行製作麥芽的蒸餾廠，主要是會用瓦斯或煤炭等燃料來烘烤大麥，泥煤的角色僅是為了讓麥芽有煙燻的香氣而使用。

像這樣製造出來的麥芽1噸可製成的酒精（烈酒）量，如果以『雅柏』的385公升做為基準，則大部分蒸餾廠大約會落在這個量再加減10%左右。

2. 將麥芽糖化

麥芽烘烤後，下一個步驟便是糖化。糖化是將麥芽放進糖化槽（mash tun）然後注入熱水攪拌所完成的，在麥芽倒進糖化槽之前會先適度地將之磨碎。磨碎麥芽所用的磨碎機稱為hopper，磨碎過後的麥芽則稱為碎麥芽（grist），從粗到細可分為粗（husk）、中粗（grits）和細（flour）三種。一般研磨的比例大概是粗的20%、中粗70%、細的10%，但每家蒸餾廠的比例多少還是會有些微的不同。

糖化槽的材質和構造會因蒸餾廠而有所不同，但大部分的蒸餾廠所使用的糖化槽通常是鋼製的，因為這是最容易清潔和保養的材質。其他還有像是『格蘭菲迪』用的是銅製的糖化槽，這些金屬槽除了分有蓋和沒蓋，大小也會因為生產規模而有所不同。

為了提高糖化的效率和製造出優質的麥汁（wort），各家蒸餾廠還會在槽內裝設特製的攪拌器。此外，雖然也有蒸餾廠採用的是木製的糖化槽，但是考量到清潔和保養，全部都只使用木製糖化槽的蒸餾廠並不多，絕大部分通常還是會和鋼製的糖化槽併用。

磨碎後的麥芽會從粗到細全部混在一起，在糖化槽裡面和水（熱水）攪在一起，然後利用澱粉裡的酵素將澱粉轉化成糖，此時的水溫會保持在63到64℃左右，這是酵素分解時最能發揮效用的溫度。這項作業在業界稱為糖化（mashing）。決定這時候所用的水源（也用在大麥發芽）後，蒸餾廠在接下來的每一個階段都繼續使用，水質對威士忌非常重要，可說是蒸餾廠用來決勝負的關鍵。雖然一般大多用的是軟水，但是也有像『格蘭傑』那樣刻意使用硬水的蒸餾廠，

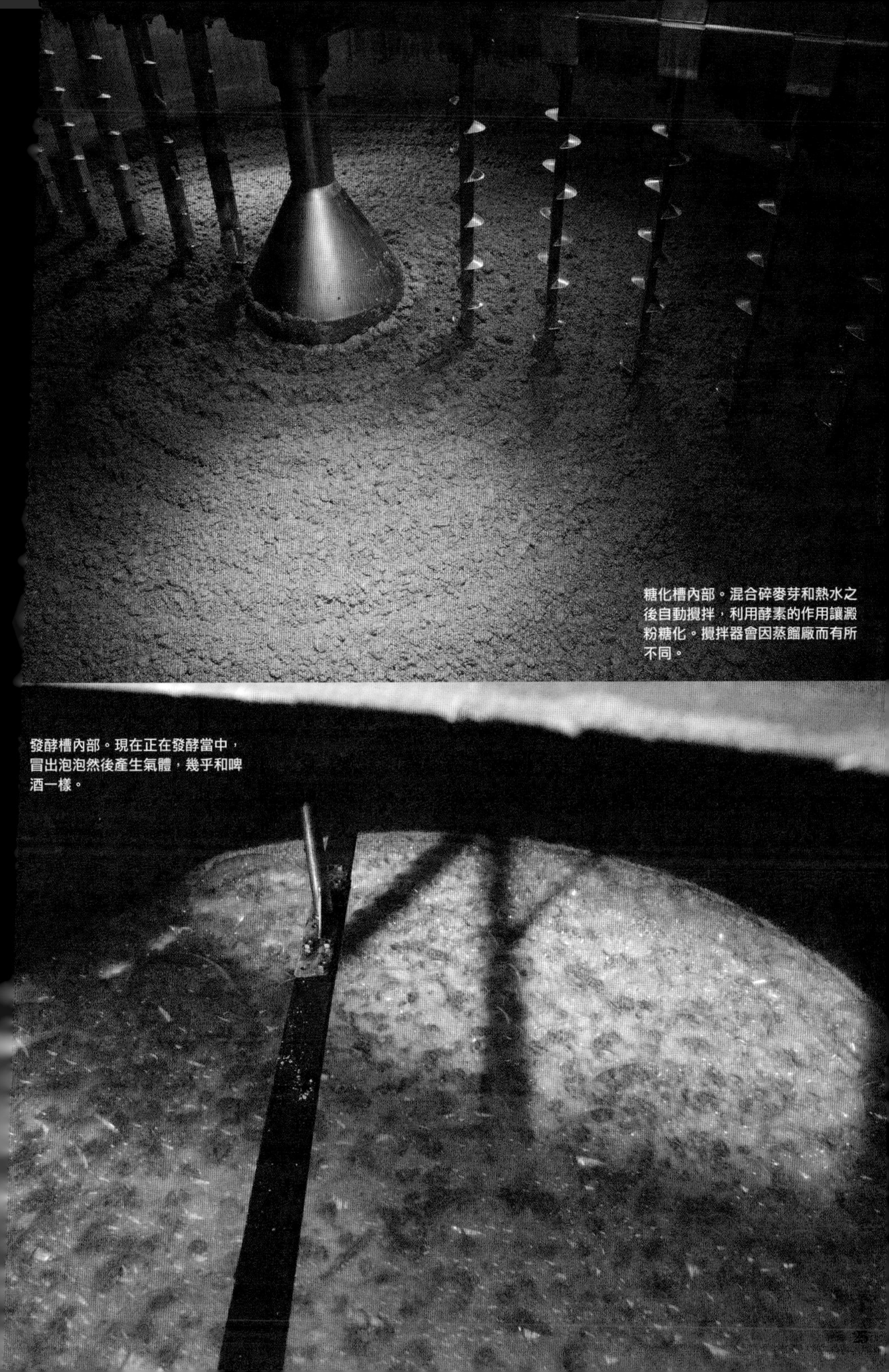

糖化槽內部。混合碎麥芽和熱水之後自動攪拌，利用酵素的作用讓澱粉糖化。攪拌器會因蒸餾廠而有所不同。

發酵槽內部。現在正在發酵當中，冒出泡泡然後產生氣體，幾乎和啤酒一樣。

總之，實在是很難說哪一種比較好。順帶一提，1公升的水裡面所含的礦物質在140mg以下稱為軟水，超過則稱為硬水。

在糖化槽裡被攪拌的碎麥芽之中，顆粒最粗的husk會讓麥芽汁變得混濁，不久便沉澱在槽內的底部而自然地形成過濾層，混著grist的flour則會在麥芽汁裡浮游。過一段時間之後，混濁的程度會開始減緩而成為比較清澈的麥芽汁。由於麥芽粗細的微妙比例都會深深地影響著麥芽汁的品質，因此在這個階段，各個蒸餾廠的糖化管理師（mashman）的性格都將被確實地表現出來。

最後，過濾完含有13%糖分的麥芽汁之後，整個糖化作業便宣告完畢。接著則是移至發酵作業。至於被過濾出來的糟粕（draff），由於富含蛋白質因此可被當作極為優質的畜牧飼料使用，活化該區域的畜牧業。也就是說，在蘇格蘭所種植的大麥，在當做飼料餵給蘇格蘭家畜吃之後，最後又回歸於大地。

3. 發酵

簡單地來說，將做好的麥芽汁移至發酵槽，接著加入酵母使其發酵讓它變成濃稠的酒汁（wash）的作業即為發酵作業。

首先，麥芽汁要移到發酵槽（wash back）前，在溫度約20到35度的時候會先透過冷卻機（wort cooler）這樣的裝置讓麥芽汁冷卻之後才移到發酵槽。這個用來發酵的發酵槽有分金屬製和木製，大部分則幾乎都是只用金屬製或是金屬、木製併用。

酵母有好幾百種，但是麥芽汁移到發酵槽後所添加的酵母卻只有兩種：威士忌酵母（distiller's yeast）和啤酒酵母（brewer's yeast）。威士忌酵母的特色在於發酵的效率非常好，啤酒酵母則是用於釀造英格蘭啤酒（愛爾啤酒）時所使用。不過，近來由於英格蘭啤酒的消費量年年遞減的關係，一般來說啤酒酵母已經不太使用了，因而現在的蒸餾廠大多都只用威士忌酵母來進行發酵。但值得一提的是，目前已證明如果將壽命短且發酵效率差的啤酒酵母和威士忌酵母一起混合使用的話，透過延長啤酒酵母的發酵時間，將可產生口感豐富而香味複雜的酒汁。事實上，發酵完畢之後的酒汁和還沒加入啤酒花之前的啤酒都有著相同的香氣以及味道，而且這時候的酒精濃度也同樣都約在7%上下。因此在這個時候，有的蒸餾廠像是『歐肯特軒』還會另外使用這個酒汁來生產啤酒（愛爾啤酒）。

酒汁在發酵的過程當中，酒液的表面會因為發酵而冒出泡泡，產生非常多的二氧化碳氣體，因此這個時候特別需要注意火源。到了發酵的最後階段，酵母的作用會告一段落，接著便開始進行乳酸菌發酵。之前所提到的發酵槽是金屬製或木製，不只在保養作業上有所不同，木製的發酵槽事實上被認為能讓乳酸菌更加容易且穩定地進行活動。也就是說，木製槽會比鋼槽更適合乳酸菌和酵母互相進行發酵，產生更豐富且複雜的香氣。另一方面，用來製作成發酵槽的木材和糖化槽同樣是用奧勒岡松，很少部分的蒸餾廠則是用來自北歐的落葉松（如『雲頂』）。而金屬的發酵槽幾乎都是鋼製，但是也有像『斯高夏』那樣的蒸餾廠採用的是「耐候鋼（cor-ten steel）」這樣極為珍貴的鋼材而讓人眼睛為之一亮。

麥芽的發酵時間一般來說大約在48到70小時左右，發酵的時間越久則酒汁的酸味會越強，但是也有像『格蘭哥尼』那樣會同時進行56小時和110小時發酵的蒸餾廠，每次只要發現像這樣的東西就會想讓人實際喝喝看味道如何，這應該也是威士忌迷的樂趣之一吧⋯。

4. 蒸餾

酒汁完成之後，接著會在壺型蒸餾器（pot still）裡加熱，然後將產生的蒸氣冷卻液化以取得更高酒精濃度的酒液，這即是所謂的蒸餾作業。用來蒸餾的銅製蒸餾器有分單式和連續兩種，單一麥芽威士忌則幾乎都是用單式的蒸餾器。這些蒸餾器可說是威士忌酒廠的象徵，就像花朵一樣在酒廠裡盛開著。

蒸餾器會放置在蒸餾室（棟）裡，通常是以酒汁蒸餾器（wash still）和烈酒蒸餾器（spirit still）兩台一組的方式進行蒸餾。不過，過去在威士忌的故鄉，也就是在愛爾蘭或是在蘇格蘭的高地區也滿常進行三次蒸餾的，不過目前只有剩『歐肯特軒』仍在進行三次蒸餾。

蒸餾器有許多種形狀，從壺身到頭部呈直線，然後在頸部開始變窄的稱為直線型（straight-head）。頸部向內凹一圈的是燈籠型（lantern-head），凹兩圈的則稱為鼓出型（bulge-head）或是球型（ball-head）。蒸餾器的形狀不論是頭部還是頸部的長度以及彎曲程度可說是天差地別，而威士忌經由這些不同形狀的蒸餾器所產生的味道和香氣更是千變萬化，蒸餾器的形狀簡直可以說是決定蒸餾廠個性的最重要關

林立在克里尼利基蒸餾廠的蒸餾器，在這些巨大的鼓出型蒸餾器的旁邊則是整片的玻璃窗。

鍵。

單式蒸餾器的加熱方式可分為以煤炭或瓦斯為燃料直接加熱和利用蒸氣間接加熱的兩種。直接加熱的方式一定會讓酒汁在蒸餾器的底部燒焦；而蒸氣加熱則不必擔心會有這種情形發生。因為蒸氣加熱在清潔保養上比較方便，所以有許多的蒸餾廠會採用這種方式加熱，雖然如此，還是無法讓威士忌產生只有透過直接加熱而讓底部燒焦才有的焦糖「香氣」，總之這兩者無法兼顧，可說是惱人的抉擇。

在第一次蒸餾後所得到的酒液，酒精濃度會從原本在酒汁時的7%提高至22～23%，此時稱之為低酒（low wines）。為了將酒精濃度提升到70%左右，接著會將酒液移到二次蒸餾器裡進行第二次蒸餾。從二次蒸餾所得到的高酒精濃度的酒液稱為新酒（ne pot或new spirits），這是威士忌的雛形，接著便會 入酒桶讓它熟成。有些蒸餾廠會將這些原酒直接裝 然後做為烈酒販售，這樣的酒可以想成就像日本的 酌一樣。

剛萃取出的新酒裡頭的成分並不一致，最先流出 的酒頭揮發性高而且味道十分刺激；最後流出來的 尾則揮發性低，會破壞味道，因此裝桶時只會採用中間的這一段酒心，至於被剔除掉的酒頭和酒尾則會重新回到第一次蒸餾裡。控制選取酒心的是裝在玻璃 的水溫計和酒精比重計，這種裝置稱為「烈酒保險 （spirit safe）」，從對這個裝置的操作與判斷，可看出蒸餾師的功力。

5. 裝桶

蒸餾出來的新酒會在進行裝桶的地方（稱為fill station）加水調和，等到酒精濃度從70%以上降到60%左右才裝桶。用來儲藏以及熟成威士忌的酒桶雖然都習慣稱為cask，但其實依容量大小還會有不同的稱呼（見329頁），此外，形狀也都不同。在蘇格蘭，所有的蒸餾廠都是用舊波本桶或是舊雪莉桶來當作儲存新酒的酒桶。雖然說是舊桶，但也不是直接就這樣拿來用，而是會先經過徹底的清潔和整理後才拿來裝威士忌，「Speyside Cooperage」即是這種製桶廠的代表。

用雪莉桶裝威士忌的歷史相當悠久，最早可回溯到私釀酒興盛的時期。當時私釀業者為了躲避政府對威士忌的課稅，因此將酒窖移到荒山野嶺，在洞穴裡或另設倉庫些將威士忌藏在雪莉桶裡做掩飾。過了幾年之後打開這些的酒桶，卻發現原本應該是無色透明的威士忌在這數年之間竟然因為融入從酒桶滲出來的木材（歐洲橡木）成分與雪莉酒的成分而呈現出琥珀和半透明的亮褐色，口感、風味以及香氣等全部的要素都變得和當時剛藏起來的時候完全不一樣。從這點來看，蘇格蘭威士忌的誕生可說完全是拜雪莉桶所賜。至於波本桶，指的是在美國用來裝波本酒的酒桶，由於美國的法律規定波本威士忌只能用新桶來進行熟成，因此波本桶在美國只用一次之後便會輸入到蘇格蘭來裝威士忌，而這些波本桶的材質則是美國橡木。

6. 熟成

威士忌裝桶後，接著會在酒窖內進行熟成。這些酒桶的擺放方法依照保管的方式可分為「堆積式（dunnage）」和「層架式（racked）」兩種。堆積式指的是將酒桶橫擺成一排，接著在上面鋪上木板，然後繼續將酒桶往上橫排成一列如此地堆積上去；層架式指的則是搭起數層高的架子，然後將酒桶擺進這些架子裡。雖然濕冷的氣候被認為適合在酒窖儲放威士忌，但是酒桶裡面的酒還是會隨著時間的經過慢慢地穿透木材而蒸發不見。雖然這對蒸餾廠來說是一種損失，但是這種蒸發卻正是讓酒精熟成的重要過程。此外，如果是高溫多濕的環境則會讓酒桶內的成分蒸發的更多而加快了熟成的速度。如果是蘇格蘭的氣候，每年威士忌蒸發減少的速度大約是1%～3%左右。針對這種現象，有一種幽默的說法叫做「與天使同享（Angel's Share）」，這也算是抱著一種先將好東西奉獻給天使享受的心情吧。總之，如果用一年減少3%來計算，那麼12年會少掉36%，如果20年的話…光是想像就覺得數字非常驚人！如果用這樣的角度來看，那麼放20年以上的陳酒即使價格十分昂貴似乎也很難說是賺取暴利，不過儘管如此，這樣的價格卻總還是會讓人在瞬間感到心碎。

現在威士忌的熟成與儲藏全部都在倉庫裡進行，但是由於這種倉庫在稅制上是屬於「保稅倉庫」，因此在概念上並非單純只是威士忌用來熟成和儲藏的場所而已。除此之外，由於這些倉庫也是蘇格蘭政府稅務機關課稅的對象，因此在管理上非常嚴謹。另外，最重要的是，能夠稱做蘇格蘭威士忌的威士忌，規定至少必須經過3年以上的熟成，熟成時間不到3年的都只能稱為烈酒。

裝桶的倉庫。將新酒裝入酒桶時會加水讓酒精稀釋到濃度約在60%左右。

堆積式倉庫的內部。貼在酒桶外面的條碼同時也是稅務機關核可的標記。

MY FAVORITE CHOICE TEN !

對於聞香&品飲的秘訣與根據

前味、香氣與口感

所謂的前味（top note），指的是將威士忌倒進酒杯之後所最先聞到的氣味，至於將威士忌含在口中之後，（和味道一起）最初感覺到的氣味則是威士忌的香氣（aroma）。如果是負責調和威士忌的專家（當然，威士忌評論家也包括在內），據說他們通常只要聞到前味就能推敲出該威士忌的個性。如果是我，或許是本人的寶貝鼻子不太靈光，光憑前味實在是無法聞出威士忌的整體印象和本質出來。事實上，雖然大概能夠抓得到一點點的感覺和氛圍，但是要做到能夠聞出具體像甚麼東西並且加以說明，這點我目前還沒有辦法做到。不過從專家的立場再退一步來看，如果是一般人或是自認為是威士忌通或是威士忌迷的話，那麼其實只要能夠聞出威士忌的香氣就夠了。不過，由於威士忌的香氣經常會和前味的感覺完全不同，因此在聊到威士忌時才會有那麼多的東西可以講。威士忌就是這麼的多變，在很多的時候，從聞香到喝進嘴裡的那一剎那，威士忌便開始隨著時間的經過而逐漸展露出不同的感覺和氛圍。威士忌被裹上了一層又一層相當複雜的風貌，不過很可惜，憑我的鼻子跟嘴巴卻只能抓住其中的一小部分。

此外，這邊還有件事要特別說明，那就是像我這樣單純的普通「酒鬼」和那些酒迷或酒通不同，我可不會這麼輕易地就此了結，一定要徹底地喝到最後一刻才行。不過說到這裡，似乎也終於有些要開始談論喝酒的氛圍出來了，不過在分析我自己對於喝酒的見解之前，可能要先讓我多喝幾杯，如果可以的話，最好能直接給我一整瓶的酒，畢竟我只是個素人而非這方面的專家…

不過不論如何，如果是要說到對於威士忌的熱情，那我倒是很有自信自己不輸任何人，畢竟我（自以為）都繳這麼多學費在喝酒身上了…。總之，在這裡要先說一下，我自己的品酒筆記都是我自己花錢然後用肝臟換來的結果。

我去拜訪艾雷島上的『雅柏』酒廠的時候，當時帶領我們參觀的大姐曾說，喝完酒後所留下的感覺即是所謂的口感（mouth feel），我非常喜歡這句話，也因此我習慣稱自己是mouth taster。

關於泥煤和煙燻味

泥煤味也就是感覺像是泥煤的味道，在某種意義上，這種味道被視為是蘇格蘭威士忌的象徵，至於直接用煙來燻蒸出來的煙味則被稱為所謂的煙燻味。通常在形容的時候我們會用味道很重或味道很輕來表現，不過事實上這樣的味道並非是一種抽象的概念，它能用酚值這樣嚴謹的數據，並以ppm為單位表示出來，甚至還能歸納到化學分析的相關領域。

ppm是Parts Per Million的縮寫，1ppm是100萬分之1，也就是0.0001%。最近的蒸餾廠越來越少自己生產麥芽（malt），他們大多是向麥芽廠訂購並指定要含多少酚值，接著只需要將送來的麥芽磨碎即可。不過，在艾雷島上仍然有一些蒸餾廠至今還是自己利用地板發芽來讓大麥發芽。大麥發芽後接著會進行乾燥作業，所使用的燃料當然絕大部分都是泥煤，泥煤香確實地被燻在麥芽上，這將直接影響到威士忌被製造出來後的前味。會這麼做是因為對煙燻味相當講究，而對酒迷而言，這種對煙燻味的講究也實在是太棒了。麥芽在煙燻的時候，我們從沒看過有人會先算好多少ppm來決定泥煤的濃度，所以麥芽上的泥煤濃度應該是倚賴師傅的經驗和直覺所決定的吧，像這樣爽快地計算數值，或許也正是艾雷島威士忌的個性會如此豐富的關鍵因素。在此順道一提，以重泥煤味而廣為人知的「雅伯」，據說酚值最高可達到55ppm。

關於泥煤的成分，根據不同的採集地，裡面的細部成分也會有所差異。舉例來說，艾雷島的泥煤是由海草的殘骸所堆積而成的，用這種泥煤來煙燻，那麼附在麥芽上面的不會只有煙燻味，還有其他消毒藥水般的臭味或是煤炭等素材的味道，同時也會帶著感覺十分刺激的碘味。

除了把泥煤當作燃料來進行煙燻之外，其他還有別的原因也會造成威士忌帶有泥煤味，那就是所使用的水源。在蘇格蘭裡流動的河川，從平原裡靜靜的河流到山間裡的小溪，不管河川的大小，它們的顏色幾乎都被染成黑褐色，這是因為河川都會通過泥炭層的關係。不過，這些河水只是被染色而已，它們並沒有汙濁。在蘇格蘭，不論是水的顏色較深的河川、顏色較淡的河川、或是透明的河川，裡面的水其實都是相當清冽的。

在橋上往知名的斯貝河一看時，真的會覺得整個都是黑色的，這和3～40年前東京的隅田川一模一樣。不過斯貝河的水雖然是黑色的，但是給人的感覺卻相當流暢，這點和隅田川則完全不同。由於我平時也有在釣魚，因此我只要看到河，本能上就會習慣找找看有沒有橋，站在上面然後尋找水裡魚的蹤跡並且觀察河裡的地形以評斷哪裡適合釣魚。不過如果在斯貝河則沒辦法這樣做，因為這裡的水太黑了，想要釣鮭魚根本連個影子都看不到。如果要在這裡找出適合釣魚的地方，那麼也只能依靠四周的地形來做判斷了。雖然製造威士忌並非是直接用這條河裡的水，但是還是希望各位能夠了解到水色有多深。

此外，我雖然沒有喝過這條河裡的水，但是如果蒸餾廠的水源地是在斯貝河流域附近的話，那麼即使是從地面湧出的名水也多少都會經過泥炭層，因此不管水是透明還是黑色，這些水質也一定會影響到威士忌的味道才對。事實上，我聽說在這附近的蒸餾廠當中，有一些蒸餾廠不用泥煤而是用瓦斯來烘乾麥芽的。不過即使是如此，大多數的蘇格蘭威士忌卻多多少少仍然都還是會有煙燻的味道，從這一點來看，我們便不難想像水質對威士忌來說有多重要。

醚類（ester）帶來的華麗香氣

在香氣的成分當中，華麗又香醇的氣味屬於這一類的範疇。不過當然，由於我沒辦法分得太細，所以對我來說甘甜也包含在這裡。我能夠區分蘋果、西洋梨或是哈密瓜的香氣；至於葡萄、香蕉或是草莓之類的水果味也同樣沒有問題，但是如果是威士忌所散發出來的香氣，由於很難只會聞到某種特定的水果香氣，因此通常不得已只好都用果香（frutiy）來形容這種氣味。雖然對我來說，還是能聞到一些威士忌所散發出的某些非常明顯且充滿特色的香氣，但很可惜的是，這種時候我頂多只能分辨出某種單一的氣味，而非能同時分辨出多種香氣。另一方面，如果看看專家的分析，那麼他們不會只用柑橘類的香氣來歸類，甚至還能細分出是葡萄柚、檸檬或是橘子皮的香氣；有時則還會用像是無花果那樣若有似無的香氣、或是用裡面有蘋果浸泡在蜂蜜裡等來形容所聞到的味道，像這樣的表現方法，我除了佩服之外還是只有佩服。

我曾因為內人的吩咐而常跑蜂蜜專賣店，即使在那裏由蜜蜂所採集到的花蜜，也會因為花的種類而讓花蜜的香氣和味道完全不同，我曾親自聞過並試過味道，所以我知道這種情形。因此，當那些評論家在形容香氣時能夠明確地講出水果的種類，但是每次在提到蜂蜜這種連我都能輕易辨別的氣味時，他們卻只是單純地用蜂蜜味這三個字來形容，這未免也太不可思議了。我有時都會半開玩笑地想，這些評論家們沒有辦法具體講出是哪種蜂蜜的香氣，該不會是因為蘇格蘭附近的蜂蜜採的都是同一種花的緣故吧。

同樣的，當我聞到彷彿花般的香氣時，老實說，我也只能直接用花香來形容這種氣味。這是因為如果把玫瑰的氣味、鬱金香的氣味和兔耳花的氣味混在一起聞的時候，根本沒有辦法分辨這是哪一種氣味，而只會覺得有種很好聞的「花」香罷了。不過雖然如此，如果香氣真的非常接近玫瑰或是鬱金香，那我想我應該還是有辦法分辨出是玫瑰或是鬱金香的氣味。如果打開花店的門走進去，閉上眼睛就能立刻知道「啊，這應該是鬱金香」、「啊，這應該是玫瑰」等，像這樣可以從眾多的花香當中分辨出特定香氣，即使是花店也應該很少有這樣的人吧，而且如果真的有人能辦得到的話，那我只能說我應該是選錯職業了。總之，要在威士忌的香氣中明確地講出是哪一種花香，這對我來說簡直就像是在花店裡進行盲測一樣。

除了玫瑰、鬱金香和小蒼蘭等會碩大盛開的花朵之外，其他還有很多像是石楠（帚石楠，或日本的歐石楠）以及野生種的堇菜等清新淡雅而感覺非常低調的花。這些花就分布在荒野（moor）裡，每當那些談不上是河川的小溪流經過的時候便會順便沾染著這些香氣，光是想像著這些場景，就不免讓人覺得非常舒服愉悅。

低調樸質的木質香

我雖然對花香不是特別拿手，但是很奇怪，對於樹木的香氣倒是有辦法比一般人更能分辨出其中的細微差異。雖然不是對每個樹種都能瞭若指掌，但如果像是針葉林、闊葉林中的山毛櫸或橡樹等原木林的話，大概能簡單地區分出2～3種的樹木香氣。事實上，我非常喜歡落葉松、唐檜（蝦夷松）、冷杉或是雲杉等樹木的氣味，如果是到白樺樹林，我能夠立刻聞出從樹皮流出來樹液所發出來的香氣。因此如果看到某個蒸餾廠其水源地附近的樹木分布，我大概能夠預測出在那附近的地下堆積物為何；如果是經流過該地層的水，我也大概能想像出該香氣的根源來自哪裡。不過，我並不是專門研究這方面的專家，也沒有讀過相關的科學文獻，因此頂多只能說這是我自己的想像與假設。我之所以能夠辨別樹木的氣味，頂多只能說和我年輕時的野外生活經驗有很大的關係，雖然可惜的是當時的野外訓練並沒有給我太大的收穫⋯。不過不管如何，很高興至少我能夠分辨出某個威士忌裡明顯出現那些令人懷念的樹木香氣。不過我有的時候我也會不禁地想，如果以前我對花香也能有更多一點的接觸那不知道該有多好。

話說回來，威士忌所使用的原料就只有大麥，而且相關的製法也都大同小異，但是為何產生的香氣和味道竟會有如此大的差異呢？這些氣味和味道是來自糖化後的麥芽在發酵時因為各種化學變化所產生而來的，而發酵槽是木製還是金屬製所帶來的深遠影響也是顯而易見。此外，氣溫、濕度或是風的大小等各種的儲藏條件以及儲藏桶種類的不同也會造成橡木桶裡的空氣中的氧氣和這些新酒結合而引起氧化作用，因而讓這些新酒產生果實還有花的香氣。雖然這些理論我都了解，不過還是會覺得非常不可思議。

或許專家們針對這些問題大部分都已經找到科學的解析方法而從頭到尾都已瞭若指掌，但是身為素人如果也知道全部的前因後果，那麼就像是透過人體解剖而掌握生命全部的奧秘一樣，最後的結果可能會徹底地破壞威士忌所帶來的浪漫，這對我來說是相當不忍的事。因此，我寧願像現在這樣繼續享受這些不知原因為何的不可思議。

辛香味這種特殊氣味

如果以印度或是巴基斯坦的料理來舉例的話可能會永無止盡，若以一般我們在日常生活當中會用在吃的食物和飲料裡的香料（spice）代表的話則有胡椒和辣椒，這些東西和辣味以及香氣有著非常直接的關係。在蘇格蘭威士忌當中，比較讓人熟悉的味道與香氣像是花香、果香或者是煙燻味和鹽味等，裡面也會有不同於草本香氣而稱之為辛香的這種氣味，由於這種氣味給人的印象相當強烈，因此辛香這個原本只是用來提味的要素經常會帶給一部分的酒迷相當大的刺激。舉例來說，像是斯開島的泰斯卡就是以辛香味做為最主要的特色來鞏固住喜歡它的酒迷們。不過，由於蘇格蘭威士忌不能使用大麥以外的原料，因此這種辛香味就和醚類的香氣一樣都是從原料以外的其他2種或是3種因素所造成的。儲藏用的橡木桶應該不會直接產生這種辛香味，至於蒸餾器的材質為銅，不知道這種味道是不是從那裡所溶出來的呢。如果是酸味或是硫磺味那還可以理解，不過這個味道真的是超乎我所能想像的範圍。因為我喜歡的酒款大多也都有辛香味，因此讓我對這個氣味很感興趣，不過很可惜，我的學識淺薄，因此最多大概就只到能談到這裡。

苦澀感和油脂味

苦澀感（苦味）和油脂味要和花香、果香或是甜味和酸味等2、3個因素同時放在一起才會發生，這種味道無法單獨存在。我多少也能同時感覺到其他多種的香氣和味道，舉例來說，橘子皮含有相當清爽和酸酸的香氣與甜味，不過一咬下去就會感覺到獨特的苦味。這種苦味並非獨自存在，我們不會只有感覺到苦味，同時也能感覺到香氣和甜味，或是全部混在一起的味道。因此如果回到威士忌當中的苦澀感，這種味道只能和其他東西在一起才會表現出來。由於有這種苦澀感才能讓味道更多元，同時也經常讓果香所帶來的酸味更有層次和力道。

至於油脂味，當堅果類的清脆感消失之後，我們確實會在舌尖感覺到稍微殘留一點油脂的味道，那種味道就像是奶油或牛油一樣，不過有的則是隱藏在這些濃郁味道背後，感覺不太明顯。像這些油脂味，其實不用特地說明也應該能知道這是味道經過複雜的交互作用所產出來的結果，因此我認為並不需要特別加以敘述。

海潮味和海水鹹味的傳說以及奇蹟

蘇格蘭威士忌雖然會因為產地是在坎培城、高地區或是島嶼區（各島）而有所不同，但是這些酒款大部分都有著非常明顯的海潮味和鹹味，我們稱這種味道為海水鹹味（briny）。根據書本所說，這是由於蒸餾廠的酒窖（儲藏威士忌的倉庫）蓋在海岸邊而長期受到海潮和強勁海風的影響所致。如果到這些蒸餾廠附近散步看看，那麼確實能感覺到強烈的海潮味和濕氣很重的強勁海風，因而能更理解這些說法。然而，有的時候我還是會有一些疑惑。

我的疑問是，就算海風再怎麼強，海潮味再怎麼重，威士忌既然是裝在橡木桶裡，同時也不是放在外面而是讓它在酒窖裡沉睡，為什麼這樣的酒還能沾到這種氣味和味道呢？

假設確實有『在海岸邊由海風所孕育出來的威士忌』，首先這句話聽起來是滿合乎道理的，相信聽到這句話的人應該也會覺得這樣的酒裡面似乎有加了一些特別珍貴的東西，味道好像也更深沉。而這樣的東西指的不正是「威士忌的浪漫」嗎。從這樣來看，那麼如果不是在海岸邊，而躺在濃密森林的酒窖裡沉睡的威士忌，那麼便會吸收到森林的靈氣，如果來個一杯應該就能感覺到像在做森林浴那樣的氣氛。關於某種樹木的香氣之前有提到，而我自己也能聞的出來，但是卻從沒聽過有人說希望想喝『森林系』單一麥芽威士忌那樣的威士忌。因此，我總覺得不管是鹹味還是海潮味，其實應該有其他不同科學上的解釋和根據才對。

因此，以下是我這個素人的個人推測。威士忌在製造的時候，雖然糖化槽（mash tun）和發酵槽（wash back）會有木製和金屬製的不同，但是製造的過程中，和威士忌的味道有直接關係的原料和製作方法等則是每家蒸餾廠都幾乎一樣，因此不管是用哪一種材質來糖化或發酵應該都不會有太大的影響才對。另一方面，生產重煙燻味威士忌的蒸餾廠所取用的水源大多會經過泥煤層，而這些水大多在最初的時候就已呈現茶褐色了，例如像是艾雷島所用的水看起來就是深褐色的。此外，在蒸餾廠附近取水時，不管水質是不是優質的軟水，也不管是不是從地面湧出來的清冽之水，總之合理推測，海邊的海草等堆積物的氣味在那時候應該就已經存在水裡了。也就是說，造成這種海潮或是碘味的組成要素（即酚類物質所帶來的味道）和鹹味其實一開始就已經溶在水裡面了。特別是要用橡木桶熟成的時候，這時候將剛蒸餾出來、酒精濃度超過70度的原酒（new pot）加水稀釋到酒精濃度到60度左右之後才將它儲藏起來，這不免讓人懷疑這個時候所加的水會不會正是造成這種特殊味道的主要原因呢。

為何會這樣說，這是因為我有很多次喝到剛蒸餾好的原酒的經驗，這些原酒裡面的水明明和加水稀釋所用的水相同，但是味道在那個時間點卻沒有很重的煙燻味和碘臭味。或許有人會認為那是因為蒸餾過2次而讓那些雜味消失，因此也沒有甚麼好奇怪的。如果這樣，那為何將蒸餾完畢的原酒加水之後卻會產生那種味道呢？是不是因為已經不再進行蒸餾，所以水的味道會直接反映在原酒裡呢？接著等到熟成結束準備裝瓶的時候，為了調整酒桶裡原酒的酒精濃度，於是通常還會再加一次水，那麼這時候的水是否也是造成這個味道的原因呢？

以上是我喜歡上威士忌後所導出來的結論，當時覺得好像隱約發現了海水鹹味、海潮味這個「受海風薰陶」的秘密，所以感到沾沾自喜。但是話說回來，離海岸很遠的高地區所產的威士忌也有很明顯的鹹味，那麼這又該怎麼解釋呢？如果是高地區，這是因為在沼澤地從遠古便開始累積的堆積物裡面的鹽分被水給溶了出來的關係，我覺得有可能是這樣，不，一定就是這樣。找到了這個推論，我想我又可以沾沾自喜好一陣子了。

愛學習的我不是只有愛喝酒跟高談闊論，我在之後也會努力接觸各種不及雜學領域的理論來鞏固我的觀點。不過在讀到在日本擁有世界水準的調酒大師輿水精一（三得利）先生的著作時，針對他就氣溫、濕度與威士忌熟成之間的因果關係之描述，我感到相當震驚。尤其是當中提到有關用來做成酒桶的木材會呼吸的這個部分，我更是完全地被屈服。總之，他認為酒桶中的原酒每年最少會蒸發2%，而高溫多濕的環境會提高蒸發率。另一方面，氣候涼爽的話酒桶則容易吸取外面的空氣和水分，進而導致酒精濃度降低（變淡）。

我對「酒桶會呼吸」這件事情很久以前就知道了，不過我從沒想過蒸發量會有這麼大。此外，這個理論甚至還導出酒桶如果處於高溫高濕的環境，原酒裡面水分會蒸發的比酒精還要多，因此酒精濃度會增加的這個結論。如果試著運用這個理論看看，那麼酒桶一定是因為蘇格蘭氣候的關係而慢慢地吸進了外面帶著鹹味的空氣。

再更進一步地來看，不論是艾雷島還金泰爾半島的坎培鎮，只要是生產有鹹味的威士忌的地方，對我這個日本人來說都已經是超越涼爽而達到寒冷的境界。除此之外，我在島嶼或半島上所拜訪過的蒸餾廠當中，不論哪一個都位在海岸旁且都離海岸線非常近，建築物在滿潮的時候幾乎就像浸泡在鹽裡一樣，因而讓飽含鹽分的風會從各個不同的方向迎面吹來。如果在這樣的地方實行特殊的地板式發芽，那麼海風和浪花都會從打開的窗戶進來然後直接落到麥芽的身上。如此看來，海風的「威士忌浪漫」應該才能確立浪漫這個神聖不可侵犯的領域。至於我自己的理論則好像突然被束之高閣。

不同的熟成年數造就出不同的性格

根據蘇格蘭政府的法律，蘇格蘭的威士忌要裝在酒桶裡，然後至少需放在酒窖裡儲放、熟成3年。接著，再依照不同的熟成年份做成商品、裝瓶，然後出貨上市。雖然熟成的時間會因不同的品牌而所有差異，但是各家推出的主力商品大多是10年、12年、15年和16年款。此外，市場上也能看到一些20年以上的頂級酒款。

從味道的特徵來看，熟成年數較少的酒款喝起來感覺比較新鮮刺激、清新強勁，粗曠的一面也尚未消失。另一方面，隨著不斷的熟成，味道則會變得圓潤，感覺相對沉穩滑順，轉眼之間轉變成另外一個讓人難以置信的容貌。

此外，還有一種稱為二次熟成（double matured）的熟成工序。透過這種方法可以強制改變熟成中的威士忌的個性，目前許多生產量較大的蒸餾廠都會採用這種方法來進行熟成。舉例來說，先將威士忌用波本桶熟成10年，10年之後再移到雪莉桶裡繼續熟成；另外還有一些比較少見的例子則是會用老萊姆酒桶、葡萄酒桶、波特桶來熟成，也就是說近來，雖然說是蘇格蘭威士忌，但也不是全部都只用傳統的老方法來熟成。像是只用波本桶、波本桶加雪莉桶12年、15年等，有越來越多的不同風格被調配出來。雖然找出自己中意的是哪一款也是種樂趣，但是像我這基本上算是酒的「愛好者」的人，總是喜歡到處喝、到處評論，經常等到酒都喝掉了半瓶才注意到「啊、原來也有這種的」，實在是有點傷腦筋。

10年、12年是各家投入在激戰區的商品，通常這類的酒款最能表現出各家酒廠的特色，不但定價最具競爭力，CP值也最高。這樣的酒款最適合用來了解該品牌的特色和風格，可說是威士忌的入門款。

隨著熟成的時間越久，價格也會突然開始變得越來越貴，如果是放了20年的酒款，那麼價格會高的有點離譜。不過這就是會造成誤解的地方，如同我剛剛說的頂級酒款一樣，這是由於一般人誤以為價格高等於高級品的緣故。不過在此想先說明一下，以上這些都只是從價格的角度來討論而已，和味道以及品質的好壞完全沒有任何關係。不過如果用一句話來評價20年款，那就是酒桶裡的原酒每年有3%貢獻給了天使。單純來看，所謂的20年其實就等於當酒桶裡面的酒做成商品的時候，有60%已經被天使給喝掉了。考慮到這樣的情況，似乎也就覺得價格會這麼貴好像也是沒有辦法的事。

熟成時間的長短會以酒款價格來分等級而陳列在店裡，不過如同前面所說的一樣，這些酒款不同的地方是在於個性而非品質的好壞，請各位先要有這樣的認識。隨著熟成的時間越長，我們可以知道風味會變得冶豔而濃郁。不過，另一方面也會流失部分原有的特色。不過不管如何，這不是依好不好喝來分等級，身為一個酒迷，這點請務必銘記在心。

用這樣來比喻可能不是很洽當因此還請多見諒、不過我想我們可以試著以女性來想像看看：年輕的女生美麗嬌嫩，但是因為年輕而帶來的驕縱難免也會有讓人感覺到疲累的時候。此時，我們往往會轉而從成熟穩重的婦人身上感到舒適自在。不過即使如此，如果每天面對的都是這種魅力，那麼終究也會有感覺到膩的一天。雖然聽起來很奢侈，不過這才是男人的真心話吧。因此，如果要喝10～16年那樣的人氣酒款也會面臨到上述的狀況，希望各位能認識到這一點。

喝酒的能力並非與生俱來，而是在一天結束之後，在情況允許的範圍內配合自己的狀態，然後自然而然地鍛鍊出來的。

威士忌座標圖

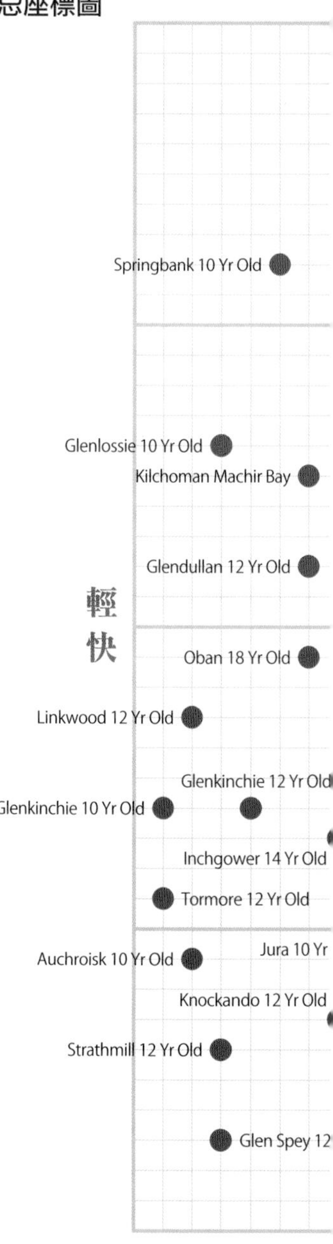

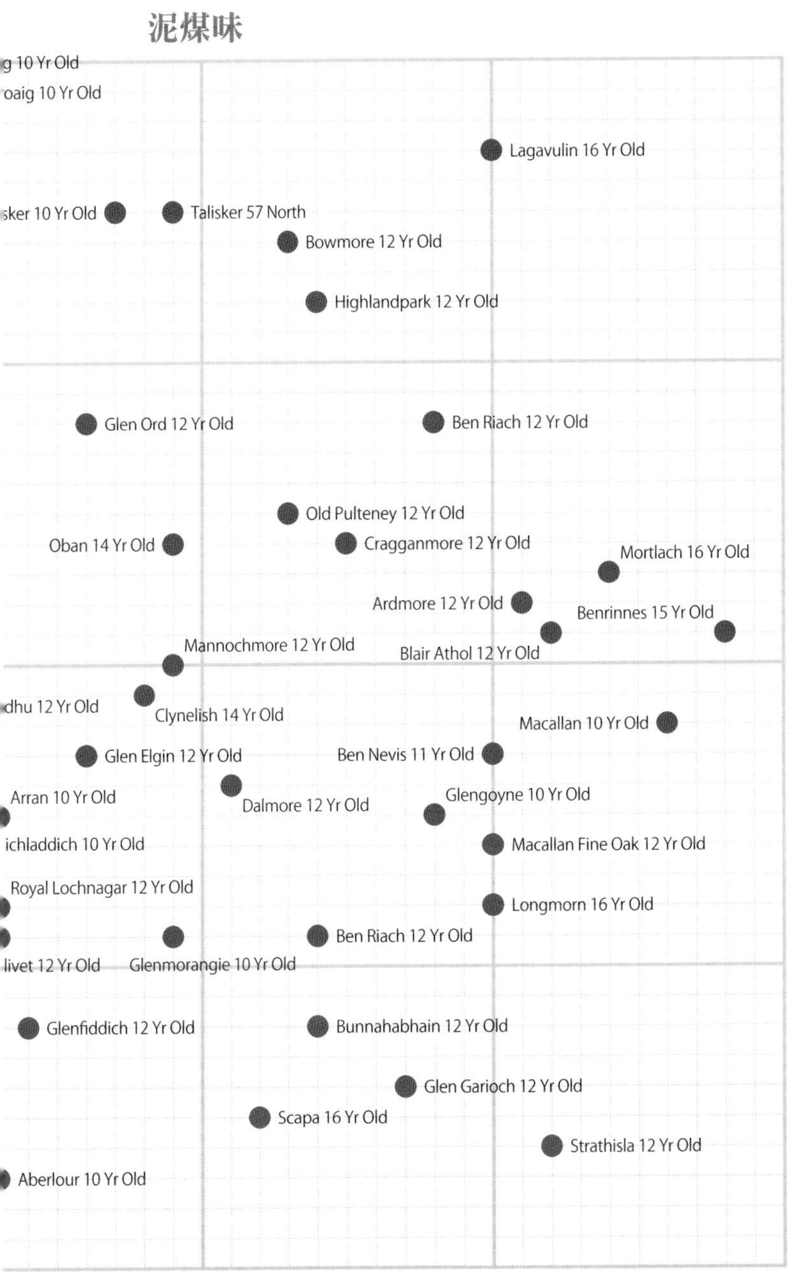
泥煤味
g 10 Yr Old
oaig 10 Yr Old
Lagavulin 16 Yr Old
sker 10 Yr Old
Talisker 57 North
Bowmore 12 Yr Old
Highlandpark 12 Yr Old
Glen Ord 12 Yr Old
Ben Riach 12 Yr Old
Old Pulteney 12 Yr Old
Oban 14 Yr Old
Cragganmore 12 Yr Old
Mortlach 16 Yr Old
Ardmore 12 Yr Old
Benrinnes 15 Yr Old
Mannochmore 12 Yr Old
Blair Athol 12 Yr Old
豐潤
dhu 12 Yr Old
Clynelish 14 Yr Old
Macallan 10 Yr Old
Glen Elgin 12 Yr Old
Ben Nevis 11 Yr Old
Arran 10 Yr Old
Dalmore 12 Yr Old
Glengoyne 10 Yr Old
ichladdich 10 Yr Old
Macallan Fine Oak 12 Yr Old
Royal Lochnagar 12 Yr Old
Longmorn 16 Yr Old
Ben Riach 12 Yr Old
livet 12 Yr Old
Glenmorangie 10 Yr Old
Glenfiddich 12 Yr Old
Bunnahabhain 12 Yr Old
Glen Garioch 12 Yr Old
Scapa 16 Yr Old
Strathisla 12 Yr Old
Aberlour 10 Yr Old
纖 細

甘甜・果香・雪莉酒

花一般的輕盈，泥煤香較淡。

BUNNAHABHAIN 12年。

雖然有一點泥煤味，但是酒質輕盈清爽。

上等的全能選手

THE ARRAN MALT 16年。

散發出果香和甘甜。

能確實地感覺到圓潤的果味。

令人滿足的高品質，最終極致的好選擇。

THE GLENLIVET 12年。

均衡感極佳是這款酒的最大特色，散發出葡萄和牛奶的味道。

確實的醉意，讓人回味無窮的美味。

SCAPA 2001年。

味道複雜而酒體適中，散發出海香。

輕盈爽快，任誰都會喜歡的味道。

MACALLAN 12年。

初學者或是老手都喜歡的一款。

Strathisla　　Benromach　　Glen Garioch　　Linkwood　　Auchentoshan

辛香・乾澀・煙燻味

重量級的獨特風味，並非人人都能挑戰成功

ARDBEG 10年。重泥煤與煙燻。強勁粗曠，不愧是男人喝的酒。

充滿力量又富有黏性，讓人回味無窮的複雜度。

JURA。紮實的酒體。無以倫比的感動滋味

辛香味濃厚，複雜又偉大的威士忌。

OLD PULTENEY 12年。

最強的打擊者，威士忌的代名詞。

GLENFIDDICH 12年。老牌單一麥芽威士忌，味道恰到好處。

非常和諧，能感覺到辛香。

TULLIBARDINE 由甘甜與麥芽香所營造出來的舒服口感。酒體適中。

Highland Park
Glen Keith

Mortlach
Deanston

Dalmore
Oban
Talisker

Springbank
Bruichladdich

Laphroaig
Caol Ila
Lagavulin

迷你瓶的收藏

MINI BOTTLES COLLECTION

收藏迷你瓶的這個興趣，由於每個蒸餾廠都有自己的特色，因此在閒暇之餘拿出來仔細賞玩，永遠都不會覺得膩。酒瓶有玻璃製、塑膠製、造型相當奇特、或是不知是否由於容易與天使同享，所以酒精驟減而讓裡面的威士忌漸漸變少的酒瓶，此外還有3瓶、5瓶1組以及其他各種包裝組合，總之，絕對會讓你愛不釋手。

特別是喝到和迷你瓶同一個酒廠與年份的威士忌時，把迷你瓶和普通瓶排在一起，總不禁想起遠方的蘇格蘭的天空，雖然不至於熱淚盈眶，不過對酒迷們來說是件多麼令人開心的事。旁邊不認識的人如果看到我們這樣不自覺的嘴角上揚然後一直傻笑，或許會覺得很詭異吧。

既然說是一種收藏，那麼收集的數量便沒有結束的一天，不論何時總是非常飢渴地想要收集到更多。例如我這次無法去莫爾島（Isle of Mull）上的托本莫瑞（Tobermory）蒸餾廠，但是卻非常想要他們迷你瓶，如果少了那一瓶，那麼收集蘇格蘭威士忌迷你瓶就像畫龍而無法點睛一樣，實在是讓人覺得很可惜。

如果是有在收集個性迷你車的人應該就能知道那種感覺，那就像是收集法拉利少了Dino 246，收集寶馬迷你少了Cooper Mini Monte Carlo Rally，收集日產少了Datsun Fairlady 240Z Safari Rally一樣，總之，會人感到非常不甘心。

以前有一段期間幾乎每年都會去美國參加哈雷機車大會，如果該年因故無法參加而沒拿到那一年的紀念章就會感到非常懊悔。雖然也沒特別做了甚麼事，但是總會覺得非常失落，好像心被挖了個洞一樣。

因此，為了能收集到托本莫瑞的迷你瓶，這讓我將來有了更強烈的動機和理由告訴自己「下次一定找機會去莫爾島」。感覺有點瘋狂，不過男人的收藏癖大概就是這麼回事。別人看起來很無聊的東西，但是自己卻覺得很開心，這正是所謂的收藏。

雖然這3款都是格蘭昆奇，不過仔細一看應該會發現這2款迷你瓶的縮尺比例有點不一樣。而且雖然都印上12年，不過威士忌的濃度和顏色卻不一樣。裡面裝的是否真的是12年的酒款，實在是讓人感到存疑。

吉拉和雅柏的迷你瓶，不知道各位是否有注意到這2款的比例也有點不對，好像寬的地方更寬，而凹進去的部分的更凹。這些迷你瓶並非是照實際尺寸等比縮小，而是將原本的特徵突顯出來，就像迷你車一樣。

MY FAVORITE CHOICE TEN !

和智 英樹

以下是我的威士忌酒櫃裡平時所不可欠缺的3種酒款。不過，我並非每天從頭到尾只喝這些威士忌，有時也會在中途喝其他的調和威士忌來好好享受調酒師的功力和技巧，最後再回過頭來品嚐這3款威士忌。

① Talisker 10Years（最喜歡的一款）
② Highland Park 12Years
（唯一能替換Talisker的酒款）
③ Arran 10Years（12年以及14年和這款的感覺有點不太一樣，對我來說NG）

在寂寥的日常生活裡，經歷過轉折、困惑、或是想積極奮發，想要突發振作時所不可或缺的一款。結果沒想到都是艾雷島上的酒。

④ Ardbeg 10Years
⑤ Caol Ila 12Years

特別的日子裡、心情放鬆而內心溫暖，覺得人生好像也不壞的夜裡、準備做出重大決定然後想對自己好一點時…。

⑥ Lagavulin 16Years
⑦ Mortlach 16Years，雖然滿貴的

抱著愉快的心情去飛蠅釣、或是帶著2隻獵犬去獵場練習，我會將我喜愛的酒壺裡裝滿這些威士忌，感覺輕鬆，但層次豐富。

⑧ Glen Scotia 12Years
⑨ Bunnahabhain 12Years
⑩ Glenkinchie 12Years

高橋 矩彥

我從18歲開始就很愛喝酒，且全年無休肝日。只要有酒就直接拿來喝，後來終於有幸遇到了威士忌這個能夠讓我滿足的酒。每天在夜幕降臨前的黃昏時分，我都會稍微來一杯風格不會太過強烈的威士忌。

① Bowmore 10Years
（1天結束之後的閒適感。小確幸）
② Clynelish 14Years
（感謝身體健康）
③ The Glenlivet 12Years
（價格親民，味道親切）

騎著載滿行李的重機奔馳數百公里，到了落腳的旅社後泡了個澡，接著從馬鞍袋裡拿出這些酒來喝，突然覺得「活著真好」。

④ Scapa 16Years
（讓人想到在北海孤島上造酒的男人）
⑤ Dalmore 12Years
（明天也充滿活力地繼續奔馳）
⑥ Aberlour 10Years
（清爽，適合睡前喝）

結束了麻煩、複雜但有意義的工作後會想喝的一款。另外，在處理完亡母的3回忌法事之後，我自己獨飲的酒也是這一款。

⑦ Glen Garioch 12Years
（豐饒是這款酒的特色）

到健身房跑步，用跟隔壁的年輕人一樣的速度（12km/h）跑了15分鐘之後會想喝的酒。

⑧ Talisker 57 North（明天也繼續努力吧）
⑨ Longmorn 16Years
（我還是能跑得動）
⑩ Braeval Blackadder Raw Cask 13Years
（火般的酒在告訴我「絕對要堅持下去」）

挑選酒杯

SELECT FOR DRINKING GLASS

在日本的時候，總覺得喝蘇格蘭威士忌一定要加冰塊（on the rock），不過到了蘇格蘭之後才發現在那裡沒有任何人會這樣喝。那麼，究竟他們都怎麼喝威士忌呢？在蘇格蘭，一般的喝法都是直接喝、或是不放冰塊然後加些礦泉水喝。而且所用的酒杯在杯口的部分會內縮，造型看起來就像是鬱金香。嗯～原來如此，後來我才知道這樣的酒杯最適合用來感受酒裡所散發出來的香氣。要加水調出好喝的威士忌有其訣竅，首先在加水之前先稍微舔一下威士忌原本的味道，接著慢慢地加水調整到自己覺得濃度剛剛好為止。

以1比1的比例加水喝叫做「twice up」，蘇格蘭威士忌迷都說這樣的喝法最能嚐出威士忌的香醇與美味。入境就要隨俗，於是在不知不覺當中我也漸漸跟著不加冰塊了，不過偶爾則會加蘇打水來好好享受一番。

用印著同樣酒名的酒杯來喝威士忌是件樂趣無窮的事，例如我在喝角瓶的時候，直到現在也一定要配那種很像是用角瓶的瓶底所做出來的酒杯，總覺得這是很理所當然的事，然後接著以愉快的心情一邊享受威士忌，一邊度過美好的一夜。

可能有人會認為「應該不需要有那麼多杯子吧」，而我也認為這種想法非常正確。不過，只要看到每個酒廠的杯子的大小、重量、圖樣以及印在上面的標誌都相當極具巧思時，就會愛不釋手。如果是無拘無束地享受一個人獨自「品酒」時，我通常會用從三得利白州蒸餾廠拿到的酒杯，它在上面有先印好威士忌和加水的基準線，以酒精濃度40%，在威士忌65%和水35%為比例的位置上劃出白線，這個由日本人專為日本人所做出來的飲酒道具真的是非常的恰到好處，而且從最上面看還會看到Suntory Hakushu Distillery的字樣，設計的非常精美。

艾倫和泰斯卡的酒杯都是沒有杯腳，而且泰斯卡酒杯在尺寸比較大，杯口也沒有內縮以用來聚集香氣，造型不太常見，佛是在告訴們「請加冰塊喝」一樣。其實，這是代理商送給本酒迷的東西。

除了格蘭利威，另外兩款酒杯都有杯握，以容量來說算是一般尺寸。其實用其他同尺寸的酒杯代替也行，不過每家酒廠所推出的造型都不一樣，這或許和想要展現尊嚴有關。

用刻花玻璃設計成格子狀的格蘭花格酒杯。造型相當特別、精緻，能夠營造喝酒時的氣氛，而且斜印的標誌更是前所未見。

造型相當漂亮的帶腳杯，格蘭傑的酒杯還有附上蓋子以防香氣散失。蘇格蘭威士忌相當重視這些在愛爾蘭威士忌身上所沒有的香氣，因而對於酒杯的設計也特別用心。

愛酒家的蘇格蘭威士忌講座

100間蒸餾廠的巡迴試飲之旅

個性鮮明，讓人愛不釋手的艾雷島威士忌。

ISLAY

艾雷島是座相當特別的島，島上共有8家蒸餾廠互別苗頭並各據一方。
這些蒸餾廠每家都獨具特色，所生產出來的威士忌也都充滿個性。
就算一天去1～2家參觀，然後實際品嚐看看，
至少也要花上個4～8天才能看完島上所有的蒸餾廠。
艾雷島上的居民約有4,500人，島上的居民非常和善，而當地的海鮮則是相當美味。
對於酒迷們來說，這裡就像是會讓人遺忘時光的夢幻龍宮城一樣。
只要喝上一口在這個島上從糖化、發酵、蒸餾到熟成後所做成的威士忌，
即使在世界其他地方，都還是會讓人對艾雷島念念不忘，彷彿這裡的威士忌充滿魔法一樣。
如果要到艾雷島，雖然也有飛機等交通工具，不過開車應該會更方便。
如果也會去金泰爾半島（Mull of Kintyre）的坎貝爾城裡的三大蒸餾廠，
或是還會去艾倫島和吉拉島上的蒸餾廠參觀的話，那麼可以搭乘
往艾倫港（Port Ellen）或是阿斯凱克港（Port Askaig）的渡輪去艾雷島。
雖然縮短交通時間也很重要，但是如果能夠和島上的居民一起搭著渡輪，
一邊悠閒地喝著愛爾啤酒，然後一邊在甲板上享受迎面而來的海風，
這樣的旅程或許會讓人更加回味無窮。
從古代的羅馬人、北歐的維京人、英格蘭人到蘇格蘭人，個性獨立的艾雷島魂
他們從不屈服於外來的侵略與統治者，這樣的精神不論在哪個時代都不曾被遺忘。
如果說島民的精神也充分地表現在威士忌這樣的烈酒口味上的話，我想一點都不言過其實。
為什麼我們對艾雷島這座蘇格蘭的孤島會如此迷戀呢？
在這裡感覺到的不是那些用武力曾將這裡佔為己有的國家所帶來的蠻橫，
而是處處洋溢著海島才有的謙虛和溫柔。
這座島總讓人有種「彷彿以前就曾來過」的熟悉感。
來到這裡就像是回到已不復見的故鄉，而這就是艾雷島。

BUNNAHABHAIN
Ardnave
CAOL ILA
吉拉島
Sanaigmore
Balulive
Port Askaing
Feolin Ferry
Leckgruinart
Keills
Aoradh
Ballygrant
Gruinart Flats
B8018
A846
B8017
Aruadh
Lyrabus
A846
Foreland
Blackrock
Bridgend
ILCHOMAN
A847
Barr
B8016
Cattadale
BRUICHLADDICH
Gartnatra
Cluanach
Gartnatra
BOWMORE
Gartbreck
ort Charlotte
Laggan
Ardtalla
艾雷島
Trudernish
Kintour
A846
Glenegedale
B8016
Kintra
LAPHROAIG
ARDBEG
Cornabus
Cammore
PORTELLEN
LAGAVULIN
Risabus
Lower Killeyan
Inerval

ARDBEG

The Glenmorangie Co (Louis Vuitton Moet Hennessy)
Ardbeg, Port Ellen, Islay
Tel.01496 302244 E-mail:website@ardbeg.com

主要單一麥芽威士忌 Ardbeg 10年, Blasda, Uigeadail, Corryvreckan 主要調和威士忌 Ballantine 蒸餾器 1對
生產力 110萬公升 麥芽 含有45-55ppm的泥煤 儲藏桶 波本桶加上一些雪莉桶
水源 Uigeadail湖和Arinambeast湖

展現出鮮明的艾雷島性格，這才是男人喝的酒。

雖然不是多采多姿的變化球，但是艾雷島所產的單一麥芽威士忌不但獨特且優秀，那陽剛的性格充滿鮮明的色彩。在這當中，雅柏麥芽威士忌就像全力投出的直球，那強烈的個性展露無遺，表現的相當精彩。該蒸餾廠在蓋爾語中有「Ardbeg（狹小的海角）」之意，而位置也確實正如其名，雅柏蒸餾廠就蓋在艾雷島南岸的艾倫港城以東約6km，突出於大西洋的岩岸一角。

蘇格蘭沿岸的潮汐起伏很大，在滿潮的時候，蒸餾廠在地基的部分會被海水蓋住，等到退潮之後，隨著海水漂來的海藻會殘留在海岸上，然後慢慢地進行腐敗作用。這時，所散發出來的味道便是我們所說的「海潮味」，雖然也有人會用海水味來形容這種味道，但其實海水原本應該是沒有味道的。這種味道用來形容威士忌會用「碘味」來表現，它會隨著潮濕又富含鹽分的海風吹進擺滿威士忌酒桶的酒窖（用來熟成的儲藏庫），然後慢慢地從酒桶滲透進正在沉睡中的麥芽威士忌裡。酒迷們深信這個經年累月，每天反覆發生在這個海角的情節，正是讓熟成中的威士忌散發出艾雷島特有的海潮味和鹹味的原因，這也是所謂的威士忌浪漫。

根據記錄，雅柏蒸餾廠最初是在1794年由Alexander Stewart所建立的，然後在1815年由MacDougall家族正式設立公司經營。雅柏蒸餾廠在成立公司後的150年間，雖然一直掌握在該家族的手裡，但是就和蘇格蘭其他的蒸餾廠一樣，之後便反覆地歷經關廠（暫時停止運作）和重新營運。接著到了1997年，也就是黛安娜王妃去世的那一年，雅柏蒸餾廠最後是被格蘭傑酒廠所收購並一直營運至今。被收購之後，雅柏雖然仍斷斷續續地將以前所製造且經過熟成與儲藏的老威士忌酒做成商品推出，但是經過整整10年也就是到了2008年，市面上所販售的雅柏原酒便全部都是由格蘭傑所蒸餾和熟成的了。不過雖然如此，雅柏一年的產量其實只有115萬公升，這和斯貝河畔的龍頭格蘭利威每年可生產1,050萬公升相比，規模才僅有它的1/10而已。此外，由於雅柏所製造出來的麥芽威士忌有一部分還要提供給調和威士忌「百齡罈」做為基酒使用，因此在市場上流通的雅柏單一麥芽威士忌可說是極為稀少。

在威士忌釀造的第一階段也就是麥芽生產方面，相較於雅柏在艾雷島上的其他競爭對手，如波摩或是拉佛格等現今依舊採用傳統的地板式發芽來自行生產麥芽，雅柏的麥芽則是向離它們不遠、隸屬帝亞吉歐（Diageo）集團旗下的波特艾倫蒸餾廠（目前停止蒸餾中）訂購，並指定將麥芽的泥煤香調整在酚值約45～60ppm（Max）之間。拉佛格的年產量為290萬公升，波摩為200萬公升，而雅柏的生產量則僅約他們的一半。從這樣的角度來看，以訂購的方式來取得麥芽不但效率更高也很恰當。順道一提，目前在全蘇格蘭有自己生產麥芽的蒸餾廠極為少見，這是現代的蒸餾廠將生產效率與利潤視為優先的必然趨勢。

濃厚煙燻味（泥煤味）是雅柏威士忌的特色，這和使用Uigeadail湖做為水源有著相當密切的關係。這座湖的湖水比艾雷島上的其他湖泊的湖水都還要黑，相信只要到現場看過便能一目了然。這座湖泊其實是由泥煤層之中的窪地積水所形成的，麥芽煙燻過後，再用這座「黑湖」的水經過糖化、發酵、蒸餾然後熟成，最後才能製造出酚值高達23ppm的威士忌。

在蒸餾設備方面，雅柏共有1台不銹鋼製的糖化槽，6台奧勒岡松製的發酵槽。蒸餾器則由製造出低酒（low wines）的蒸餾器和烈酒蒸餾器為一組。此外，在烈酒蒸餾器上還裝有稱為purifier的淨化器以增加蒸餾時的純度，透過這項裝置可讓威士忌的泥煤味帶點若有似無的花香和果味的甘甜。這樣的微甘沉睡在酒桶（波本桶）裡，然後會隨著時間而越來越明顯，最後經過熟成而和泥煤味融為一體。像這樣生產出來的威士忌，因其強烈的煤泥味，甚至還有了「The Peaty Paradox（泥煤味的詭局）」這樣的暱稱。這暱稱說明了雅柏雖然有著層層的泥煤味，但卻也內藏著相當確實的甘甜與厚實。

沉醉於雅柏其濃郁深邃世界的酒迷或飲者會被稱為「Ardbeggian」，對於只喜歡喝口感柔順的調和威士忌或是洗練極致的斯貝河畔麥芽威士忌的人而言，說這些人是某種的偏執狂也不為過，而且這些偏執狂看起來似乎也都非常享受自己的這種偏執行為。雅柏就是這樣的酒。不過，如果從生產量來看，全世界到處都有Ardbeggian的那天似乎會很難到來。

不銹鋼製的糖化槽（mash tun）。將磨碎的麥芽用熱水浸泡並以機器自動攪拌使其糖化。

奧勒岡松製的發酵槽（wash back）有6台，依序使用。雖然也有能夠釀造出口味豐富的木製槽，但是需特別清潔與保養。

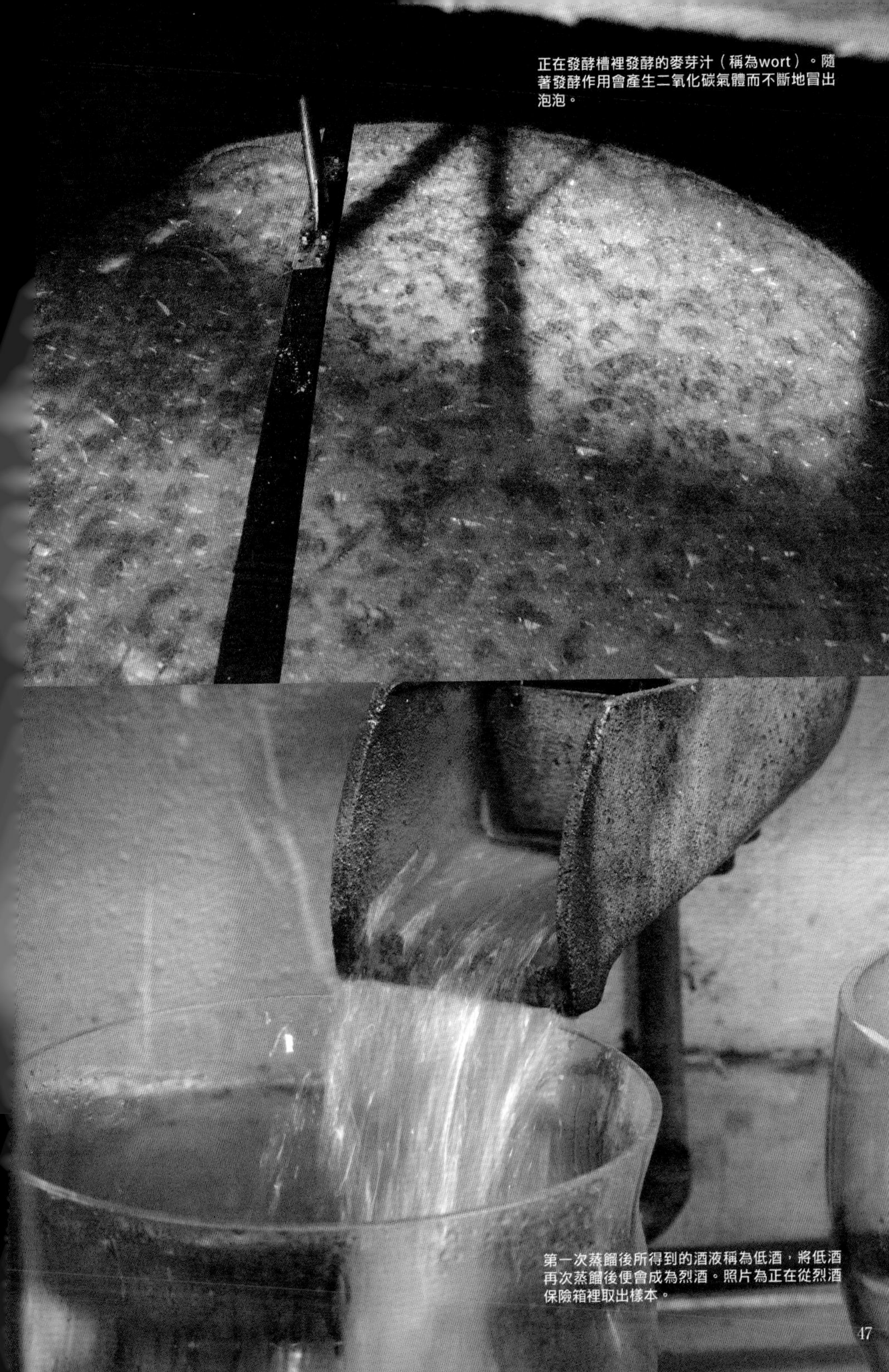

正在發酵槽裡發酵的麥芽汁（稱為wort）。隨著發酵作用會產生二氧化碳氣體而不斷地冒出泡泡。

第一次蒸餾後所得到的酒液稱為低酒，將低酒再次蒸餾後便會成為烈酒。照片為正在從烈酒保險箱裡取出樣本。

為了讓釀造出來的新酒（new pot）熟成而裝進酒桶裡。這個動作稱為filling，此時，還必須加水使酒精濃度稀釋到60%左右，這樣的濃度能夠讓酒桶的木質分解作用達到最高峰。

看看正在進行裝桶作業的大叔那紅通通的臉！這個人是個徹底的蒸餾職人，其子則是「波摩」酒廠的職人，也就是說父子兩代都是艾雷島上的威士忌生產者。

雅柏的蒸餾系統只有這一組燈籠型的蒸餾器。前面的烈酒蒸餾器（從照片裡雖然看不到）裝有淨化器以提升蒸餾的純度，這是唯一的一個，在艾雷島的其他地方是看不到的。

從水平面來看烈酒蒸餾器的壺身部分。此壺型蒸餾器的容量顯示為16,957公升，在蘇格蘭，蒸餾器的容量規定不得低於2,000公升。

1.等待裝威士忌的空酒桶（cask）。生產年份已經印在蓋子上。 2.雖然雅柏的吉祥物，這隻叫「Shortie」的傑克羅素梗犬相當知名，但是在這裡還有一隻混著邊境牧羊犬血統的大型犬在遊客中心的入口處守候。 3.被擺在一邊等待重新利用的波本桶。

雅柏的威士忌酒窖並不是一個大型的建築物，而是由好幾個小建築物分散在酒廠內各處。由於廠內每個建築的設計幾乎都一樣，所以遊客很難搞清楚哪個是辦公室哪個是酒窖。

IMPRESSION NOTE

在艾雷島的麥芽威士忌當中，雅柏的泥煤味和碘味最為強烈。如果味道突出的泥煤味減弱，則從裡面會散發出碘臭（香?）和菸臭般的刺鼻味。接著，綻放出淡淡的柑橘系果香融合著極為低調的太妃糖般的甜香。最後則會感受到油脂和海水鹹味（briny）夾雜著辛香，然後形塑出深沉的口感和豐富的印象，帶領著飲者進入雅柏那獨特又迷人的世界。

ARDBEG 10年
[700ml 40%]

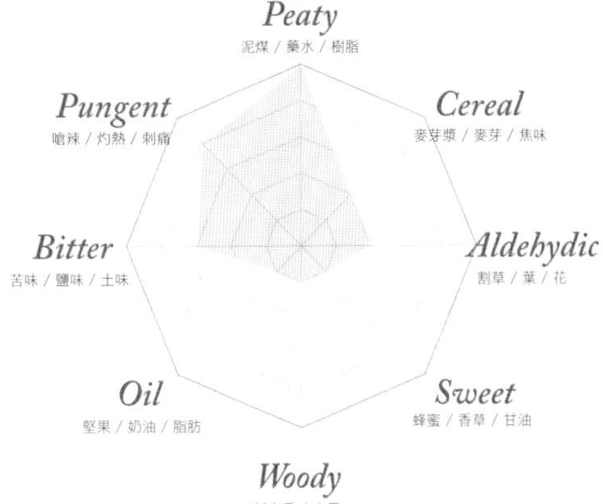

[酒款]

提供給Black Bottle做為麥芽威士忌之用。單一麥芽威士忌則有Ardbeg 10年。

[行程]

標準行程的費用是4英鎊，可盡情參觀這環境絕佳的蒸餾廠和享受隔壁餐廳的蘇格蘭料理和輕食。此外，遊客設備等建築物蓋得非常經典美麗，在行程的前後能在裡面好好休息，其他停車場、休息處、盥洗室等設備也都非常貼心、完善。

[路線]

從位於艾雷島中心的波摩（Bowmore）開車走農用道路約30分即可到達艾倫港的渡船場，在途中應該能看到雅柏蒸餾廠所立的看板。

波摩　英國郵遞區號 PA43 7JS

BOWMORE

Morrison Bowmore Distillers Ltd (Suntory Ltd)
School Street, Bowmore, Isle of Islay
Tel:01496 810441 E-mail:info@morrisonbowmore.co.uk

主要單一麥芽威士忌　Bowmore Legend, 12年, 15年, Darkest, 18年, 25年　主要調和威士忌　Rob Roy, Black Bottle

蒸餾器　2對　生產力　220萬公升　麥芽　含有20-25ppm的泥煤　儲藏桶　波本桶和雪莉桶

水源　Laggan河

艾雷島上風格中庸的沉穩派

波摩鎮位在艾雷島的中央部西岸，該地亦為此島的行政中心，而波摩蒸餾廠的名字則和大部份的蘇格蘭威士忌一樣，都是直接冠上當地的地名。蒸餾廠位在一個小港旁邊，該港有一個小碼頭，從碼頭看過去，該建築就像是浮在海面上的白色要塞一樣。與拉佛格以及雅柏等酒廠一樣，此蒸餾廠的所在位置常年受海浪拍打，這是孕育出碘味和海水鹹味所不可欠缺的條件。

波摩蒸餾廠創立於1779年，雖然堪稱是艾雷島上歷史最悠久的蒸餾廠，但自從約翰辛普森（John Simpson）建立酒廠以來，一共換了6次主人。然後到了1989年，由日本的三得利企業出資35%來加以經營，現在則已成為了三得利旗下100%獨資的小公司，並以Morrison Bowmore Distillers的名稱展開營運。因此，波摩蒸餾廠同時也是三得利從日本出口「山崎」或是「白州」時在英國的代理商。

過去歐美在評價波摩所生產的威士忌時，經常會用肥皂臭、嗆辣、廉價化妝品香味等不好聽的說法來形容，不過現在則已經很少聽到類似這樣的評價了。由於波摩的泥煤味在艾雷

位在波摩鎮上碼頭附近的蒸餾廠正面大門。這是酒迷們的聖地！有著非常端正的煙囪與符號。

島所生產的麥芽威士忌中屬於中間程度，因此除了容易給人感覺到高雅的花香或是果香，再加上有著一種海藻腐敗分解中的香氣（碘味）和鹹味，絕佳的均衡感而被認為是最能表現出艾雷島麥芽威士忌特色的品牌。簡單來說，這樣的評價是跟艾雷島上其他威士忌比較之下才有的結果。不過不管如何評價，麥芽威士忌本來的香氣和風味並沒有任何改變，只是將原本該有的評價轉變成另一種合理的說法來表現罷了。因為這樣絕佳的均衡感，讓波摩被認為是最適合做為艾雷島麥芽威士忌的入門款，不過其實波摩在艾雷島上是屬於相當有深度，包容力相當強，能讓人回味無窮的一款威士忌。

因此，在2009年時雖然單一麥芽威士忌在全世界的銷售一口氣掉了5%，但是波摩的業績卻是逆勢增長。以數字上來說，竟然成長12%。最近在營業上所獲得極大成功的背後，是由於透過超市擴大市場以及從2007年開始徹底重新檢視在全世界機場免稅店銷售策略的結果。

波摩所進行的大麥地板式發芽作業被尊為是威士忌生產的重要象徵。不過實際上，波摩用的麥芽並非100%都是自家所產，自家所產的麥

進行地板式發芽時，為了通風而會讓窗戶一直開著！因此經常會有野鳥或老鼠跑進來偷吃。

直接鋪在地板上的大麥，平均鋪好並鏟平之後，每4～6小時還會用專門的鏟子全部再翻過數遍使它們發芽。

芽大約占全部所需量的40%。不過即便如此，和現在所有的蒸餾廠相比，這樣的比例還是非常高的。此外，不隨便增加地板式發芽的生產率，應該是考量到成本的關係，因而從麥芽廠買進剩下的60%麥芽。

波摩所使用的大麥種類也會根據情況做調整，現在主要是用Optic種，而主要購買的麥芽廠則是「Simpsons」。由Simpsons所生產的麥芽1噸大概可以製造出416公升的威士忌，而利用自家地板式發芽所生產的麥芽則1噸可製造出408公升的威士忌。

關於蒸餾設備，首先值得一提的是打造成木製風格的不銹鋼糖化槽。這是有附銅蓋的半過濾式糖化槽，過濾槽則是銅製的。至於水源則是來自Laggan河，由於這條河是黑色的，因此在取水的時候就有相當的泥煤味，不過倒也不至於像「拉加維林」蒸餾廠附近的小河那樣將麥芽染的極為濃黑就是了。發酵槽有奧勒岡松製的6台，金屬製的則1台也沒有。此外，蒸餾器有可生產出30,940公升的直線型蒸餾器以及可生產14,750公升的壺型蒸餾器各2台。

像這樣經過蒸餾，然後加入Laggan河的水後，共可生產出高達27,000桶的新酒，接著便放在那浪花不斷拍打的海岸酒窖裡儲放。以堆積式來熟成的酒窖有2座，以層架式來熟成的則

1.糖化槽裡磨碎的麥芽。磨碎的麥芽現在正在溫水中被攪拌以進行糖化作業。波摩的糖化槽有著半圓型的銅蓋。 **2.**從木製發酵槽的蓋子縫隙正噴出酒汁。香氣甘甜，味道就像是啤酒。滲進木頭裡的酒汁，香氣十分獨特！ **3.**用來煙燻麥芽的火爐前堆滿著泥煤。艾雷島的泥煤含有正在進行分解作用的海藻殘骸，讓泥煤的味道更加深沉複雜。

糖化槽雖然是有附半圓型銅蓋的不銹鋼槽，但卻設計成看起來很像是木製的一樣，準備迎接所有來訪的遊客。大型的漏斗則是用來裝磨碎的麥芽。不論是保養還是清潔都做的非常確實，非常乾淨。

有1座。所謂的堆積式，是指將酒桶橫躺後在上面鋪上木板，然後在上面繼續堆疊其他酒桶的傳統儲存方法，在空間使用的效率上遠遠不及層架式。至於層架式，則是搭建金屬架，然後將酒桶一個個架高儲藏的方法。

波摩從1999年開始，除了用原本的波本酒桶熟成之外，還推出用Oloroso雪莉桶過桶，或是將不加水稀釋酒精的原酒威士忌用紅酒桶做成二次熟成的風味桶威士忌，一開始推出了12,000瓶，結果竟是立刻銷售一空。到了現在，雖然有各種不同生產年份和種類繁多的威士忌不斷地推陳出新，但是賣的最好、最受歡迎的還是當屬「波摩12年」。日本有句諺語說「始於鮒釣，終於鮒釣」，這是用來形容魚釣之博大精深，但就意義上，似乎也能用在波摩威士忌身上吧。

木製的發酵槽共有6個。在地上看得到的部分還不到總長的1/4。

直線型的蒸餾器有3組，第一次蒸餾能生產30,940公升的酒液，二次蒸餾後則約剩一半的容量。

以堆疊的方式平放在酒窖裡的酒桶。儲放威士忌的酒窖在稅法上屬於是保稅倉庫，橫躺的每個酒桶在蓋子上都有註記蒸餾的年份和詳細的編號，顯示出在稅法上受到非常嚴格的管理。

波摩在1999年也開始將波本桶再換上紅酒桶或是雪莉桶以做二次熟成。圖中這一批是首年用紅酒桶再熟成的威士忌。除了這些，波摩還有另外一座用堆疊的方式儲放威士忌的倉庫，總計有27,000桶威士忌在等待熟成。

IMPRESSION NOTE

BOWMORE 12年。絕對不能小看這款威士忌而誤以為它只是「艾雷島上的輕款威士忌」。如果在外面喝了高酒精濃度、泥煤味很強或是麥芽味重的不得了的酒，回到家後再喝上這款，相信你會發現到「啊、原來波摩這麼好喝！」。是的，波摩12年其實是口感相當深厚的酒，可隨時放一瓶在自己的酒櫃裡當做是基本的必備酒款，能讓人感覺到微微的刺激，淡淡的花香、果實般清爽香氣以及迷人的泥煤香。

BOWMORE 12年
[700ml 40%]

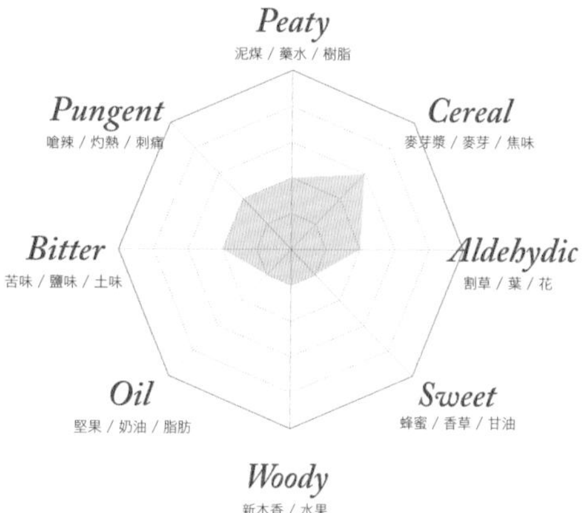

[酒款]

調和威士忌有Rob Roy、Black Bottle。單一麥芽則有Bowmore 12年、15年。Darkest 18年、25年。

[行程]

標標準行程的費用是5英鎊。從復活節到8月9:00～17:00（週一到週六）、12:00～16:00（週日，僅限7～8月），9月～復活節9:00～17:00（週一到週五），9:00～12:00（週六）。

[路線]

從艾雷島的中心，波摩大街朝海的方向前進，由於位在突出來的位置，因此很快就能找到。往坡上圓形教堂的方向，蒸餾廠就在右側的裡面。

BOWMORE 17年 [750ml 43%]

波摩是少數還有在做地板式發芽的蒸餾廠之一，生產威士忌所需的40%的麥芽是由該蒸餾廠自行加工製造的。波摩威士忌所具備的泥煤和煙燻味即是由這項加工作業所孕育出來的。實際上，和波摩12年相比，波摩17年正因為有用雪莉桶多放了5年熟成，因而產生出更複雜又豐富的口感。做為艾雷島所生產的威士忌，波摩12年與17年和雅柏、拉佛格、卡爾里拉和拉加維林等武門派的單一麥芽威士忌不同，其特長在於味道中庸，接受度較高。不過，可千萬別把波摩當做是威士忌入門酒！它的完成度之高，再加上味道適中的泥煤味和煙燻感，可說是非常適合大部分的酒迷們來享用。就連自認為是酒癡的我，每次在喝波摩時都還是能感覺到其中的美味。以日本販售的業績來看，就算排名在前三名也應該不會讓人覺得奇怪，實力可說是非常堅強。

BOWMORE 17年
[700ml 43%]

BRUICHLADDICH

The Bruichladdich Distillery Co Ltd
Bruichladdich, Isle of Islay, Argyll
Tel:01496 850190 E-mail:info@bruichladdich.com

主要單一麥芽威士忌 Bruichladdich Peat, Rocks, Waves, Organic, 12年, 16年, Bourbon, 18年, Port Charlotte, Octomore

主要調和威士忌 N/A 蒸餾器 2對 生產力 150萬公升

麥芽 蒸餾最多的是3-5ppm, Port Charlotte有40ppm, Octmore有80+ppm

儲藏桶 美國和法國的橡木桶、波本桶、雪莉桶、葡萄酒桶

水源 糖化用蒸餾廠後面的山丘裡的湖水，裝瓶則是用奧特摩農場的水

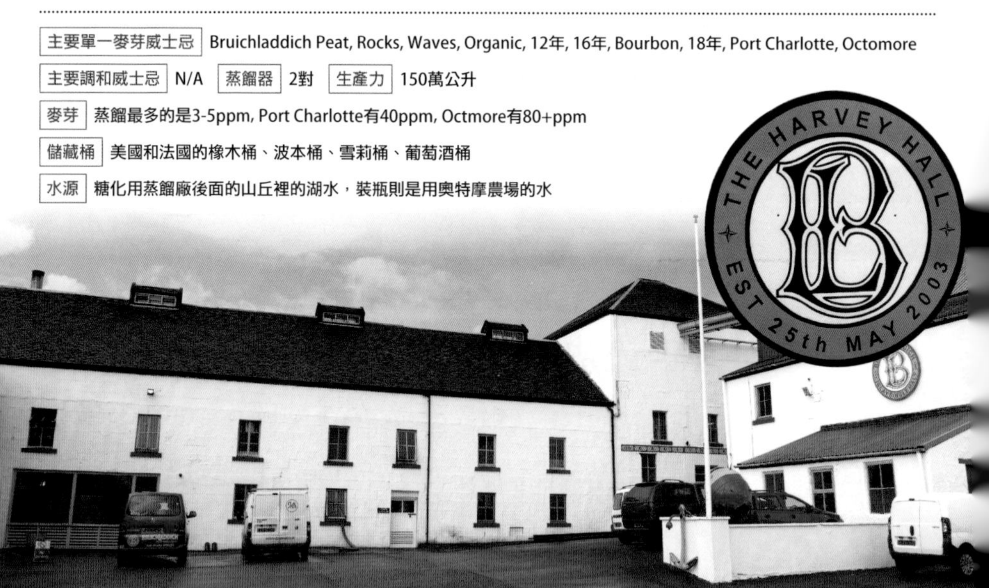

新進氣銳的海洋藍衝擊

將3～4種的麥芽威士忌倒進酒杯裡，然後請非常普通的酒迷來做盲飲測試。如果在酒裡參雜了像布萊迪12年那樣的普通款，我很懷疑有多少人能斷言出這杯是艾雷島的威士忌。如果特地抱著布萊迪是「艾雷島的麥芽威士忌」這樣的觀念來品嚐布萊迪，那麼恐怕將會大失所望。此麥芽威士忌的特性在於沒有泥煤味，溫和而且輕盈。散發出花香和馥郁的果香，以及哈密瓜的味道，實在是高度洗練又相當有魅力的佳釀。

布萊迪蒸餾廠位於艾雷島稍北，Indaal灣東岸的位置，隔著海灣的對岸便是波摩鎮。海岸的地形相當和緩而非崎嶇，然後隔著牧草地和道路，在離岸邊僅約200公尺的陸地上蓋起了這座蒸餾廠。和其他的蒸餾廠相比，布萊迪的土地利用更加平面而寬廣，給人彷彿是一座白色城堡般的印象。

布萊迪蒸餾廠創立於1881年，雖然在1994年的時候曾經不幸關廠，但是在新東家的整頓之下，又於2001年重新開張。其中，有位曾讓波摩3度榮獲年度最佳蒸餾酒廠（Distillery of the Year）殊榮、手腕相當老練的調酒師名叫

Jim McEwan。由他所打造出來的布萊迪，不但煙燻在麥芽上的泥煤非常少，再加上位在蒸餾廠背後的水源地也沒有泥炭層，因此所用的水自然也就幾乎沒有甚麼泥煤味，這使得從布萊迪身上似乎看不太到艾雷島威士忌那特有的煙燻DNA。

不過，布萊迪所出的系列酒當中，也有像是讓煙燻程度確實地高出於一般艾雷島威士忌的『波夏（Port Charlotte）』，或是將麥芽中泥煤提升至約雅柏或是拉佛格的2倍半，讓酚值高達167ppm以表現出艾雷島威士忌DNA與個性的超重泥煤味的『奧特摩（Octomore）』，這些在在都證明了布萊迪確實是艾雷島威士忌的一份子。除了自然地讓人感受到豪邁粗曠，同時也發展出其他絢爛多彩的酒款。

McEwan靠著自古所留傳下來的蒸餾設備來大展他的釀造功力，這些設備包括從1881年就開始使用至今的無蓋鐵鑄糖化槽、6台奧勒岡松發酵槽以及各自不同的2組蒸餾器。在這其中，酒汁蒸餾器是在1881年由Rothes鎮（在蘇格蘭本島，位於斯貝河畔的一個城鎮）的Forsyths公司所訂購的，不斷地定期維修保養，然後一直使用至今，容量則有17,300公升。至於所搭配的烈酒蒸餾器則是在1971年重新更換，容量為12,274公升的單式蒸餾器。為什麼需要特別說明是單式蒸餾器，這是因為在布萊迪也有連續蒸餾器，他們只用艾雷島上的原生植物為原料，然後用這個被暱稱為醜女貝蒂（Ugly Betty）的羅門式（Lomond）連續蒸餾器來生產乾琴酒（Dry Gin）。

這台連續蒸餾器原本是Hiram Walker公司旗下的「Inverleven蒸餾廠」用來蒸餾威士忌的，從1955年開始使用直到1985年才暫時停止運作。然後到了2004年該蒸餾廠快要被拆掉之前，才由布萊迪所收購下來。羅門式蒸餾器和一般的壺型蒸餾器不同，它的特徵在於在圓柱體的外型裡裝了3段開孔的金屬片以調節氣化酒精的回流量，用在威士忌身上則可以製造出口感輕盈又油潤的新酒。順帶一提，在奧克尼群島的「史加伯蒸餾廠」裡，至今仍然還是用這種羅門式蒸餾器來生產威士忌。

再回到布萊迪的蒸餾設備，平常所用的那2組蒸餾器是直線型的維多利亞長頸式蒸餾器。這種頸部細長的蒸餾器由於蒸餾的效率高，可以輕易地過濾掉酒精以外的成份，因此能夠製造出酒精純度高、無其他雜味而相當純淨的新酒。雖然也有另外一派認為這種雜味才是讓威士忌好喝的重要元素，孰是孰非？綜合各種角度來看，到目前還沒有也無法做出任何結論。

布萊迪所使用的大麥幾乎都是在蘇格蘭本地所生產的，除了與23個農場直接進行契作以確保大麥的供應來源，另外更特別請其中的8家生產有機大麥，從這些有機大麥所釀造出來的威士忌被命名為『THE ORGANIC』，是布萊迪這近年來灌注最多心力的一款佳釀。

最後，特別值得一提的是在布萊迪酒廠裡面竟然還設有裝瓶場，就生產單一麥芽威士忌的蒸餾廠而言，不僅是在艾雷島，甚至在整個蘇格蘭都非常罕見。此外，布萊迪酒廠甚至連貼酒標、包裝全部也都是自己一手包辦，可說是非常具有特色。

羅門式的連續蒸餾器有著「醜女貝蒂」的外號。

這台蒸餾器雖然是用來釀造琴酒，但是和史加伯蒸餾廠用來製造威士忌的是同一款。

1.頸部又長又大的維多利亞初次蒸餾器。 2.同一個蒸餾器的壺身部分。容量為13,700公升。 3.連續蒸餾器的分酒箱。 4.初次蒸餾器的分酒箱。 5.蒸餾好的新酒會暫時放在這些貯存槽裡。左邊的容量為8,800公升，右邊則為9,200公升。 6.加水用的水車上的給水閥。 7.橫擺在倉庫以用來加水稀釋威士忌的水車。 8.窯爐的內部，現在只單純做為展示用。 9.裝進酒桶後的新酒會貼上條碼，然後用電腦來管理其熟成的情形。

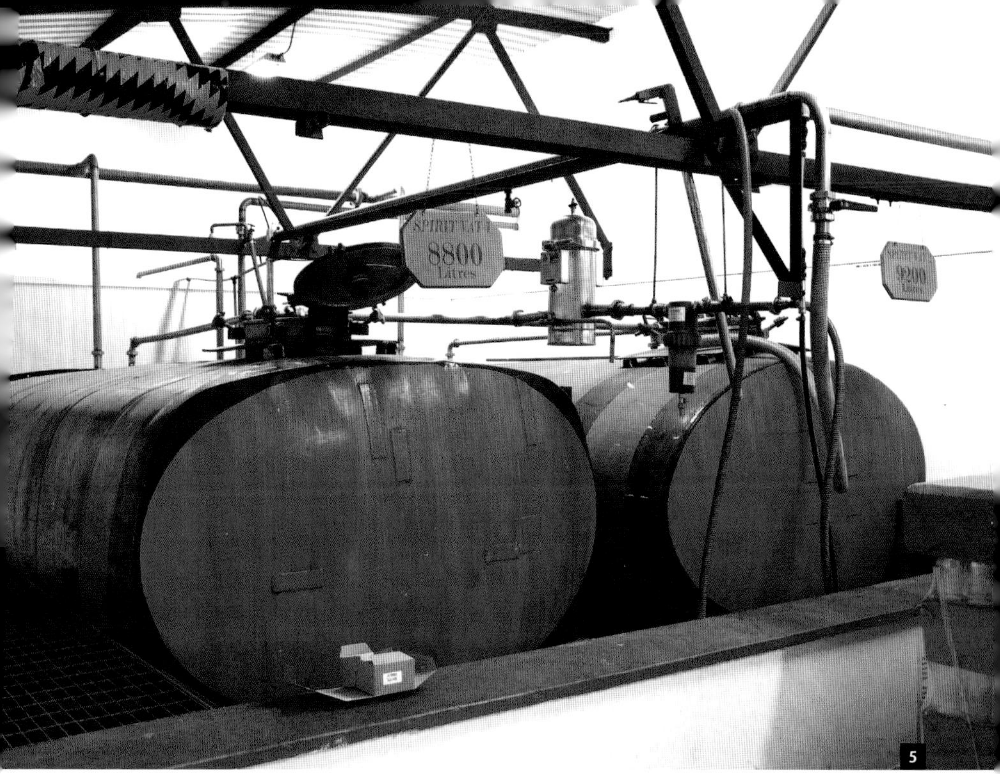

5

6

BRUICHLADDICH
ISLAY SINGLE MALT SCOTCH WHISKY

7

8

1990 BRUICHLADDICH
Cask No. 3

9

把水加進新酒，讓酒精濃度稀釋到60%之後，接著進行裝桶（filling）。這一連串的作業由一人所獨自完成的。

裝桶作業完成後，在酒桶上貼條碼，然後用滾動的方式移置酒窖內儲放。這裡是堆積式的酒窖。

被用來做為二次蒸餾的維多利亞式蒸餾器直到1970年才除役，目前被放在蒸餾廠的前院裡俯視著Indaal灣。
海岸線纖細而不崎嶇，對岸則是波摩鎮。

在自家的酒廠內擁有裝瓶設施的蒸餾廠非常稀少。空瓶用輸送帶自動裝酒後裝上瓶蓋，然後貼上酒標，接著將這些裝瓶完畢的威士忌裝進用別的生產線所自動組裝出來的箱子裡（這個部分是用人力）。

遊客中心裡的販賣部。只要觀察這些酒櫃，就能清楚知道目前的銷售戰略和市場傾向。就實際所看到的狀況，有將近30%是乾琴酒『Botanis』，威士忌主要是Organic系列，然後是Designers Malt系列中無泥煤的「Rocks」以及「Waves」和「Peat」等。底下是Jim McEwan（左）和他的助手。

BRUICHLADDICH 10年

[700ml 46%]

BRUICHLADDICH 12年

[700ml 50%]

IMPRESSION NOTE

BRUICHLADDICH 10年，46%。香氣雖然經過10年熟成，但是仍讓人覺得非常清新，溫和而優雅。不帶刺激感，以類型來看可說是相當沉穩和非常輕盈的酒款。不過，後味的持續力和長度則約中庸。雖然有淡淡的泥煤香，但包裹在來自麥芽的甜味裡，味道有如非常新鮮的柑橘、哈密瓜和葡萄柚般的豐富果香混著香草系的牛奶糖風味。

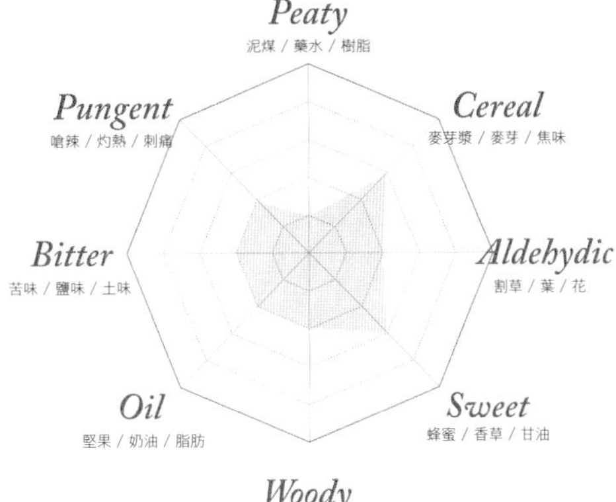

[酒款]

Bruichladdich Peat、Rocks、Waves、Organic、12年、16年。Bourbon、18年、Port Charlotte、Octmore。

[行程]

標準行程的費用是5英鎊。從復活節到9月9:30～17:00（週一到週五）、10:00～16:00（週六），10月～復活節9:00～17:00（週一到週五），10:00～14:00（週六）。＊在2013年的秋季突然緊急進行遊客中心、廣播室和調酒室的裝修。雖然想必業已竣工，但是為了安全起見，最好還是事先連絡。

[路線]

布萊迪蒸餾廠就在艾雷島中心的波摩鎮的對岸，Indaal灣、夏洛特港（Port Charlotte）的A847號線的海岸地。由於路上行車不多，因此經常可見羊群走在路上，開車時請特別注意。

卡爾里拉　　英國郵遞區號 PA46 7RL

CAOL ILA

Diageo plc
Port Askaig, Islay, Argyll
Tel:01496 302760 E-mail:coalila.distillery@diageo.com

主要單一麥芽威士忌 Caol Ila 12年, 18年, 蒸餾廠版Cast Strength

主要調和威士忌 Bells, Jhonnie Walker, White Horse

蒸餾器 3對　生產力 360萬公升　麥芽 含有30-35ppm的泥煤

儲藏桶 波本桶　水源 Nam Ban湖

用來理解艾雷島威士忌的必備款

卡爾里拉蒸餾廠是在1846年由海特・韓德森（Hector Henderson）所建立的，但是1863年時便將所有權轉移給了生產調和威士忌的公司Bulloch Lade。1879年，該蒸餾廠重新打造成水泥建築後又開始重新生產威士忌。此外，在1972年和1974年時花了100萬英鎊設置了6台蒸餾器，終以現代化酒廠之姿而復甦了起來。卡爾里拉的水源是引自Nam Ban湖，使用3～35pmm的煙燻麥芽，是帝亞吉歐集團旗下生產量相當大的蒸餾廠之一。在儲藏方面則是僅用波本桶來製作相當有特色的麥芽威士忌。該酒廠雖然已經完成了現代化，但是建於19世紀的酒窖至今依然保存良好，靜靜地矗立著。

在艾雷島上的蒸餾廠之中，卡爾里拉和布納哈本蒸餾廠都位在離中心最遠的地方，蒸餾室幾乎都隱身於山丘下的入海處。不過，在卡爾里拉蒸餾廠裡最出色的蒸餾室中，至少隔著6台直線型蒸餾器還能眺望風景，從那裏可看到吉拉島上乳房（Paps）山的風光，隔著流速800m的海峽，逼近在整片落地窗前。卡爾里拉中的卡拉在蓋爾語中是「海峽」的意思，里拉指的則是「艾雷島」。

IMPRESSION NOTE

CAOL ILA 12年。不譁眾取寵，相當簡單又剛硬的味道，散發出泥煤煙燻後所帶來的辛辣。雖然同時有碘味和香氣，但是辣味略勝一籌，讓整體呈現出相當銳利的感覺。辛辣感之中雖然也能隱約感覺到相當明快的鹽味，但味道卻不複雜。酒色淺淡，和所使用的水源的顏色幾乎一樣，瓶身則是橄欖色，是個嚴謹持重，個性鮮明的剛硬款。

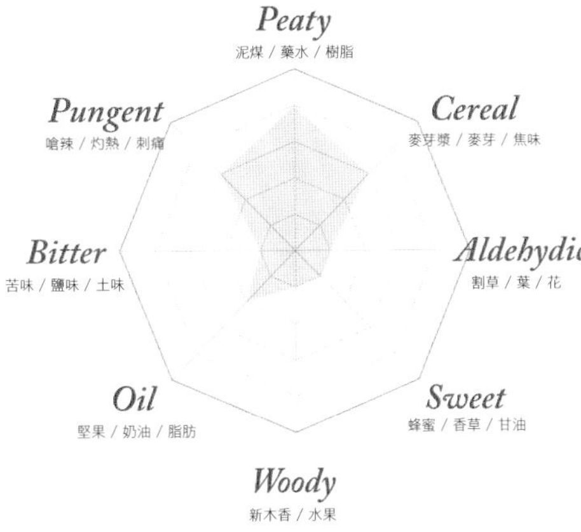

CAOL ILA 12年

[700ml 43%]

[酒款]

卡爾里拉蒸餾廠有生產無泥煤味的威士忌以做為貝爾、白馬、約翰走路等調和威士忌用，另外也有生產帶著泥煤味的單一麥芽威士忌。為了應付需求量的增加而努力提高產能，在1927年加入帝亞吉歐集團並建立起穩固的地位。卡爾里拉在個性強烈的艾雷島的單一麥芽威士忌佔有一席之地，是相當有魅力的威士忌。目前單一麥芽威士忌有12年和18年，以及原酒（Cask Strength）。

[行程]

非常遺憾，這家蒸餾廠跟我們實在是很無緣，即使第二次拜訪艾雷島還是很不巧地遇到「今日謝絕訪客參觀」。通常，可以寫信事先預約，10英鎊的行程會送卡爾里拉的試酒杯和拉加維林蒸餾廠的入場券，能夠參觀蒸餾廠和試酒。

[路線]

從艾雷島的中心地波摩鎮出發，走A846號線的農用道路至阿斯凱克港的渡船場。在離那裡約1.5公里的山路突起的位置，從險峻的山丘上就能俯視著卡爾里拉蒸餾廠。

KILCHOMAN

Kilchoman Distillery Co Ltd
Rockside, Farm, Isle of Islay
Tel:01496 850011 E-mail:info@kilchomandistillery.com

主要單一麥芽威士忌	Kilchoman首賣（2009年），2009年秋上市
主要調和威士忌	N/A
蒸留器	1對
生產力	10萬公升
麥芽	含有40～50ppm的泥煤
貯藏樽	波本桶和雪莉桶
水源	Allt Gleann Osamail 河，農場內的泉水

最後的閃亮之星？來自農場蒸餾廠的佳酒

齊侯門蒸餾廠成立於2005年，是艾雷島上這124年以來最新設立的蒸餾廠。在細長的艾雷島中，它位在西岸的最西邊，因此也可以說齊侯門是全蘇格蘭最西邊的蒸餾廠。Rockside Farm（農場）位於地勢稍高、能夠俯瞰大海的丘陵之上，而齊侯門就蓋在這廣闊的農場裡。在蒸餾廠周圍有牛羊放牧，旁邊則有來自農場附設的騎馬學校的學生經過，讓齊侯門成為一座典型的農場蒸餾廠（Farm Distillery），洋溢著田園閒適的風情。

蒸餾廠本身的建築物也是由農場設施所改建的。因此，做為麥芽原料的大麥其中一部分也是由Rockside Farm所供應，然後在這非常小而美的地方實施地板式發芽，讓製造出來威士忌多了份手工製作的溫暖。不過，這棟建築物在2006年由於火災（窯爐起火）而沒有了窯爐，並且從此之後也未再重新設置窯爐，因此在用泥煤燻烤麥芽的時候，煙會從裝有遮雨蓋的煙囪裡冒出，煙排出來時會讓周圍附近飄著泥煤的香味，就像從前隨處可見的蒸餾廠一樣，散發出相當令人懷念的氛圍，讓人覺得愉悅。齊侯門自己製造的麥芽其酚值約20～25ppm，其

鼓出型的二次蒸餾器的容量極少，僅勉強合乎法律的規範。比這個還低的是『洛克悠蒸餾廠』的114公升，不過這僅是特例。

有著半圓型銅蓋的糖化槽，尺寸和蒸餾器搭配的剛剛好。
以不銹鋼製來說，這樣的尺寸非常小。不過從年產量來看，這樣的尺寸讓人覺得剛剛好。

他不足的麥芽則和雅柏一樣是向波特艾倫這家麥芽廠（專門生產麥芽的業者）所採購的，不過所訂購的麥芽則指定酚值為50ppm，這在艾雷島麥芽威士忌之中屬於一般等級。

齊侯門蒸餾廠雖然是在2005年才剛創立不久，但是該建築物的氛圍和蒸餾的手法卻是非常地依循傳統，完全沒有那種現代工廠為了追求清潔和效率所造成的冰冷和單調，就連那稍微粗糙的氛圍也都散發出古色古香，感覺就像是歷史非常悠久的蒸餾廠一樣。

齊侯門最初各有1台糖化槽和發酵槽，且都是不銹鋼製的，在2007年時則再追加了2台發酵槽。發酵槽的平均發酵時間為100小時；至於1噸麥芽所生產的威士忌量，相較於雅柏蒸餾廠以385公升為基準，齊侯門則是以365公升為它的標準量。

在蒸餾器方面，齊侯門用的是容量3,230公升的直線型酒汁蒸餾器（初次蒸餾）和容量2,070公升的鼓出型單式烈酒蒸餾器，容量很小，勉強符合蘇格蘭對於蒸餾設備的相關法規。像這種小尺寸的蒸餾器，最知名的當屬以規模最小而聞名，位在南高地的「艾德多爾」蒸餾廠，而齊侯門的蒸餾器尺寸和該蒸餾廠則完全一樣。

齊侯門製造好的威士忌有80%會裝在波本桶裡，剩下的20%則裝進Oloroso雪莉桶裡進行

現在已經非常稀少的地板式發芽，在這裡卻經常能看到！
用來生產自家麥芽的大麥也是由自家的Rockside Farm農場所供應。

熟成。此外，也曾嘗試用葡萄牙的馬德拉加烈酒桶熟成，然後每50公升再慢慢倒回波本桶裡等，試著用這種講究又具有實驗性質的手法來挑戰新的熟成方法。裝桶完成後的酒桶現在是放在設在夏洛特港、能容納6,000桶的倉庫裡進行熟成，在2010年之前則是靠布萊迪蒸餾廠的幫助，借用他們的倉庫來儲放酒桶。順道一提，面向Indaal灣的夏洛特港也是布萊迪所在的村子，海灣的對岸則是波摩鎮。

齊侯門成立的時間還不到10年，雖然開始販售的威士忌都是用未滿7年的年輕原酒所製造出來的，但是由於豐富的口感十分出眾，即使是用只有3～5年的麥芽威士忌所調和出來的「MACHIR BAY」，風味也都非常精彩而不會只感覺到新鮮。該酒廠成立後的首批威士忌是在2006年所發表的，這批威士忌先用波本桶熟成3年，接著移到Oloroso雪莉桶裡再熟成6個月。以營運表現來看，齊侯門在成立後的第5年便將首批威士忌全銷售一空。光是在2005年，專門銷往美國的第4批威士忌更是攀升到5萬瓶。

1.從「波特艾倫」送來的麥芽，泥煤含量為50ppm。 2.含有相當多海藻的艾雷島泥煤。通常會切成圓筒狀而不是4角磚狀。3.送往燻煤乾燥室的麥芽是用徒手搬運而非用運輸帶輸送。 5.販賣部的商品以毛織品和手工藝品為主。 6.做設施導覽的大姐。

IMPRESSION NOTE

利用簡單的煙燻和果香味使口感淺顯易懂，有別於一向是重口味的艾雷島麥芽威士忌。煙燻味雖然表現出色，但豐富的果香也不惶多讓。不過，比較感覺不到強勁的酸味和花香。海水的鹹味和辛香味也同樣較少。伴隨著輕盈的感覺，口中的煙燻味會暫時在中味的階段消失，然後等到感覺到麥芽甜味，會在後味的階段重新綻放開來。

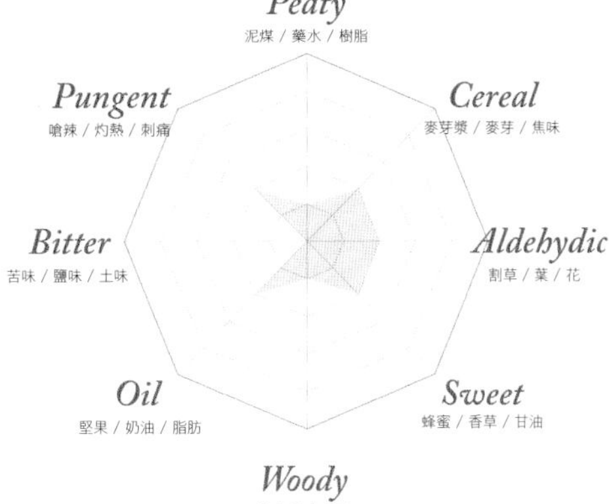

KILCHOMAN 12年

[700ml 46%]

[酒款]

齊侯門是在2009年才剛開始販售威士忌的年輕蒸餾廠。目前有齊侯門12年。

[行程]

標標準行程的費用是3.5英鎊。裡面的商店賣的是紀念品和書籍。4～10月10:00～17:00（週一到週六），11～3月10:00～17:00（週一到週五）

[路線]

如果將郵遞區號輸進導航系統來找這個地方，那麼會被帶到距離相差有5公里之遠的錯誤位置，因此要特別注意。如果是從波摩鎮出發，沿著海灣以反時鐘11點鐘方向朝B1018號公路北上。由於是一線道的林道，或許會感到不安。總之，要去蘇格蘭最西邊且年產量只有10萬公升的蒸餾廠並非那麼容易，有時甚至可能還需要有點運氣。

拉加維林 英國郵遞區號 PA42 7DZ

LAGAVULIN

Diageo plc
Port Ellen, Isle of Islay, Argyll
Tel:01496 302749 E-mail:lagavulin.distillery@diageo.com

主要單一麥芽威士忌 Lagavulin 12年（Cask Strength），16年, 蒸餾版Lagavulin

主要調和威士忌 White Horse　蒸餾器 2對　生產力 230萬公升

麥芽 含有35～40ppm的泥煤　儲藏桶 波本桶和雪莉桶

水源 Sholum湖

艾雷島個性中的強棒出擊

拉加維林蒸餾廠建於1816年，由創立者John Johnston在艾雷島南岸的窪地從事非法的威士忌生產所開始。隔年，阿德莫爾（Ardmore）蒸餾廠由Archibald Campbell建立，後來由John Johnston取得並將兩者合併統一。到了1867年，Mackie公司老闆的姪子Peter Mackie為了要製造供白馬（White Horse）調和用的威士忌而將它買下，在1924年的時候將名字更改為白馬，但是3年後又轉賣給其他生產蒸餾酒的公司，現在則由帝亞吉歐公司所擁有。Peter Mackie雖然是非法釀造威士忌，但卻遵循古法，堅持用泥煤而非煤炭來製造。

拉加維林的水源引自Sholum湖，在波特艾倫麥芽廠將諾福克產的二稜大麥加工至酚值達35ppm，然後在不銹鋼糖化槽裡將麥芽汁糖化，接著用10台落葉松製的發酵槽讓麥汁與酵母結合以促進發酵，最後再用2組直線型蒸餾器將這2萬公升的發酵酒汁進行蒸餾。拉加維林在蓋爾語的意思是「磨坊所在的窪地」。拉加維林雖然在艾雷島最偏遠的位置，但有機會的話請務必前去參觀看看，可以品嚐他們的威士忌看看，保證絕不會讓你後悔。

IMPRESSION NOTE

LAGAVULIN 16年，43%。圓潤的酒體，頂級的口感，完全符合艾雷島威士忌的特色。能感受到藥品、樹脂、泥煤香、烤焦的麥芽糊、麥芽臭、苦澀、鹽、土、脂肪味。一開始會覺得口感相當奇特，但各種味道合在一起後卻又變得非常美味，相當不可思議。如果加水稀釋過多會有損美味，但卻又能感受到酒體的紮實。

LAGAVULIN 16年

［ 700ml 43% ］

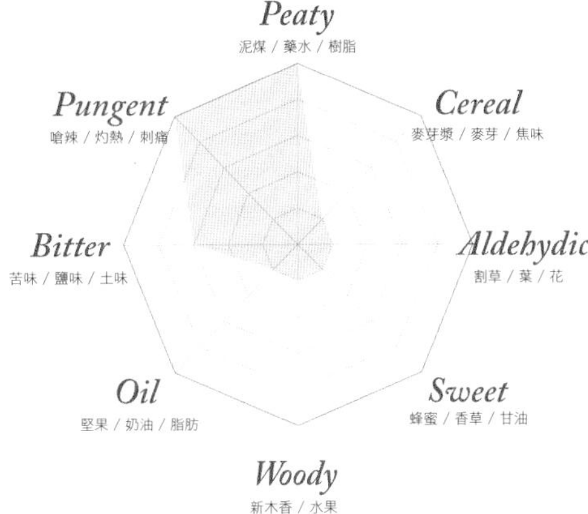

[酒款]

主要的調和威士忌是白馬。單一麥芽威士忌有拉加維林、原酒12年。拉加維林16年。

[行程]

標準行程的費用是5英鎊，酒窖實地走訪行程則是15英鎊。4月～6月9:00～17:00（週一到週五）、9:00～12:30（週六），7月～10月9:00～17:00（週一到週六，7月～8月平日則是營業到19:00），12:30～16:30（7月～8月的週日）。拉加維林是10大最值得參觀的蒸餾廠之一。

[路線]

從艾雷島中心的波摩鎮往艾倫港的途中就能看見看板，因此不難找到。

拉佛格 英國郵遞區號 PA42 7DU

LAPHROAIG

Beam Global UK Ltd
Port Ellen, Isle of Islay
Tel:01496 302418 E-mail:visitor.centre@laphroaig.com

主要單一麥芽威士忌 Laphroaig 10年, 10年（Cask Strength）, Quarter Cask, 18年 主要調和威士忌 Teacher's

蒸餾器 酒汁蒸餾器3台，烈酒蒸餾器4台 生產力 285萬公升 麥芽 含有35～40ppm的泥煤

儲藏桶 波本桶和雪莉桶 水源 Kilbride河的蓄水池

拉佛格蒸餾廠，孕育拉佛格專屬的獨特風味

如果以知名度來說，拉佛格和波摩應該可說是艾雷島麥芽威士忌的雙璧。但是若以實際的銷售量來看，則拉佛格排名第一而波摩位居第二。

在拉佛格那已經宛如儀式般，每日重複進行的地板式發芽是拉佛格威士忌的釀造象徵。除了擁有四面專門用來發芽的地板能夠同時處理7噸之多的大麥之外，用來烘乾大麥的泥煤還是從自家的荒原所開採而來的。這個挖掘出來的泥煤可說是來自遠古的珍貴禮物，由於內含大量的藻類，所以會有難以只用煙燻味或是泥煤味來分類的碘味，因而使威士忌喝起來帶有藥水味或是消毒水味。從結果來看，這種味道想當然爾是形成威士忌那特殊怪味的基礎，喜歡它和討厭它的人可謂是逕渭分明。不過，這種強烈個性和重口味在全世界卻擁有相當多的擁戴者。

英國的查理斯王子便是這些狂熱酒迷當中的其中一人。他在1994年的時候曾造訪這座蒸餾廠，並授封皇室勳章（PRINCE OF WALES）。然而，拉佛格並未將它做為蒸餾廠的標誌，不但沒有印在商標四周，甚至在酒箱和酒標上也

Elizabeth「Bessie」Williamson這位和拉佛格的創立者毫無血緣關係的人，是近代拉佛格之祖。她在就讀格拉斯哥大學的暑期期間曾經來到艾雷島打工，從此便在這裡度過了大半的人生。背景照是蒸餾廠的構造圖。

完全不見宣傳，連提都沒提，只有在蒸餾廠裡擺飾著當時的照片與解說，以及該授封狀而已。或許是出於自信，或是出於堅持，也或許是蘇格蘭人對於英格蘭的潛意識……總之，實在是讓人感到十分意外。

至於拉佛格所引以為豪的自家生產的麥芽，如果以實際所需量來看其實只不過占了15%而已，其中的70%是向距離不算太遠的波特艾倫麥芽廠訂購，而剩下的15%則是從蘇格蘭本島輸入而來。

拉佛格的糖化槽是全過濾式的不銹鋼槽，至於發酵槽則有奧勒岡松和不銹鋼製共6台，但是只有不銹鋼製的發酵槽有裝補充機。蒸餾器則是由3台直線型酒汁蒸餾器和4台燈籠型烈酒蒸餾器所構成，只有在產能全開的時候，這些蒸餾器才會全部互相配合運轉。

拉佛格蒸餾廠的創立者Donald Johnston，他在1847年因跌落發酵槽而亡。

Donald的長男Dugald Johnston，他是Donald 4個小孩當中的唯一的兒子，繼承了父親的事業並持續發展下去。

Ian Hunter是創立者家族的最後一任經營者。他固定了拉佛格那個性強烈的味道，並在美國禁酒法時代讓拉佛格以藥的身分合法出口到美國。

地板式發芽的麥芽占15%

拉佛格蒸餾廠建於1810年，正式成立公司經營則是在5年之後，也就是在1815年的時候。拉佛格雖然到目前為止共歷經了5次的經營者變更，但是直到1954年為止，一直都是由Johnston家族及其相關血親所守護著。回顧拉佛格長達200年的歷史，在營運上最引起震撼的當屬創立者家族的最後一任經營者Ian Hunter在1954年決定將拉佛格蒸餾廠託付給他的得意左右手，這位長期與他一起共事的女性Elizabeth「Bessie」Williamson。這位女性是蘇格蘭威士忌業界裡首位的女性管理人，如果說近代拉佛格蒸餾廠的基礎是由她所打造下來的，一點都不為過。

Bessie最大的功勞是更積極地推動Hunter所採用的以波本桶（正確來說應該是田納西威士忌桶，而非波本桶）熟成的路線，也就是將裝完波本酒的酒桶整裡過後，用這些初次使用的酒桶來進行熟成。除此之外，她還擴大了海外的販售通路，特別是北美市場這一塊。於是，拉佛格從止咳糖漿、汽油般的臭味到黏著劑的刺激味或是鞣製皮革時的丹寧味等這些在威士忌界尚屬異端的味道散佈到了全世界。換句話

傳說中的地板式發芽已經半形式化，實際上僅占整體麥芽使用量的15%。

燻在麥芽身上的泥煤煙。泥煤含有大量的海藻殘骸和苔類，是被喻為「瓶子裡的煙」的味道來源。

1.不銹鋼製的發酵槽補充機。 2.全部的作業都是由電腦所操控。 3.透過烈酒保險箱萃取出二次蒸餾的酒液。 4.由蒸餾師操作烈酒保險箱。進行測量比重與濃度的確認作業。 5.查爾斯王子授封勳章的紀念浮雕。

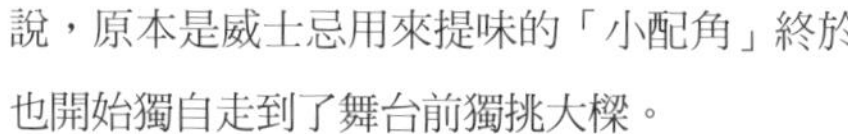

說，原本是威士忌用來提味的「小配角」終於也開始獨自走到了舞台前獨挑大樑。

Bessie後來在1972年引退，原本只有2個蒸餾器的酒廠在此時也已經增加了7台，而讓拉佛格達到了具備量產的能力。

拉佛格目前在威士忌種類的開發上表現的十分出色，讓酒迷們在口味的選擇上也變得更多，根據不同的喜好，有的酒款甚至刻意將拉佛格的DNA大幅降低。不過，如果是第一次體驗拉佛格，在下定好「體驗」的決心之後，建議可以先選擇「拉佛格10年」來仔細品嚐看看，然後接著才選擇其他款。

最前面的是燈籠型烈酒蒸餾器，容量各為4,700公升，共4台。
後面的3台則是直線型酒汁蒸餾器，容量為10,400公升。

總共有3間堆積式酒窖的內部情形。
其他層架式酒窖則有5間，合計有60,000個酒桶正在這裡深深地沉睡中。

LAPHROAIG 10年

[700ml 40%]

IMPRESSION NOTE

LAPHROAIG 10年，40%。這是濃縮了拉佛格所有特色的一款。強烈散發出來的煙燻味混著海潮香和藻苔的碘臭等特殊氣味，讓威士忌塗滿著拉佛格本身的味道特色。然後就在某個瞬間，那帶著微微甘甜的果香卻又隨即從鼻腔綻放開來，讓人充分感受到絕妙的平衡。隨之而來的是鮮明的油潤感。這樣的味道可不是人人都能接受，大概要喝完1/3瓶才能判斷。

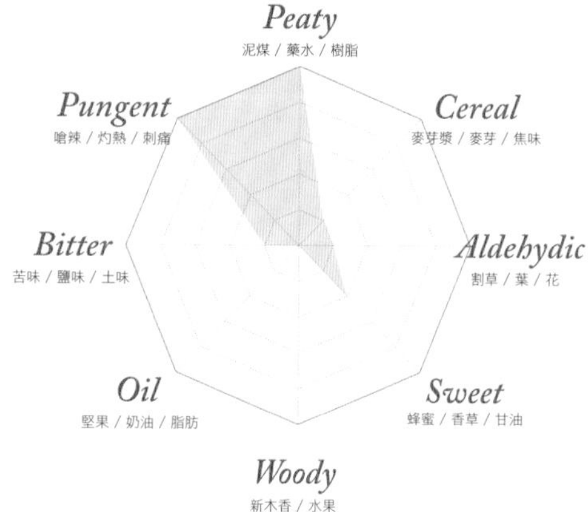

[酒款]

教師牌威士忌（THEACHER'S）所用的基酒即是來自拉佛格，難怪所製造出的調和威士忌雖然價格便宜卻相當好喝。單一麥芽威士忌有拉佛格10年、18年。原酒10年。1/4桶精釀。

[行程]

標準行程的費用是3英鎊。附品酒指導的行程是10英鎊，附頂級品酒指導的行程是25英鎊。水源、泥煤、麥芽的體驗行程則是20英鎊。由於需提前預約，因此請先發信確認。除了聖誕節和新年，整年的營業時間為9:30～17:30（週一到週五），10:00～16:00（3月～11月的週六與週日），12:00～16:00（6月～8月的週日）。聖誕節和新年的營業時間則會縮短。此蒸餾廠的參觀行程為前十大最佳威士忌參觀行程之一。

[路線]

從艾雷島中心向艾倫港穿過A846號線往南走應該就能看到看板。喜歡泥土路的也可以選擇走B10108號路線同樣也能抵達。

「WHYTE & MACKAY」於2010年國際葡萄酒暨烈酒大賽（IWSC）蘇格蘭威士忌品類中所獲得的獎盃。

LAPHROAIG
SELECT CASK

LAPHROAIG
QUARTER CASK

LAPHROAIG SELECT CASK ［700ml 40%］

酒標上寫著「完美的平衡」、「卓越的酒款」。精選在艾雷島的高處熟成半年的4分之1桶。 心中滿懷期待地打開瓶蓋，然後將威士忌倒入酒杯裡。剛開始能感覺到揮發性的麥芽香，味道比「1/4桶精釀」還要辛辣、強勁，讓人感覺到這是款直接以酒精來決勝負的威士忌。沒有閑靜寂寥的感性，煙燻味也比10年熟成的還低，不過卻能感受到深沉的甘甜、苦澀和鮮明的刺激。年數不明，不刻意討好飲者，稍微加點水也絲毫不影響酒體。

LAPHROAIG QUARTER CASK ［700ml 48%］

酒標上寫著「泥煤與橡木的完美結合」、「最豐富的風味」。和拉佛格10年相較，1/4桶精釀的味道究竟如何呢？抱著期待的心情聞聞看香氣，感覺像是甘甜的乙醚氣味。相較於經過10熟成的拉佛格，1/4桶精釀的麥芽味較少，無刺激感，不好勝爭強，是相當能輕鬆入口的酒款。至於所謂的1/4桶精釀（也就是大小是一般酒桶的1/4），據說這樣的尺寸在搬到馬車上以及運送時會比較方便。

BUNNAHABHAIN

Burn Stewart Distillers (CL World Brands Ltd)
Port Askaig, Isle of Islay, Argyll
Tel:01496 840646 E-mail:—

主要單一麥芽威士忌	Bunnahabhain 12年, 18年, 25年
主要調和威士忌	The Famous Grouse, Black Bottle, Cutty Sark
蒸餾器	2對
生產力	250萬公升
麥芽	通常含有1-2ppm的泥煤
儲藏桶	波本桶和雪莉桶
水源	Margadale河和Staoisha湖

纖細而新鮮，最不像艾雷島的艾雷島威士忌

布納哈本蒸餾廠位於阿斯凱克港附近，是由James Greenlee和William Robertson在1881年興建而成的。該蒸餾廠在1963年設置了2台新的蒸餾器，讓生產力一舉提高了2倍，但是由於1920到1930年代的世界大恐慌以及美國禁酒法等因素，使得布納哈本在營運上飽受困頓。布納哈蒸餾廠原本是由愛丁頓集團（Edrington Group）所掌控，到了2003年以1,000萬英鎊賣給了蒸餾酒製造商邦史都華（Burn Stewart），當時一起出脫的還有格蘭哥尼蒸餾廠。關於這項交易的條件，其中還包含了黑樽這家專門調和艾雷島威士忌，很受大家歡迎的威士忌品牌的販售權。於是自該年之後，布納哈本也開始釀造泥煤味非常強勁的蒸餾酒以做為單一麥芽或調和威士忌用。至於如果要參觀這家蒸餾廠，威士忌酒迷會比一般普通遊客更適合。廠內的導覽是由在蒸餾廠裡實際從事生產的相關人員所負責，如果是VIP行程，更是會由經理或是資深操作員親自負責解說。布納哈本是蘇格蘭十大最值得參觀的大蒸餾廠之一，它在蓋爾語的意思是「河口」。

IMPRESSION NOTE

散發出麥芽的甘甜和香草的芬芳，加上水果的甜味和酸味，全身上下充滿著辛香。煙燻味淡薄，碘和海鹽的味道若有似無，華麗的感覺倒是非常明顯。悠長的餘韻讓濃郁的滋味殘留在舌尖，讓人想起從岸邊吹來的海風。雖然口味沉穩又溫順，但卻能感覺出艾雷島的特色，可說是相當出色的酒款。

BUNNAHABHAIN 12年

[700ml 46.3%]

[酒款]

主要的調和威士忌有威雀、黑樽、順風。單一麥芽威士忌則有布納哈本12年、18年和25年。

[行程]

標準行程的費用是4英鎊，VIP行程是25英鎊。3～10月10:00～16:00（週一到週五），其他月份則須事先預約。威士忌酒迷如果參加VIP行程應該會比一般的普通遊客更感到興奮，有機會的話請務必參加看看。

[路線]

從艾雷島中心的波摩鎮出發，沿A846在抵達阿斯凱克港前約1公里處左轉，北上約2.5公里處即可看見位在海岸旁的布納哈本蒸餾廠。

波特艾倫　　英國郵遞區號 PA42 7AH

PORTELLEN

Diageo plc
Port Ellen, Isle of Islay, Argyll
Tel:— E-mail:—

主要單一麥芽威士忌	1976年, 1988年	主要調和威士忌	—	蒸餾器	—
生產力	—	麥芽	有加泥煤	儲藏桶	—
水源	Leorin湖				

從美麗的海市蜃樓轉變成為麥芽製造工廠

波特艾倫蒸餾廠在John Ramsay經營的時期，這位具備才幹又有遠見的企業家在準備展開事業的時候，建立了艾雷島通往格拉斯哥的渡輪航線，除了將波特艾倫蒸餾廠整頓成第一間威士忌直銷北美的據點，更在蘇格蘭建立了第一座保稅倉庫。到了1925年與Distillers Company整併之後，波特艾倫蒸餾廠雖然長期處於閉鎖的狀態，但是由於在隔壁蓋了大型的麥芽工廠之故，因此所生產的麥芽不但足夠自給，還可以提供給拉加維林和卡爾里拉等蒸餾廠使用。1980年代，由於不景氣的影響，使得波特艾倫蒸餾廠最終也到了不得不關廠的地步。於是在1983年，波特艾倫停止威士忌的釀造，轉變成純粹只生產麥芽的工廠以求生存。目前由波特艾倫所釀造的瓶裝威士忌數量很少，價格也十分昂貴，據說味道帶有草本、海藻和油脂的感覺。波特艾倫目前為帝亞吉歐集團（UDV Diageo）所有，雖然聽說他們也有出口麥芽給日本的威士忌廠，但是否屬實不得而知。

[行程]
無參觀行程與遊客設施。

[路線]
從A846往南20公里南下即可抵達渡船場。

因為禁酒令而式微。凝視坎培城蒸餾廠的現況。

CAMPBELTOWN

如果想要見證過去的榮華與現今的滄桑，
那麼可以到坎培城看看。
在那裡，能感受到歷經繁盛
與沒落後所散發出的成熟與穩重。
坎培城曾是英國國內每人國民所得
最高的地方，在過去有數十家的蒸餾廠
聚集於此，據說從煙囪排出的煤煙
總是源源不絕而直入雲霄。
這座城鎮當時主要是靠外銷威士忌
到美國而興起的，但最終卻也因美國
實施禁酒令而逐漸蕭條沒落。
竹鶴政孝曾經為了學習釀造威士忌
而在那裡待過的蒸餾廠業已消失，
目前僅剩3家蒸餾廠殘存下來。
如果想緬懷過去那美好的年代
而在這裡的旅館住上一晚，
或許還是有機會發現竹鶴政孝
當時投宿的地方也說不定。
雲頂、格蘭斯高夏所生產的威士忌
因其優良的品質管理而得以生存下來，
我們現在還能喝得到，
真是太幸運了。

GLEN SCOTIA

Loch Lomond Distillery Co Ltd
2 High Street, Campbeltown, Argylle
Tel:01586 552288 E-mail:mail@lochlomonddistillery.com

主要單一麥芽威士忌 Glen Scotia 12年, 17年　主要調和威士忌 Black Prince, Royal Escort　蒸留器 1對

生產力 75萬公升　麥芽 通常不含泥煤　貯藏樽 波本桶　水源 Crosshills湖

純淨，清爽的成熟味道

格蘭斯高夏所生產的威士忌，個性雖不強烈，但口感柔順而洗練，就和雲頂或是朗格羅一樣，讓人覺得這才是坎培城的味道！它那新鮮水嫩的果香味與花香非常迷人，以纖細的氛圍呈現出坎培城威士忌味道的另一種風貌，可說是彌足珍貴。

格蘭斯高夏蒸餾廠創立於1832年，它最初的名字是斯高夏，自Galbraith家族以家族企業的方式經營開始，之後遇上了襲捲坎培城蒸餾酒業的倒閉以及關廠的風潮，雖然歷經11次的易主與3次的關廠，但是還是一一克服了這些難關而留存至今。雖然也曾在1999年由雲頂的經營公司J & A Mitchell持有一年，不過現在則是交由蘇格蘭威士忌的大廠羅夢湖集團來整治，讓這幾年的財務狀況和生產體制獲得了很大的改善，同時也擴大了酒款的種類。透過像是推出嶄新風貌的包裝等，改變了原本老舊的印象而成為煥然一新的坎培城威士忌，展現出相當迷人的風采。斯高夏在當初賣給羅夢湖的時候，雖然是雇用雲頂的蒸餾師來釀造威士忌，但是這3年新的管理人Iain McAlister就任之後，確立了以糖化發酵師David Watson以及

1.麥芽塔。送往屋內的麥芽會從這座塔搬入。 2.通往蒸餾廠設施的大門。雖然簡單，但卻是相當漂亮的一件鐵製作品。 3.曝曬在露天底下的酒桶。

蒸餾師James Grogan為組合的營運體制來進行威士忌的製造作業。

斯高夏所用的水雖然是取之於蒸餾廠裡的水井，但是水源則是來自靠近市區的Crosshills湖（供雲頂取水用的人工蓄水池）。至於設備方面則有傳統鑄鐵糖化槽以及6台耐候鋼發酵槽，這種材質的發酵槽格蘭卡登蒸餾廠以前也曾經用過，在其他蒸餾廠則不太容易看到。耐候鋼和其他一般的鋼材不同，它在抗腐蝕和防風化的能力極佳，不需塗上防朽漆，而是靠著在金屬表面所形成的一層薄鏽來做為保護膜以防止劣化的一種鋼材。

用這種發酵槽來發酵通常需要48個小時，不過根據情況，據說有時甚至會花上5天來進行發酵。斯高夏用的蒸餾器是直線型蒸餾器，酒汁蒸餾器的容量為11,632公升，低酒蒸餾器（烈酒蒸餾器）也是同一種類型，但容量為8,600公升，屬於是中型款。過去為了將蒸餾器所產生的汽化酒精冷卻液化會使用舊式的蟲管（worm tub）冷凝器，但是現在則改用新式的冷凝器，因此可以看得出來他們對效率的重視。

只有1組的蒸餾器。這一對的款式雖然都是直線型，但是外型卻相當特殊。
蒸餾器上半部非常粗然後向上直達頭部，頸部則突然變細且高度極低，
又粗又短的樣子，也有人稱之為天鵝頸。

酒汁蒸餾器的容量為11,632公升，烈酒蒸餾器的容量則為8,600公升。
這2台都有塗上咖啡色的耐熱亮光漆，保養的相當仔細。
後面的方型槽則是酒汁補充機。

用來供給鍋爐所有熱能用的油槽。
產地是北海油田。燃料也是蘇格蘭所產！

鑄鐵製的糖化槽。由於年代久遠，鑄鐵板已經老化的非常明顯而到了需要保養的時候。

糖化槽的內部。藤製攪動耙配置的相當複雜，裡面還裝有斜齒輪。

設有6台業界目前唯一的耐候鋼銅製發酵槽。各槽的容量都不大。

4.在現行營運的體制下，斯高夏正在重返全盛時期的道路上，除了已經確定產能超載的層架式酒窖，目前正處於休眠中的這座古色古香的堆積式2號酒窖也即將啟動運轉。 **5.**蒸餾師即使在沒有作業的期間，也還是經常來到蒸餾廠巡視。

斯高夏是用波本桶來進行熟成，由於目前正在使用的層架式酒窖的空間已呈現不足，因此不久之後應該就會需要用到正在休眠中的2號酒窖。至於生產方面，通常是以一週循環3次的速度來製造威士忌，這樣的速度一年最多可生產大約75萬公升的威士忌。也就是說如果產能滿載的話，以去年實際生產量為13萬公升來計算，產量會是去年的5倍半，酒窖也將無法休眠而很有機會可以重返過去全盛時期的狀態。

IMPRESSION NOTE

GLEN SCOTIA 12年，40%。喝起來相當順口，帶著新鮮鳳梨的香味以及芳香的哈密瓜味，讓纖細的口感表現得非常出色。接著，在這些味道的背後則是或多或少的辛香味，煙燻味極少。此外，在這繽紛的滋味當中也能感覺到苦味。這一款威士忌和傳說中的『雲頂』在個性上截然不同，展現出坎培城威士忌的另一種的迷人風貌。

[酒款]

主要的調和威士忌有Black Prince、Royal Escort。單一麥芽威士忌則有斯高夏12年、17年。

[行程]

只要能事先連絡，應該都能親切地提供參觀。

[路線]

從歐本蒸餾廠走A83公路向南，路上就像保羅·麥卡尼唱的The long and winding road那樣地蜿蜒起伏。總之，就是一直向南行駛。這條丘陵地上的主要幹道能夠俯瞰到坎培城的港口。上了緩坡向右彎之後，在右手邊能看到蒸餾廠的看板。雖然這是個小城鎮，但是竹鶴政孝當初來這裡學習威士忌釀造所投宿的地方至今仍在。

GLEN SCOTIA 12年

[700ml 40%]

雲頂　　英國郵遞區號 PA28 6ET

SPRINGBANK

J&A Mitchell & Co Ltd
Well Close, Campbeltown, Argyllshire
Tel:01586 552085 E-mail:info@springbankwhisky.com

主要單一麥芽威士忌 Springbank CV, 10年, 15年, 18年, 12年桶裝, Longrow CV, 12年, 14年, Hazelburn 8年, 12年

主要調和威士忌 Campbeltown Loch　蒸餾器 酒汁蒸餾器1台，烈酒蒸餾器1台　生產力 75萬公升

麥芽 自家製的麥芽含有12～55ppm之間的泥煤

儲藏桶 波本桶和雪莉桶　水源 Crosshill湖

100%由自家生產的正統坎培城威士忌

不論是艾雷島的泥煤味，還是坎培城的海水鹹味，這些都是自古便代表該單一麥芽威士忌產地的關鍵字，且一直流傳至今。所謂的坎培城，指的是位在蘇格蘭西部的金泰爾半島上，南北狹長的大島末端東岸的一個港城。從該港搭渡輪穿越愛爾蘭海，1個小時半後便會抵達北愛爾蘭的貝爾法斯特。坎培城是個規模極小的城鎮，以現在來看，實在是很難相信這個城鎮在100多年前的最鼎盛時期，蒸餾廠竟然可以多達30幾家，而目前僅存的蒸餾廠卻只剩下（包含「格蘭格爾」）「雲頂」和「斯高夏」這2家公司的3間蒸餾廠罷了。

以蒸餾廠來說，雲頂的最大特色在於它是目前全蘇格蘭正在營運的蒸餾廠當中，唯一一家從生產麥芽到裝瓶的所有作業都是自己完成的。

至於麥芽的製造，不用說當然也是採用傳統的地板式發芽，而且所用的麥芽還是全部都來自地板式發芽。完美的自家生產，用來煙燻麥芽的泥煤則是採自坎培城郊區的Machrihanish濕地地區和從斯貝河畔的Tomintoul所運來泥煤混合後使用。

1.鑄鐵製的大型糖化槽。 2.烈酒保險箱組。前面的是用在酒汁蒸餾器，後面的則是用在烈酒蒸餾器。 3・4.北歐松木（落葉松）製的發酵槽。

將威士忌製造成商品的作業，包括從麥芽的製造到瓶裝上市等全部都是在這家蒸餾廠裡完成。就如同這家酒商至今仍屹立不搖一樣，所製造出來的威士忌品質不但是一流的水準而且更是有口皆碑：海水的鹹味，嗆辣的口感，複雜且多變的香氣以及那沉穩的酒體。雲頂那迷人的性格讓許多的威士忌愛好者深愛不已，可說是確實地繼承著坎培城麥芽威士忌DNA的老牌酒廠當中的老牌。

雲頂是歷史相當悠久的蒸餾廠，在1828年由Reid家族和有姻親關係的Mitchell家族開始營運，期間並歷經多次的暫停生產和重新運轉。這數年來也是依此模式進行營運，雖然蒸餾廠自成立以來不曾更換過經營者，但是在營運上並非相當穩定。雲頂之前的經理是Stuart Robertson，他於2006到2010年在雲頂擔任經理的職務，後來為了鄧肯泰勒（Duncan Taylor）酒廠在亞伯丁（Aberdeen）近郊新成立的亨特利蒸餾廠而離開了雲頂，目前接替他的則是現任經理Gavin McLachlan。這位現任的廠長是雲頂在這60年以來第一位本地出身的蒸餾負責人。正因為他對坎培城有著相當深厚的

3台排在一起的壺型蒸餾器，最左邊的是同時利用煤油直接加熱和利用蒸氣加熱的酒汁蒸餾器，這種加熱方式十分稀少。右邊2台則是直接用煤油加熱的烈酒蒸餾器，2台都是直線型的蒸餾器。

K
S

情感，同時也曾擔任過前任廠長4年的得意左右手，憑藉著這樣的背景和經驗，將雲頂不斷地推向成功與精進的道路。

在蒸餾設備方面，雲頂採用鑄鐵製的糖化槽，並有6個北歐落葉松製的發酵槽。發酵過後的麥芽汁會由一種混合型式的酒汁蒸餾器（只有1台）來進行初次蒸餾，這種蒸餾器一般並不常見，它的特色在於會直接燃燒煤油以及利用蒸餾器裡的銅管以蒸氣的兩種方式加熱。初餾完畢之後，接著會再用2台直線型的烈酒蒸餾器（容量為12,274公升）進行二次蒸餾。

在熟成方面，雲頂會在9座堆積式的酒窖和2座層架式的酒窖裡進行威士忌的熟成，根據酒款品牌的不同，所儲藏的酒窖也會有所區別。如果是採用相當特別的2.5次蒸餾法的『雲頂』，基本上是用波本桶熟成，之後再換桶至雪莉桶使味道更加豐富。

此外，如果是『赫佐本』，這個以無泥煤、使用3次蒸餾、極力淡化坎培城麥芽威士忌個性為特色的品牌則會用波本桶、雪莉桶、波特桶和蘭姆酒桶並至少經過8年的熟成之後，接著再用這4種酒桶進行調和。至於泥煤的酚值為50～55ppm，使用2次蒸餾，厚重的泥煤味就像艾雷島威士忌一樣的『朗格羅』（酚值和雅柏或是拉佛格一樣！），這個品牌基本上會用雪莉桶和波本桶熟成，然後在製成商品時進行調和。

雲頂目前的情況如前面所說，在營運上並非相當穩定。不過從酒窖內的威士忌庫存量來看，或許今後在市場的供需之間應該能夠維持穩定吧。

相對於有9座堆積式酒窖，雲頂的層架式酒窖卻只有2座。蒸餾廠裡有波本桶、雪莉桶、波特桶和蘭姆酒桶等許多酒桶可做調整、搭配。根據不同的品牌，所儲藏的酒窖也不一樣。照片右邊是現任的廠長Gavin McLachlan，他很親切地帶領我們參觀酒廠。

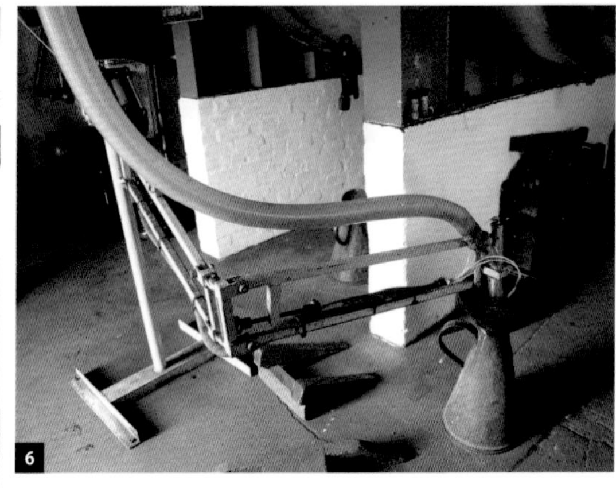

5.從前的煤炭存放塔。現在使用的燃料則是以煤油為主。 6.用來裝桶的地窖。噴嘴內裝有防溢感測器。7.堆積式倉庫群，共有9座。 8.寬敞的中庭用來曬乾舊桶。有各種的酒桶等著被整修。

IMPRESSION NOTE

SPRINGBAK 10年，40%。不經冷凝處理，色調呈淡黃色。味道基本上散發著果香和哈密瓜味，但是也有能代表坎培城威士忌特色的鹽味。除此之外，還有那堅果般的油脂味、舒暢的泥煤感，以及些微的碘味。酒精的力道十分強勁，餘韻則如抽絲般地纖細。接著，海水帶來的鹹味仍殘留到最後一刻，久久不曾散去。

Peaty
泥煤／藥水／樹脂

Cereal
麥芽漿／麥芽／焦味

Aldehydic
割草／葉／花

Sweet
蜂蜜／香草／甘油

Woody
新木香／水果

Oil
堅果／奶油／脂肪

Bitter
苦味／鹽味／土味

Pungent
嗆辣／灼熱／刺痛

SPRINGBANK 10年
[700ml 46%]

[酒款]

主要的調和威士忌有CAMPBELLTOUN LOCH。單一麥芽威士忌則有雲頂 CV10、15年（雪莉桶熟成，甜腴而口感豐富）、18年、20年。朗格羅CV10年、14年。赫佐本8年、12年（2009年發表，富果香而口感輕盈。無泥煤，感覺纖細）。

[行程]

標準行程的費用是5英鎊。參觀加試飲行程10英鎊，銀色行程15英鎊，黃金行程則是20英鎊，這3種深度參觀的行程需要事先預約。除了聖誕節和新年，整年都有對外開放。9:00～17:00（週一到週五）。如果能事先申請，夏季的週末也能前往參觀。

[路線]

在歐本從A810號公路接A83號公路南下。雖然完全都在坎培城裡，但是如果走的是B842號公路則還可以欣賞到自然風景。從大馬路向左駛會有停車場。

Mitchell's Glengyle Ltd
Glengyle St, Campbeltown, Argyll
Tel:01586 551710 E-mail:info@kilkerran.com

主要單一麥芽威士忌 Kilkerran 4年,（用2004的Solera桶）Spirit at The Tasting Room, Springbank distillery, 2008/9

主要調和威士忌 Mitchell's　蒸餾器 1對　生產力 75萬公升

麥芽 輕泥煤煙燻　儲藏桶 波本桶　水源 Crosshill湖

一邊聽著保羅・麥卡尼唱的曲子

格蘭格爾蒸餾廠是由William Mitchell在1872年所建立的，它在1919年賣給了West Highland Malt Distilleries，雖然自1925開始便停止運作，但是到了2004年，由雲頂的經營者Hedley Wright把它收購之後才又重新復出而成為繼雲頂、斯高夏之後，坎培城裡碩果僅存的第三間蒸餾廠。格蘭格爾座落於位在坎培城市區內的雲頂蒸餾廠的北面，兩者的距離幾乎不到100公尺，附近還有超市、工廠和住宅林立。格蘭格爾在2004年開始重啟蒸餾器來釀造威士忌，水源來自Crosshill湖，麥芽則是用地板式發芽並採輕泥煤煙燻，所使用的蒸餾器共1組，來自原本屬於Invergordon蒸餾廠的班尼富蒸餾廠，1年能生產75萬公升的威士忌。

[特色]
調和威士忌是提供給米契爾。生產的負責人是Frank McHardy所擔任，他同時也是雲頂蒸餾廠的經理。至於單一麥芽威士忌則是以齊亞蘭（KILKERRAN）為酒款的品牌名稱，在日本亦有販售。2004年、2008年9月、2009年4月發行了12,000瓶，利用波本酒、雪莉酒、波特酒、蘭姆酒等的酒桶進行熟成。

[路線]
從坎培城市區可能不太容易找得到入口，但其實位置就在雲頂蒸餾廠的後面。

前往紅鹿之島—吉拉島

JURA

要到吉拉島這個鹿比人還要多的島嶼，
唯一的交通工具是渡輪。
吉拉島和艾雷島的距離雖然是近在咫尺，
但是所釀造出來的威士忌口味卻是天差地別。
「1984年」這部描述集權主義社會的小說的作者
喬治・歐威爾（George Orwell）曾在這個島上生活過。
我曾經想要去看看他當年寫小說的農場在哪，
卻聽到「從A846的盡頭再過去就沒有路了，
那裡只剩一片荒蕪。」
親切的蒸餾廠負責人後來帶我們到他的住所
並讓我們品嚐到了4種不同風味的威士忌。
在回程的路上，吉拉島和吉拉威士忌
使我們念念不忘。

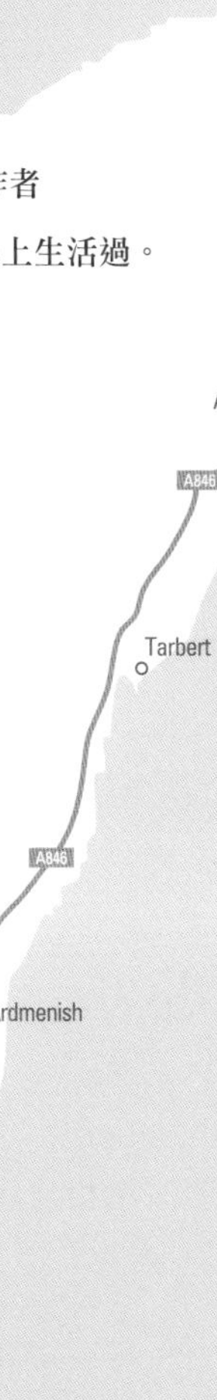

吉拉　　英國郵遞區號 PA60 7XT

ISLE OF JURA

Whyte & Mackay Ltd
Craighouse, Isle of Jura
Tel:01496 820385 E-mail:sue.pettit@whyteandmackay.com

主要單一麥芽威士忌	Isle of Jura 10年, 16年, 21年, Superstition, Prophecy
主要調和威士忌	Whyte & Mackay Special
蒸餾器	2對
生產力	220萬公升
麥芽	通常不加泥煤
儲藏桶	波本桶加上一些雪莉桶（為表示舊式單一純麥）
水源	Bhaile Mhargaidh泉水，Market湖

戰略布局相當清楚的4種酒款

吉拉島的地形平緩，離艾雷島相當近，距離僅有2公里。渡輪是到吉拉島的唯一的交通工具，從阿斯凱克港搭渡輪到吉拉島只需要10分鐘。英國作家喬治·歐威爾所寫的『1984年』這部十分傑出的小說便是在這座島上完成的，因而使吉拉島變得相當知名。不過，對不怎麼閱讀書籍的酒迷來說，吉拉島有名的地方則是因為它是專門生產威士忌的島嶼。吉拉島與艾雷島隔著艾雷海峽，該海峽的海潮相當湍急，有著非常險惡的海流與漩渦，在船舶還不是以機械發動的年代要到這座島會有多困難，這應該不難想像。

吉拉島與艾雷島雖然隔著海峽，但這兩座島其實是相當靠近的，而所生產出來的威士忌則是南轅北轍，一個陽剛一個陰柔。不用說，陽剛當然是用來形容艾雷島那個性強烈，相當具有特色的威士忌，而吉拉島所產的威士忌則是泥煤味淡薄，味道溫和沉穩。這樣截然不同的風格，總是讓人不禁想問：為什麼兩者會有如此大的差距呢？

吉拉島上那宛如女性胸部隆起般的雙丘（峰？）PAPS是它的象徵。位在雙丘那平緩

各項作業的監控與管理的數據皆電腦化，並準時顯示在儀表上。釀酒師確實地掌握這些數據以決定各項釀造的作業時機並操控各類機器的門閥。

斜坡上的森林和草原不斷地向海岸線延伸，形塑成一種非常平和安穩的氛圍，或許正是這樣的氛圍才讓吉拉島所釀造出來的威士忌能如此圓潤順口也說不定。吉拉島的人口只有197人（2012年），但是卻有4,000多頭的鹿在這島上生活著。島上只有一條道路能讓車輛通行，並且整條路都是單線道，除了避車處以外並無法與其他車子擦肩而過。下了渡輪之後，沿著這條公路駛向島的另一端，在海岸線橫切到底的位置上是Craighouse鎮，吉拉蒸餾廠的所在地就在這裡。在這個彷彿永遠沉睡不醒般的城鎮當中，唯一能讓人感覺到有活力的是蒸餾廠這棟白色灰泥的建築物。

吉拉蒸餾廠據說在「私釀酒」這個一詞尚未出現的16世紀便已經有釀造威士忌的紀錄，但正式的營運是在1810年，由創立者Archibald Campbell以Small Isles Distrillery為命名而開始的。之後，吉拉蒸餾廠也無能倖免地反覆歷經多次的買賣與轉手的命運，然後在1993年由Whyte & Mackay（當時隸屬Fortune Brands旗下）收購之後才形成目前的經營形態。不過到目前為止，吉拉威士忌的表現並不突出，真正

不銹鋼發酵槽共有6台。

運轉中的糖化槽內部。攪拌用的葉片緩慢地在槽內旋轉，讓麥芽汁均匀地糖化。

巨大的燈籠型壺型蒸餾器全長高達8公尺，共有2組4台。蒸餾出來的的酒精不帶雜質，相當純淨。

威士忌裝桶倉庫的全景。在裝桶處背後的是2個巨型的奧勒岡松原酒槽。

典型的烈酒蒸餾器（低酒蒸餾器）的洩壓閥。

新酒從烈酒保險箱噴出，充滿新鮮活力的瞬間！

排列整齊，等待裝瓶的酒桶。

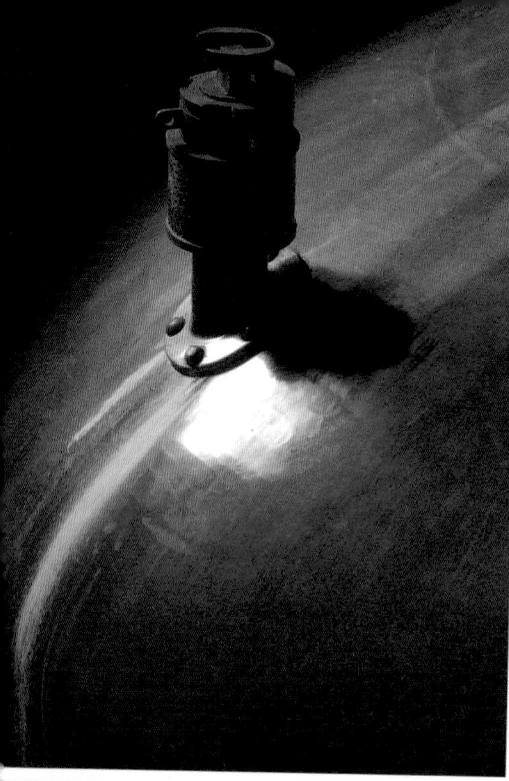

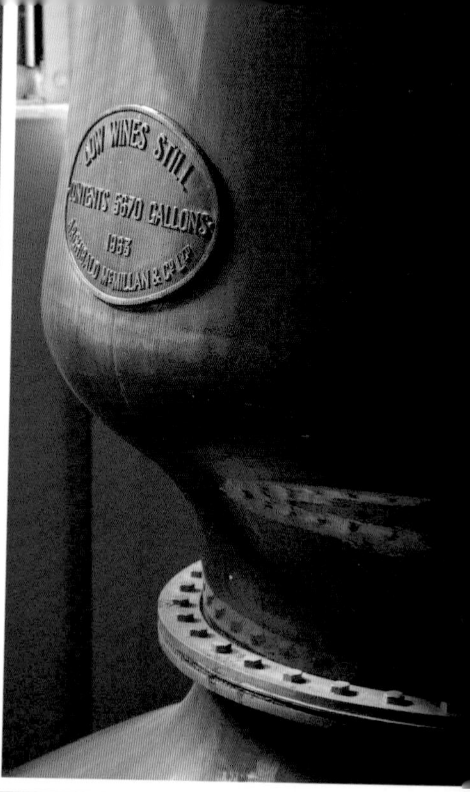
LOW WINES STILL
5670 GALLONS

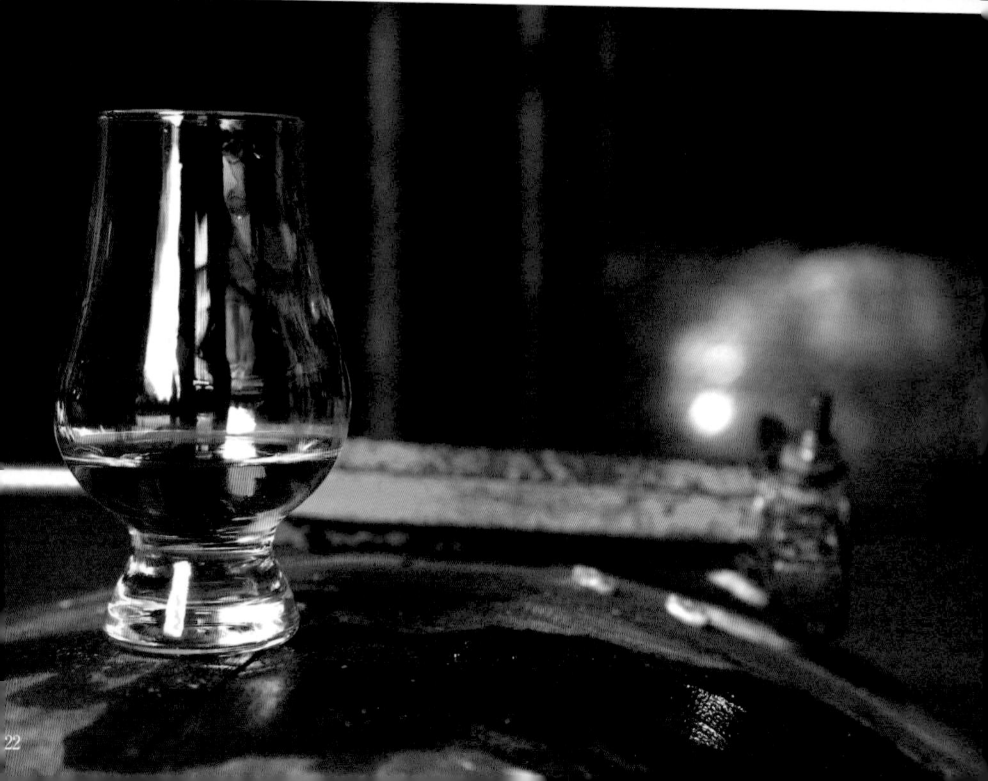

1.與本書筆者高橋相談甚歡的Willie Cochrane。 2.Cochrane的「隱居室」兼招待所，裡面有許多漂亮的吉拉島風格的傳統擺設。 3.吉拉島是全歐洲最佳狩鹿地。這個是鹿角所做成的吊燈。 4.鹿角做成的辦公椅。

的轉捩點要到1999年的時候才開始出現，而這一切竟然只是因為巧合。

這一年，吉拉蒸餾廠發現到許多躺在熟成倉庫裡沉睡的酒桶竟然比往年的情況都還要糟。當時的調酒師Richard Paterson於是決定將初桶裡品質尚佳的酒液改裝進波本桶裡。靠著Paterson那敏銳的嗅覺，原本品質低下的吉拉威士忌竟然脫胎換骨，搖身成為非常出色的威士忌。從此之後，吉拉便決定將95%的麥芽威士忌以波本桶做為初桶，5%則用雪莉桶來進行熟成。另外值得一提的是，為了增添熟成的風味，這些雪莉桶用的是以Oloroso雪莉桶熟成過的瑪杜莎（蘭姆酒的品牌）雪莉桶，藉由些許殘留的蘭姆酒精華讓熟成更加精彩。

吉拉蒸餾廠用的是半過濾式的糖化槽來進行糖化，接著再用6台不銹鋼發酵槽來發酵。發酵完的麥芽汁則是用2組燈籠型的壺型蒸餾器來進行蒸餾。這些蒸餾器十分高大，頸部很長約有8公尺左右，所蒸餾出來的酒汁雜質少且輕盈細緻。格蘭傑蒸餾廠的蒸餾器也是以巨大聞名，而吉拉用的蒸餾器其尺寸則是僅次於他們。吉拉蒸餾廠自2010年以來每週運轉5天，年生產量雖可達175萬公升，不過實際的稼動力應該能到225萬公升。在這些所蒸餾出來的酒液當中，其中有40%做成單一麥芽威士忌，然後放在5座層架式的倉庫裡熟成，其餘的則提供給該集團所屬的穀物威士忌蒸餾廠Invergordon以做為調和威士忌「Whyte & Mackay」的基酒。

目前，吉拉除了生產原本的無泥煤酒款之外，在併入Whyte & Mackay旗下的2年後，也就是從1995年開始也使用酚值達40ppm的麥芽來生產帶泥煤味的酒款「PROPHECY（預言）」以對抗艾雷島的威士忌。口味從輕盈香醇到強勁厚重，讓消費者能夠有更多不同的選擇。

餐桌上最大的幸福。從左至右分別為：「10年」、「16年」、「SUPERSTITION」、「PROPHECY」。

JURA JURA JURA
JURA JURA JURA
JURA
SUPERSTITION
JURA
JURA
JURA

IMPRESSION NOTE

JURA 10年。味道新鮮活潑，些許泥煤的輕盈風格同時給人口味微辣的感覺。除了散發出誘人的辛香，還能嚐到麥芽本身的甜味與淡淡的花香和圓潤飽滿的果香所帶來的酸味，讓人回味不已。前味是針葉樹系的味道，特別像是松科喬木的雲杉所散發出來的香氣夾雜著樹脂和乙醇等化學物質帶來的氣味，有著稍微的刺激感。淡淡地殘留在舌尖上的則是以美國橡木所帶來的香草香味為基調，後味則帶著新鮮蜂蜜的感覺。

Peaty
泥煤／藥水／樹脂

Cereal
麥芽漿／麥芽／焦味

Aldehydic
割草／葉／花

Sweet
蜂蜜／香草／甘油

Woody
新木香／水果

Oil
堅果／奶油／脂肪

Bitter
苦味／鹽味／土味

Pungent
嗆辣／灼熱／刺痛

JURA 10年
［700ml 40%］

［酒款］

主要的調和威士忌是Whyte & Mackay。單一麥芽威士忌則有吉拉10年、16年、21年。

［行程］

標準行程，令人感到開心的是不收費用。4～9月10:00～16:00（週一到週五）、10:00～14:00（週六）、10～3月11:00～14:00（週一到週五）

［路線］

從艾雷島的阿斯凱克港橫渡海峽即可抵達。海流的速度相當快，渡輪經常是斜一邊行駛前進。下了渡輪之後，沿A846公路向右行駛5公里。該道路為單線道，沿途沒有任何人家，旅館也只有一間。

JURA SPECIAL LIMOUSIN EDTION［700ml 58.7%］

這一款吉拉單一麥芽威士忌的主要特色在於採用的是來自法國利木森（Limousin）地區的雪莉桶來進行熟成。酒體雖然居中，但是有迷人的泥煤與辛香味，複雜的口感與吉拉10年截然不同，帶點成熟大人般的感動。散發出堅果、油脂、脂肪和果實的香氣。

JURA VINTAGE 1993［700ml 54%］

採用和吉拉10年完全不同的調配方式、熟成方法所釀造出來的酒款。雖然有著和北高地的單一麥芽威士忌類似的鹹味，但是也散發出花一般的芬芳並仍保有泥煤、煙燻和藥品的氣味，讓人陶醉的方式則是與高原騎士或是格蘭傑不分軒輊。

JURA
SPECIAL LIMOUSIN EDTION

JURA
VINTAGE 1993

艾倫島上珍貴的寶藏

ARRAN

艾倫島離格拉斯哥不遠，它面向克萊德灣，
四周由大不列顛島以及金泰爾半島所包圍。
該島不屬於赫布里底群島，而是獨自靜靜地載浮於此。
艾倫島在1995年終於成立了睽違160年的蒸餾廠而讓人感到極為興奮，
除此之外，該島還有啤酒廠，也有味道獨特、適合下酒的起司等名產。
從蘇格蘭本島的阿德羅森（Ardrossan）搭渡輪可抵達布羅迪克港，
在左手邊盡是群山的景色之下一路前進到Lochranza後，
艾倫蒸餾廠就這樣忽然出現在我們眼前，
相當的小巧精美，彷彿就像是童話般蒸餾廠一樣。
從這裡到金泰爾半島的Claonaig距離相當接近，
如果來到蘇格蘭，由於艾倫島上的布羅迪克城（Brodick Castle）
這個在維京時代主要的堡壘就位在渡輪口的旁邊，
因此不妨可以順道過去看看，
你將能體驗到維多利亞時代的城寨是多麼美麗壯觀。

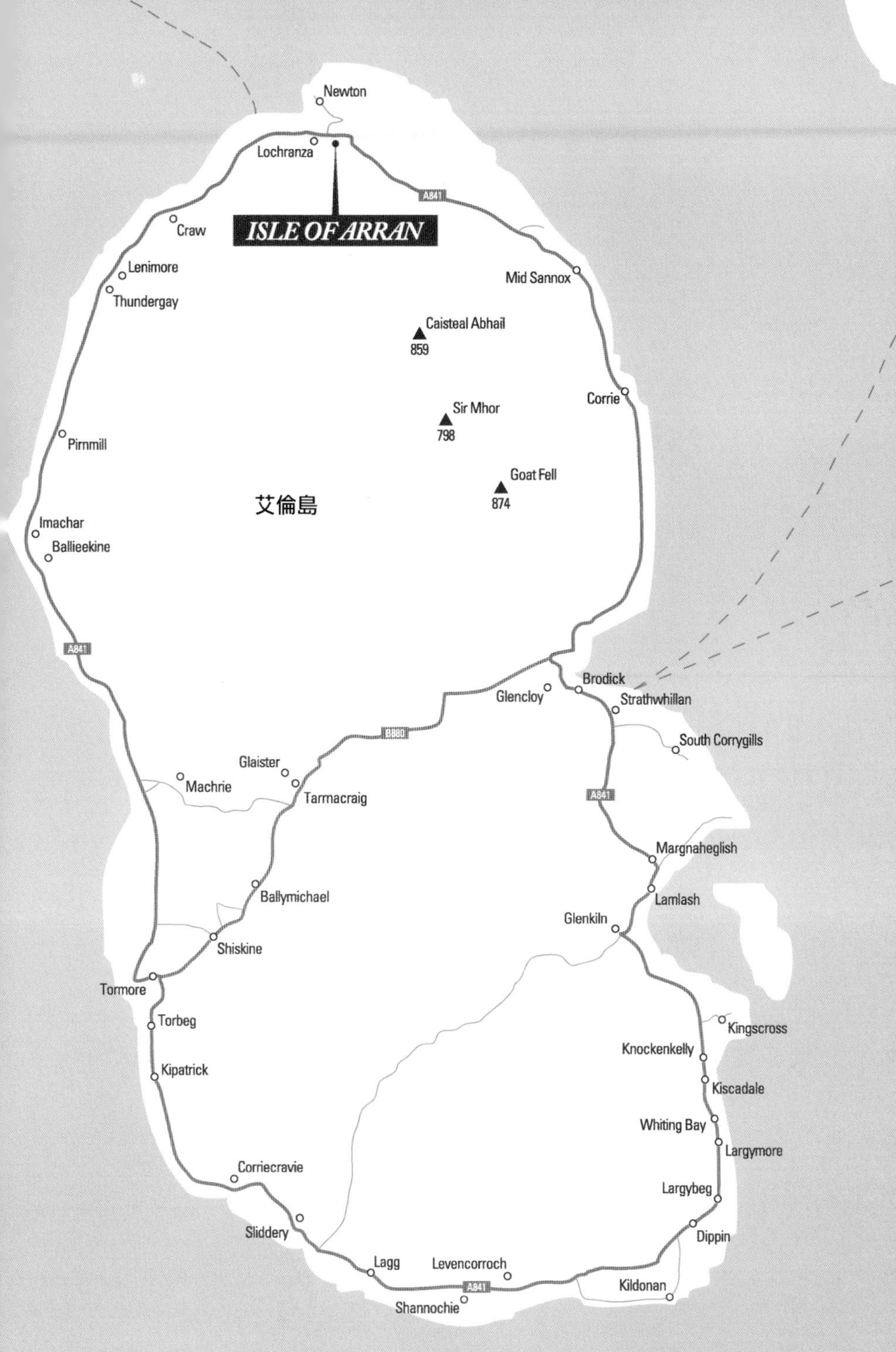
Newton
Lochranza
A841
ISLE OF ARRAN
Craw
Lenimore
Thundergay
Mid Sannox
Caisteal Abhail
859
Sir Mhor
798
Corrie
Pirnmill
Goat Fell
874
艾倫島
Imachar
Ballieekine
A841
Brodick
Glencloy
Strathwhillan
B880
South Corrygills
Glaister
Machrie
Tarmacraig
A841
Margnaheglish
Ballymichael
Lamlash
Glenkiln
Shiskine
Tormore
Torbeg
Kingscross
Knockenkelly
Kipatrick
Kiscadale
Whiting Bay
Largymore
Corriecravie
Largybeg
Sliddery
Dippin
Lagg
Levencorroch
A841
Kildonan
Shannochie

ISLE OF ARRAN

Harold Currie
Shore Road, Lochranza, Isle of Arran, North Ayrshire
Tel:01770 830264 E-mail:ー

主要單一麥芽威士忌	The Arran Malt 12年	主要調和威士忌	Lochranza
蒸餾器	1對	生產力	80萬公升
麥芽	通常不含泥煤	儲藏桶	波本桶和雪莉桶
水源	Easan Biorach河		

優質又獨特的新起之秀

艾倫島是座美麗的島嶼，它擁有蘇格蘭地形與地質上的所有特徵（甚至包括劃分蘇格蘭高地區與低地區的高地邊界斷層），因此又被暱稱為「袖珍蘇格蘭」。蘇格蘭本島的西岸與金泰爾半島的之間隔著克萊德灣，艾倫島便位在這個海灣之內。不過在此要特別提醒的是，此艾倫島並非是愛爾蘭那盛產毛衣的艾倫群島，大家可別搞錯了！

艾倫蒸餾廠是棟白色的建築，它位於艾倫島北端Lochranza的市區之外。Goatfell峰（874m）可說是猶如艾倫島的背脊，在它的山麓下有著向外延伸的小草原地，而艾倫蒸餾廠便蓋在這片由群山所環繞的這一小片土地上。該蒸餾廠用來蒸餾的水即是取自這山裡的泉水，由於水源經過花崗岩層的過濾並經過這半山腰下的草原裡的泥炭層，因此雖然煙燻在麥芽上的煤泥不多，但是所釀造出來的威士忌卻依然帶著泥煤的味道。艾倫島承襲著自17世紀以來的私釀酒文化，當時所生產的威士忌彷彿就是像是島上的特產一樣，甚至還被稱為「艾倫水（Arran Water）」。不過，聚集在島上多達50多間的私釀酒廠卻在1836年全都

艾倫蒸餾廠的參訪嚮導Campbell Laing正在教我們認識大麥。
右邊是混合了Optic種與Oxbridge種的大麥，中間是其麥芽，左邊則是磨碎後的碎麥芽。

消失了。因此這座新的蒸餾廠對島上來說，除了是新成立的蒸餾廠，更帶有復活的意義在裡面。在私釀酒盛行的年代，島上絕大部分的蒸餾廠都集中在南部，北部則是連一家也沒有，因此這座全新的蒸餾廠蓋在島的北端，一時之間也引起了不少的話題。艾倫蒸餾廠的成立是在1993年，然後於2年後的1995年開始進行蒸餾，在蘇格蘭所有的蒸餾廠之中是繼艾雷島齊侯門之後所崛起的新興勢力。此外，該蒸餾廠在1997年便已開設了遊客中心，想讓威士忌的釀造納入島上觀光一環的意圖非常明顯。在這座新蒸餾廠的遊客中心的開幕典禮上，伊莉莎白女王亦特地蒞臨前來，這或許是他們的文化，但也可以讓人感覺威士忌對於蘇格蘭、甚至是英國來說有多重要、地位有多崇高。

蒸餾廠的首任廠長Gordon Mitchell自酒廠成立之後，為了讓艾倫這個品牌在蘇格蘭威士忌業界裡能站穩腳步而努力打下基礎，他在2013年的3月逝世後，由James MacTaggart擔任首席蒸餾師（廠長）並繼承了Mitchell原本的路線。艾倫蒸餾廠所用的大麥是以Optic種為主並混合了Oxbridge種，在製造成麥芽的時候用泥

煤稍微地燻烤過，然後放進半過濾式的銅製加蓋的糖化槽內使之糖化，接著再用4台奧勒岡松製的發酵槽來進行發酵。蒸餾器則是頸部的弧度圓滑，體型較小的直線型蒸餾器。這些蒸餾器雖然是由Rothes鎮Forsyths公司所製造，但據說主要是由Mitchell自己所設計出來的。由於Mitchell曾經在是愛爾蘭威士忌（庫利蒸餾廠）的蒸餾師，而生產愛爾蘭威士忌的蒸餾器是以體型巨大為聞名，因此總不禁讓人懷疑Mitchell是否因為在愛爾蘭工作的期間對大型的蒸餾器覺得不是很滿意，所以才改用體型較小的蒸餾器。總之，目前艾倫蒸餾廠的廠長是Mac-Taggart，並以Gordon Bloy為蒸餾師，以這樣的體制來支配整個蒸餾廠。除此之外，該蒸餾廠最大的特色是，將所有的蒸餾設備集中在同一個房間裡，這可說是實踐了已故的第一代廠長Mitchell想要在小而巧的蒸餾室裡釀造出優質威士忌的想法。

艾倫蒸餾廠的年生產力為75萬公升，目前有堆積式和層架式的倉庫各一座，分別可儲放3,000個酒桶。不管是層架式還是堆積式，能容納的酒桶數量都相同，所以層架式倉庫的規模比堆積式的還要小。在這些酒桶當中，以波本桶熟成的麥芽威士忌基本上有著來自麥芽的甜味和蜂蜜般的香氣，只要稍微加點水，就能散發出辛辣和苦澀感。不過由於該蒸餾廠所成立的時間並不是很長，因此其品牌政策和方向還不是非常的明確，雖然從後味能感覺到似乎有許多的特色正準備發揮，但是可以確定的是目前所品嚐到的味道應該都還在調整的階段。

事實上，艾倫蒸餾廠除了以Mitchell生前所裝桶的波本桶來做主要的熟成之外，後味的風格其實都尚在摸索當中，如試著用瑪莎拉酒（在熟成時強制添加酒精的一種加烈葡萄酒款）或是波特酒的酒桶來做二次熟成；或者是用雪莉桶熟成之後，接著再用雪莉豬頭桶（Sherry Hogshead）過桶以調和出雙重的雪莉桶風味等一方面擴大酒款種類，一方面持續思考品牌的未來方向。

除此之外，甚至還推出了具有泥煤味的酒款（雖然酚值12ppm，稍微淡了點），讓這家新興品牌的發展動向受到大家的矚目。

由首任廠長Gordon Mitchell所設計、體型較小的直線型蒸餾器。

THE ARRAN MALT 10年
[700ml 46%]

Impression Note

THE ARRON MALT 10年，46%。前味是蜂蜜般的味道，接著則出現2、3種的熱帶水果香味。以香氣來說，能感覺到相當舒服的圓潤果香帶著苦味在口中散開，兩者搭配的非常和諧，而淡淡的泥煤味也就在此時悄悄地出現。雖然有著與熟成年份相當的新鮮度，但是也能帶著放蕩不羈的粗曠感，讓這款酒多了份與本來的特性完全相反的陽剛味。

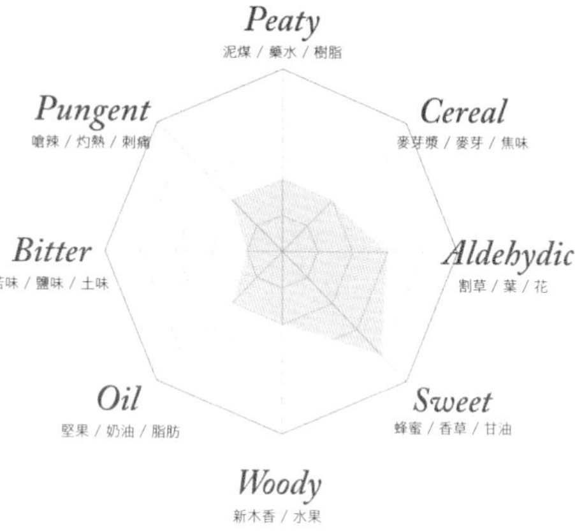

[酒款]

主要的調和威士忌是Lochranza。單一麥芽威士忌則有艾倫10年。

[行程]

標準行程的費用是5英鎊。3～10月10:00～18:00（週日11:00），11～2月的週一、週三、週六10:00～16:00，週日11:00～16:00。附導覽的行程4～10月10:30～16:30（週日只到11:30），11～2月10:30～14:30（週日11:30～）

[路線]

從蘇格蘭本島的阿德羅森搭渡輪到布羅迪克港，接著走A841公路往北走30公里便能看見Lochranza和此蒸餾廠。沿途在左手邊還可欣賞到Goatfell（874m）、Caisteal Abhail（859m）和Beinn Tarsuinn（825m）等群山的美麗風光。

驚奇！斯開島上的奇蹟

SKYE

相較於艾雷島上有8座蒸餾廠散布在其中，
斯開島上卻僅有一家蒸餾廠。
雖然從數目來說斯開島是當然的輸家，
但是除了蒸餾廠之外，卻還有非常雄偉、壯大，
奇蹟般且未知的風景在等著我們。
就算島上沒有泰斯卡蒸餾廠，
斯開島也會是個讓人想再度重遊的蘇格蘭名勝之一。
那天空、白雲、大海、高山、斷崖、峭壁、瀑布，
以及蜿蜒曲折的道路上的景色都十分地迷人。
有如鬼斧神工般的景觀總是讓人嘆為觀止，驚奇連連！
如果沒有類似魚眼般的廣角鏡頭，
則似乎無法將這裡的風景盡收進來。
一路上的美景總會讓人忍不住地多照幾張照片而暫時忘了時光，
其結果則必定是延遲了抵達泰斯卡蒸餾廠的時間。
我們拜訪斯開島的時候剛好是萬聖節，
島上將這個節日當成純樸的土著信仰並舉辦祭祀精靈的慶典，
這與只是虛應故事、將萬聖節搞成像是
來自其他國家的商業活動比較起來，
這裡展現出完全不同的祈求之心。
讓我們為斯開島上建立泰斯卡蒸餾場的弟兄乾杯吧！
並希望有一天能夠再度拜訪這美麗、「長著翅膀」的斯開島。

Duntulm
A855
Hunglader
Staffin
Stenscholl
Linicro
Elishader
Uig
A87
Lusta
Rigg
B886
A850
Eyre
Flashader
Kensaleyre
Bernisdale
Skeabost
A855
A87
Glengrasco
Portree
Penifiler
B885
Ose
B883
Bracadale
Struan
A863
Peinchorran
Drynoch
B8009
A863
Sconser
TALISKER
Carbost
Sligachan
A87
Luib
Dunan
Eynort
斯開島
Kyleakin
A87
Broadford
Skulamus
Torrin
A851
B8083
Culnamean
Kirkbost
Heast
Kilmarie
Duisdealmor
Elgol
Ord
Tokavaig
Teangue
Achnacloich
Kilmore
Kilbeg
Calligarry
Armadale
Ardvasar
Aird of Sleat

TALISKER

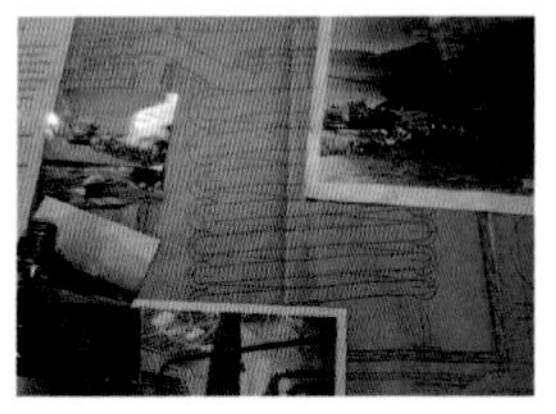

Diageo plc
Carbost, Isle of Skye
Tel:01478 614308 E-mail:talisker.distillery@diageo.com

主要單一麥芽威士忌 Talisker 10年, 18年, 蒸餾廠版Talisker和57° North（酒精含量57%）

主要調和威士忌 Johnnie Walker **蒸留器** 酒汁蒸餾器2台，烈酒蒸餾器3台 **生產力** 270萬公升

麥芽 含有18～22ppm的泥煤 **貯藏樽** 波本桶再加上多種雪莉桶 **水源** 散佈在後面山丘的泉水

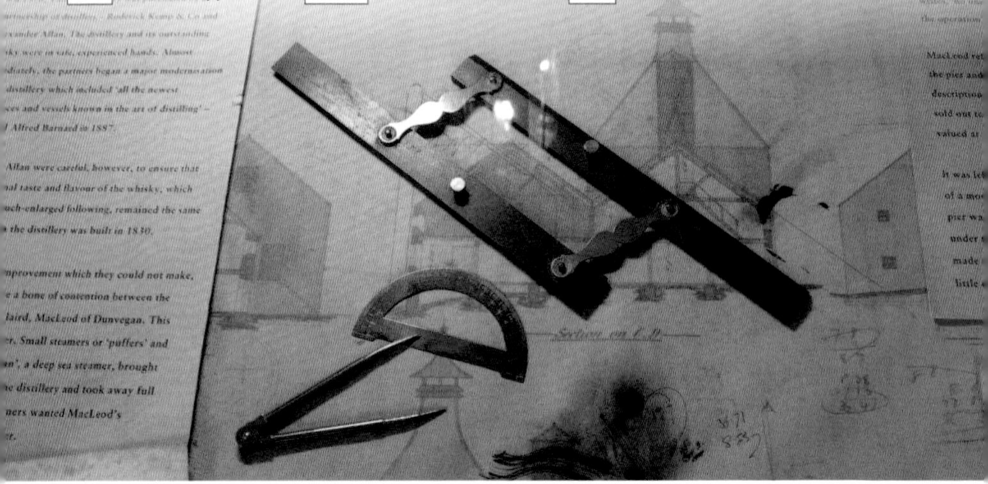

「金銀島」的作者羅伯特．路易斯．史蒂文森在1880年時曾寫道：「泰斯卡、艾倫與格蘭利威是酒中之王」。

斯開島是內赫布里底群島中最大的島嶼，而泰斯卡便位於這座島西北方的哈柏灣（Carbost）附近。雖然說是島，但是斯開島其實有橋與不列顛本島上的Kyle of Lochlash相連，只要過了橋然後繼續前進，便可通過Broadford這個地方。從A87號公路接A863公路然後再往B8009公路行駛，在那裏會經過一個叫哈柏的小村落，接著再走約60公里左右便可抵達泰斯卡蒸餾廠。由於沿途可欣賞到許多斷崖絕壁與奇山怪水，因此原本1小時車程的距離，卻可能要花更久的時間才能到蒸餾廠。斯開島的魅力就是如此迷人，如果想在島上兜風，開敞篷車或是騎機車會比較適合，但即使只是普通的車子也可以把窗戶全搖下來然後盡情地奔馳看看，你將能體驗到那令人感動的360度全景風貌。至於因為斯開島只有一間蒸餾廠而猶豫是否需要特地前來的人，也請放心地來這裡走一趟看看吧，行程保證讓你滿意，

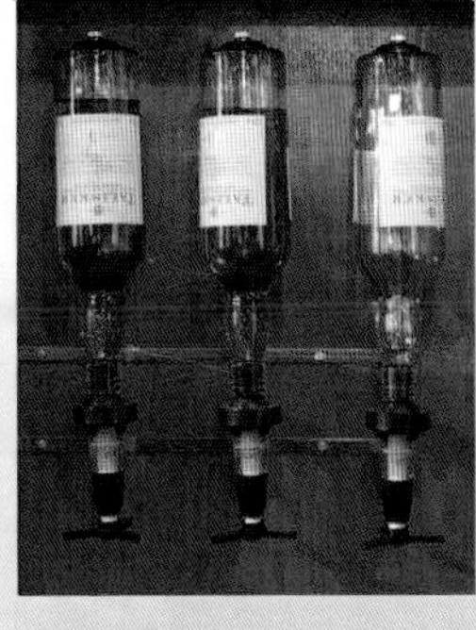

◀掛在泰斯卡蒸餾廠品酒室裡的3種酒款。不同熟成的年度與不同的酒桶，不知道味道是否也不相同。酒杯的杯口沒有內縮。這讓我想起來之前在日本買泰斯卡10年時有送促銷用的廣口杯，不知道這是否代表泰斯卡並不太重視香氣。在酒杯旁邊的是加水用的大水壺。

至還會讓泰斯卡10年成為你最愛的單一麥芽威忌酒款之一！雖然這個酒款在日本進得少所以格較高，不過對威士忌迷來說，這一款絕對不錯過，而且要用身體的所有感官來仔細品嚐才。在些許的煙燻味中，注入剛毅的靈魂，可說充滿男人味的一款威士忌。

值得一提的是，在知名的007系列電影「空降機」中，丹尼爾・克雷格最後開Aston Martin B5載茱蒂・丹契一起前往的決戰地，以及給人明印象的日本影星小雪所拍攝的廣告等，都可欣賞到這島上令人感動的絕色美景。

此外，出生於愛丁堡，創作出「金銀島」、「化身博士」、「新天方夜譚」等作品的小說家羅伯特・路易斯・史蒂文森也非常喜歡這島上的單一麥芽威士忌的味道，他甚至在1880年時寫道：「泰斯卡、艾倫與格蘭利威是酒中之王」。

泰斯卡蒸餾廠是由Hugh & Kenneth MacAskil兄弟在1830年所建立的，是斯開島上最古老的蒸餾廠。它在1898年的時候與大雲・格蘭利威蒸餾廠合併而成為了大雲・泰斯卡蒸餾酒公司。然後在1916年成為了John Walker & Sons、W.P. Lowrie、John Dewar & Sons旗下的一員。

該蒸餾廠所使用的奧勒岡松發酵槽在2008年時已達8台。麥芽的煙燻程度則為18～22ppm。

在蒸餾器方面，泰斯卡蒸餾廠在1928年之前是採用3次蒸餾，後來改為2次蒸餾之後，以初餾2台、二次蒸餾3台這樣的特殊組合，一年可製造出75萬公升的威士忌。酒桶則是以波本桶為主，然後再加上一小部分的雪莉桶。所釀造出的威士忌有著相當獨特的辛香料味，這樣的味道讓它身為約翰走路的原酒之一而大受歡迎。至於在單一麥芽威士忌方面，目前推出泰斯卡10年、18年和北緯57度（酒精57度）等酒款。該蒸餾廠在1960年遭逢祝融肆虐而讓蒸餾室等建築設施付之一炬，之後重新製做新的蒸餾器，然後到了1988年，聯合酒業公司（United Distillers）納入帝亞吉歐集團，讓泰斯卡的經營權變更，同時也開始製造經典麥芽酒款，成為了非常受歡迎的單一麥芽威士忌酒廠並一直持續至今。蒸餾廠的負責人Mark Lochhead說：「要感受泥煤的迷人之處，需要花一點時間」。事實上，我自己也是覺得要40年以上才能夠了解威士忌。想要知道自己所喜好的口味、要能夠判斷是否好喝，我想除了靠經驗不斷地累積別無他法。至於若想要了解某款威士忌的特色，至少應該要喝完兩瓶後再說。

TALISKER 10年
[700ml 45.8%]

IMPRESSION NOTE

TALISKER 10年，散發出甘甜、鹹味、泥煤香和煙燻味。酒體渾厚，即使加了水也無損自身的香氣和美味，讓人回味無窮、沉醉不已。入口後能感受到麥芽熟成後的香氣，搭配辛香料和果實所混合而成的複雜滋味，形成了相當美妙又和諧的交響樂曲。酒精濃度雖然低於泰斯卡北緯57度，但仍然不改其出色又精彩的特質。

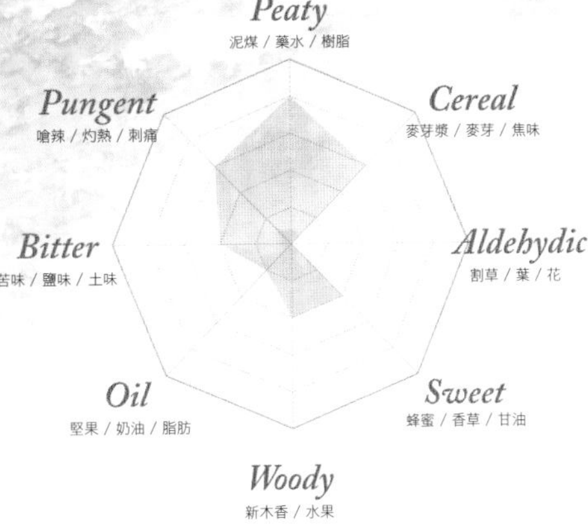

[酒款]

主要的調和威士忌是約翰走路。單一麥芽威士忌則有泰斯卡10年、18年以及北緯57度。

[行程]

標準行程的費用是5英鎊。試飲行程是15英鎊（如果事先預約，還會送特製酒杯）。夏季的行程為每15分鐘一班。4～10月9:30～17:00（週一到週六），12:00～17:00（7～8月的週日），11～3月10:00～17:00（週一到週五）。

[路線]

從蘇格蘭本島走A87號公路渡過斯開橋（Skye Bridge）便可到斯開島，如果是從Kyle of Lochalsh開始行駛則需走40公里。通過Harrapool之後在Sligachan接A863號路線，然後向西走18公里之後，接著再走B8009號路線並朝位於Harrapool的Carbost的方向前進便可看見泰斯卡蒸餾廠。沿途能欣賞到非常美麗的風景。

奧克尼群島，維京人的故鄉

ORKNEY

奧克尼群島是由大小約70個島嶼所組成的，
其中，最大島的主島中心是柯克沃爾（Kirkwall），
而史加伯與高原騎士這兩家
性格強烈的蒸餾廠便位於柯克沃爾。
坐鎮在這座城鎮市中心的，是當年由諾曼人所建立，
因私釀酒而相當聞名的
聖馬格努斯大教堂（St. Magnus Cathedral），
此外，在郊區也有許多值得一看的構築物，
如古代的巨石陣（Stonehenge）或是
邱吉爾圍欄（Churchill Barriers）等。
雖然是隸屬於UK（United Kingdom）的蘇格蘭國民，
但是島上的居民認為自己是「奧克尼人」而非蘇格蘭人。
這樣的自主性，在2014年9月的蘇格蘭獨立公投的紛擾中
更是展現出可能從蘇格蘭中獨立出來的企圖心。
而這樣叛逆的歷史，或許也反映
在當地所生產的威士忌味道當中吧。

Westness
Brinyan
B9064
Evie
Tingwall
A966
奧克尼群島
B9058
B9059
Balfour
Sandgarth
Work
Finstown
A965
Berstane
Kirkwall
SCAPA
Tankerness
Greenigo
A964
Tradespark
HIGHLANDPARK
Hobbister
Toab
A961
B9051
Foubister
A960
North Dawn
Upper Sanday
B9052
Breahead
St Mary's
Cornquoy

史加伯　　英國郵遞區號 KW15 1SE

SCAPA

Chivas Bros Ltd (Pernod Ricard)
St Ola, Kirkwall, Orkney
Tel:01856 875430 E-mail:info@scapamalt.com

主要單一麥芽威士忌 Scapa 16年　主要調和威士忌 Ballantine's　蒸餾器 1對　生產力 100萬公升
麥芽 不含泥煤　儲藏桶 波本桶　水源 Lingro湖

來自北方的夢幻銘酒

位於奧克尼的史加伯蒸餾廠，是一定要去探訪的地方。我在日本喝過它的16年單一麥芽威士忌，當時就覺得這麼好喝的威士忌，一定要到它的生產現場看看。但是等到實際出發之後發現距離竟如此遙遠。我們當時過了蘇格蘭雞冠的部分，然後還要繼續不斷地開車北上。途中有經過富特尼和格蘭傑等知名的蒸餾廠，我們一面心想回程時一定要順道去看看，一面在這起霧且又是風又是雨的路上不斷往前。我們從Inverness出發，途中經過Tain、Dornoch、Golspie，接著來到前往奧克尼群島最大的島嶼—奧克尼主島(Mainland)上的Thurso渡輪場。我們目的地雖是島上的Stromness渡輪場，然而一路上的景致卻是充滿魅力，讓人流連忘返。一般來說，在蘇格蘭的道路經常可看見海、溪谷、橋、海鳥、海豹以及小鎮等景觀的各種變化，此外也幾乎沒有紅綠燈或交通堵塞，由於這樣條件非常適合開快車，因此如果是喜歡享受極速快感的駕駛們一定會愛上這裡。

奧克尼群島曾經是丹麥的領土，它於丹麥國王的女兒瑪格麗特嫁給蘇格蘭詹姆斯三世的時候，做為嫁妝而割讓給蘇格蘭。這些原本毫

▲設備新穎，設施乾淨。

▲8台擺放相當平整的發酵槽。

澄淨的彷彿一面鏡子般的史加伯灣。這裡再往前一點是當年為了阻止德國的U-boat（潛艇）而將廢棄船沉入海灣裡的地方，並以當年戰時首相的名字為名而稱之為「邱吉爾圍欄（Churchill Barriers）」，現在則成為了觀光景點。

無價值的群島在500年之後，卻因為北海油田的發現而帶來了龐大的利益。島上的居民稱自己是繼承著維京人血統的「奧克尼人」，因此不論是史加伯或是高原騎士，都發揮創意將此做為宣傳手法，甚至還將北歐維京人的概念運用在包裝和酒瓶的設計上（對酒迷來說這跟威士忌本身並沒有太大關係）。在私釀酒的歷史上，許多人遠離蘇格蘭本島而跑來這裡進行私釀，或許是對英格蘭政府的不滿，總之，這使得在奧克尼島上曾經有不少的非法蒸餾廠。

我們知道史加伯蒸餾廠並沒有對外開放，因此事先沒有預約，一大早就來到了蒸餾廠門口。因為沒有柵欄也不見守衛，當我們正考慮是不是要直接闖進的時候，看到一位穿著工作服名叫Jones的職員從倉庫裡面走了出來，於是我們便開口跟他打了招呼並說明我們的來意。

在得知「我們是從日本來的，因為非常喜歡史加伯威士忌，所以想參觀裡面」之後，他很爽快地答應了。帶我們進到酒廠裡，甚至還讓我們拍攝了糖化槽、發酵槽以及相當具有特色的蒸餾器和倉庫等設施。我們問他平常都喝些甚麼酒，他理所當然說「史加伯16年」。

史加伯蒸餾廠始自1885年，是由Macfarlane和Townsend所建立的。之後歷經了多次的易主，並於1934時遭逢關廠的命運，接著2年之後賣給了斯高夏蒸餾廠的擁有者Bloch Brothers，然後在1954年由Hiram Walker and Sons這家公司接手而重新開始生產威士忌。該蒸餾廠在1959年和1978年曾推動設備現代化，在1997年時，招募了高原騎士的員工來進行短暫的酒廠運作。2004年由Allied-Domecq投資了200萬英鎊將蒸餾廠重新翻新與整修，現在則成為起瓦士兄弟（Chivas Brothers）的子公司，並由他們負責營運管理。

史加伯蒸餾廠之前主要是生產調和用的威士忌原酒，不過現在也終於推出了自己品牌的單一麥芽威士忌並銷往全世界，雖然要打進日本等市場並不容易，但是目前似乎也逐漸步上了軌道。用直線型蒸餾器所釀出來的酒不但味道豐富、口味醇厚並且充滿個性，不論是直接飲用或是加水或蘇打來喝都很棒！至於史加伯16年的美味更是無法形容，它的氣味芳香且口感圓潤，入口之後會讓人感覺舒暢無比，除了幸福，實在很難找到一個詞可以形容這種滋味。

IMPRESSION NOTE

SCAPA 16年。充滿個性又複雜豐富的經典酒款。味道相當和諧度，是我覺得最好喝的十大威士忌當中的其中一款。史加伯1993年的色調非常淡，就像是黃金香檳一樣；酒體則相當輕快、爽朗，適合只加一點水來喝。史加伯2001年的色調也是非常淡，雖然能明顯地感覺到微微的苦澀，但是整體的味道還是相當的圓潤豐滿。 餘韻悠長，使人回味無窮。

SCAPA 16年
[700ml 40%]

Peaty
泥煤 / 藥水 / 樹脂

Pungent
嗆辣 / 灼熱 / 刺痛

Cereal
麥芽漿 / 麥芽 / 焦味

Bitter
苦味 / 鹽味 / 土味

Aldehydic
割草 / 葉 / 花

Oil
堅果 / 奶油 / 脂肪

Sweet
蜂蜜 / 香草 / 甘油

Woody
新木香 / 水果

[酒款]

調和威士忌的廠牌不明。單一麥芽威士忌則有10年、12年、14年和16年（在日本國內正式推出的只有14年）。

[行程]

由於人手不多（4～5人），因此基本上不接待訪客，但是或許能拜託Jones看看。

[路線]

從柯克沃爾的中心出發約3公里，走A96號公路然後以反時針的方向沿著山路往上行駛；如果是從高原騎士出發則要再往南走1公里。由聖馬格努斯大教堂就位在柯克沃爾的中心，因此一定要順道去參觀看看。馬格努斯是維京國王的名字，看過寇克·道格拉斯所演的「海盜（The Vikings）」這部DVD再來這裡，會讓人心裡有更多的感觸。

高原騎士 英國郵遞區號 KW15 1SU

HIGHLANDPARK

The Edrington Group
Holm Road, Kirkwall, Orkney
Tel:01856 874619 E-mail:distillery@highlandpark.co.uk

主要單一麥芽威士忌	Highland Park 12年, 18年, 25年
主要調和威士忌	The Famous Grouse, Cutty Sark
蒸餾器	2對
生產力	250萬公升
麥芽	地板式發芽的麥芽含有20ppm的泥煤、剩下的則不含泥煤
儲藏桶	波本桶（調和用）和雪莉桶（單一麥芽威士忌用）
水源	Crantit泉

蘇格蘭最北端的極致佳釀

要到高原騎士蒸餾廠只能搭船或是坐飛機，我們選擇搭Northlink Ferries渡輪從Thurso到奧克尼本島的Stromness港，費用是一人17英鎊，車子51英鎊。週末只有2班，分別是9:00和16:45出發，冬季則經常會因為海象不佳而停航。出發的前一天有蘇格蘭人告訴我們渡輪很會搖晃，「這趟會很辛苦喔」，實際坐了之後，果然這是在英國所搭過上下搖晃的最厲害的渡輪。我們告訴自己如果不到高原騎士就無法談論麥芽威士忌，接著喝了愛爾啤酒後便躺著休息了。我們在21:30抵達港口，在一片漆黑中下了船。或許是旅館多集中在柯克沃爾，因此幾乎所有的車輛都往柯克沃爾的方向行駛。我們因為對當地並不熟悉，因此也只能以時速100公里的速度緊跟著前面的車子一路沿著曲折的山路前進。蘇格蘭人開車真快！我們到了柯克沃爾的港口城鎮後便隨便找了間旅館投宿，等到吃晚餐的時候，時間已經很晚了。

到了隔天，雖然奧克尼的本島下著雨，但我們還是依然決定前去高原騎士蒸餾廠。高原騎士是蘇格蘭最北的蒸餾廠，從柯克沃爾市中心的旅館走A960號公路然後接A961號公路之後

◀參觀完蒸餾廠後，所有的參訪者還可以實際試飲看看，共有2～3種味道不同的麥芽威士忌可供選擇。誠如各位所看到的，來這裡的幾乎都是男性，威士忌果然是屬於男人的酒！

要再走1英哩左右。沿途從北海吹來的海風非常強勁，以順時針的方向往陡峭的山坡上去，而蒸餾廠便位於山坡之上，路並不難找。我們將車子停在高原騎士的遊客專用停車場然後下車。一走出車門，由下往上吹來的強風將我們吹得搖搖晃晃的。我們往南邊俯視，便看到20幾棟高原騎士的酒倉井然有序地排列在陡峭的山坡，而儲放在裡面的威士忌，正在這最北的地帶深深地沉睡著，等待著出貨那天的到來。

蘇格蘭目前只剩6家蒸餾廠有實施地板式發芽，而高原騎士便是其中一家，它以這種傳統方式所製造出來的麥芽約占總需求量的20%，酚值為40ppm，用來燻烤的泥煤則是用含有石楠植物、乾燥又新鮮的fog（泥煤最上層的部分）。接著再將這些麥芽混入另外80%非泥煤煙燻的麥芽當中。在發酵方面，高原騎士共有12台以奧勒岡松、松木和道格拉斯杉所做成的木製發酵槽。蒸餾則是使用能釀造出沉穩香醇的直線型蒸餾器，初餾和二次蒸餾各有2台。

高原騎士蒸餾廠是由David Robertson在1798年所成立的。據說有位名叫Magnus Eunson的地方教會的牧師，曾經在講道台的下

面偷放威士忌酒桶進行非法蒸餾。這家蒸餾廠後來在1826年改由Borthwick家族接手，1895年又轉手給James Grant of Glenlivet蒸餾廠的所有者，在1937年才由Highland買下這座酒廠。由於所釀造的威士忌一直享負盛名，於是在1979年之後也投入單一麥芽威士忌的生產。

高原騎士的水源是來自Crantit的泉水，用2組蒸餾器年產250萬公升的威士忌。至於酒桶方面，供威雀、順風等調和的威士忌是用波本桶來熟成；而高原騎士12年、18年、25年等單一麥芽威士忌則多以雪莉桶來進行熟成。

高原騎士的遊客中心在1986年終於完成，在2000年時投入200萬英鎊以進行酒廠及其相關設施的全面升級，甚至還贏得了蘇格蘭魅力觀光景點5顆星的評價。該蒸餾廠於1999年納入愛丁頓集團旗下，接著在2008年花了25萬英鎊將遊客中心再次翻修，最後終於不負這些遠到而來的酒迷們的期待而成為10大最佳蒸餾廠遊客中心之一。感謝在北緯57度如此偏遠的地方竟然有讓我們盡興的蒸餾廠！最後附帶一提，在柯克沃爾有的旅館會將觀光接駁車漆成和高原騎士相同的顏色來回穿梭，十分有趣。

IMPRESSION NOTE

HIGHLANDPARK 12年，前味能感覺到甘甜、泥煤和石楠植物的氣味，酒體則輕盈適中。味道雖然帶點刺激，但是不加水直接飲用才能好好體會那豐富又多層次的口感。麥芽糊的香氣、香草、果實和焦味並帶點微微的苦澀。整體感覺相當舒服，如波摩般散發優雅、華麗的氣息，實在是款非常精彩的威士忌。

HIGHLANDPARK 12年
[700ml 40%]

[酒款]

主要的調和威士忌是威雀。單一麥芽威士忌則有高原騎士12年。

[行程]

4～9月週五10:00～17:00，5～8月每日10:00～17:00（只有週日12:00～），10～3月週一到週五13:00～17:00。附導覽的行程4、9月每日10:00～16:00（4、9月只有平日開放），10～3月14:00/15:00。標準行程的費用是7.5英鎊，欣賞完7分鐘的DVD後，接著則是約一小時的威士忌之旅。此外，另外再付20英鎊則可以試喝3種蒸餾酒。鑑賞家行程的費用是35英鎊，能夠試喝4種威士忌酒款，整個行程是90分鐘。維京人行程的費用是50英鎊，能品嚐5種威士忌酒款。Magnus Eunson行程則是75英鎊，共有7種威士忌酒款供試飲。如果想參加標準行程以外的其他行程，最好能事先發郵件預約並告知欲參加的時間和人數。不論是哪種行程，如果在酒廠的商店內購買700ml以上的酒則還會有退款的服務。

[路線]

從柯克沃爾過了B9148號公路之後，再約5分鐘的車程即可抵達，即使不自覺開往山坡，也可以到目的地。沿途在左手邊還會看到聖馬格努斯大教堂。

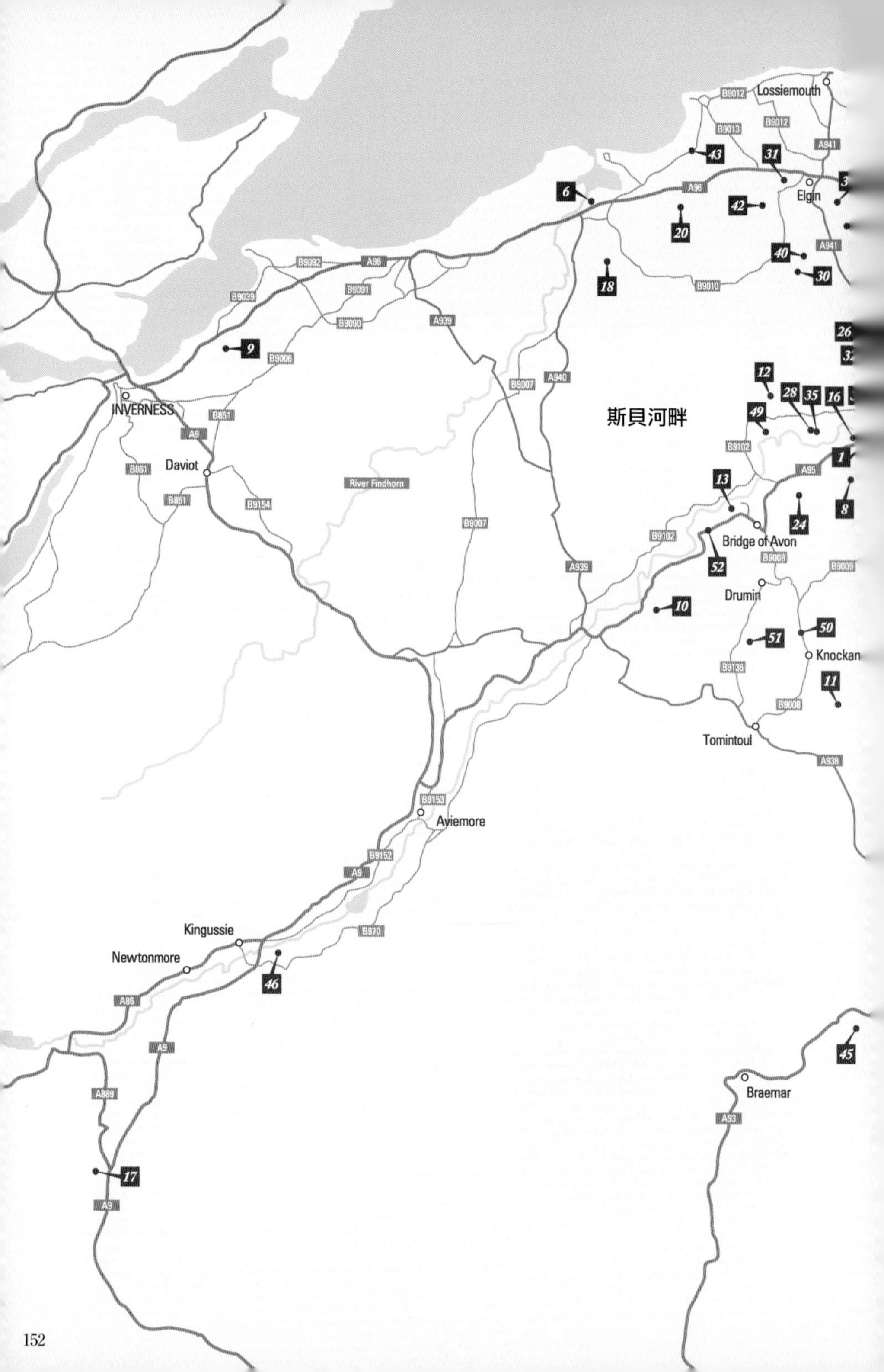

斯貝河畔
Lossiemouth
Elgin
INVERNESS
Daviot
River Findhorn
Bridge of Avon
Drumin
Knockando
Tomintoul
Aviemore
Kingussie
Newtonmore
Braemar

聖地。向斯貝河畔前進

SPEYSIDE

有超過50家的蒸餾場聚集在斯貝河附近。
這個曾經猶如內陸孤島般的地區，如今卻成為鮭魚垂釣與酒迷朝聖的重要流域。

01. ABERLOUR	*14. CRAIGELLACHIE*	*27. GLENGLASSAUGH*	*40. MANNOCHMORE*
02. ALLT-A-BHAINNE	*15. DUFFTOWN*	*28. THE GLENLIVET*	*41. MORTLACH*
03. AUCHROISK	*16. DAILUAINE*	*29. GLEN KEITH*	*42. MILTONDUFF*
04. AULTMORE	*17. DALWHINNIE*	*30. GLENLOSSIE*	*43. ROSEISLE*
05. BALVENIE	*18. DALLAU DHU*	*31. GLEN MORAY*	*44. ROYAL LOCHNAGAR*
06. BENROMACH	*19. GLENALLACHIE*	*32. GLEN SPEY*	*45. SPEYBURN*
07. BENRIACH	*20. GLENBURGIE*	*33. GLENTAUCHERS*	*46. SPEYSIDE*
08. BENRINNES	*21. GLEN GARIOCH*	*34. INCHGOWER*	*47. STRATHISLA*
09. ROYAL BRACKLA	*22. GLENDULLAN*	*35. KNOCKANDO*	*48. STRATHMILL*
10. BALMENACH	*23. GLENDRONACK*	*36. LINKWOOD*	*49. TAMDHU*
11. BRAEVAL	*24. GLENFARCLAS*	*37. LONGMORN*	*50. TAMNAVULIN*
12. CARDHU	*25. GLENFIDDICH*	*38. THE MACALLAN*	*51. TOMINTOUL*
13. CRAGGANMORE	*26. GLENGRANT*	*39. MACDUFF*	*52. TORMORE*

亞伯樂　英國郵遞區號 AB38 9PJ

ABERLOUR

Chivas Bros Ltd (Pernod Ricard)
Aberlour, Banffshire
Tel:01340 881249 E-mail:aberlour.admin@chivas.com

主要單一麥芽威士忌　Aberlour 10年, 15年單一麥芽威士忌, Aberlour a'bunadh

主要調和威士忌　Clan Cambell, House of Lords　蒸餾器　2對

生產力　350萬公升　麥芽　含有2ppm的泥煤

儲藏桶　波本桶和雪莉桶　水源　Benrinnes泉水

斯貝河畔內相當少見的優質蒸餾廠

亞伯樂蒸餾廠位於斯貝河畔的中心，最早是在1826年由Peter Weir與James Gordon依照1823年所修訂的酒稅法所建立而成的，至於蒸餾廠的正式說法則是說該酒廠創立於1879年。

該蒸餾廠雖然隨著業績蒸蒸日上而增添蒸餾器並推動酒廠的升級，卻還是在1974年被保樂利加（Pernod Ricard）所併購。亞伯樂所生產的威士忌有一半是提供給起瓦士做為調和威士忌的原酒使用，剩下的則做成單一麥芽威士忌上市。亞伯樂所用的水源是從海拔840m的Benrinnes山上所流下來的山泉水，這也是聖卓斯坦（St. Drostan）當年用來做基督教受洗儀式的水源。亞伯樂蒸餾廠有2組直線型蒸餾器，一年可蒸餾出350萬公升的威士忌，使用的麥芽是泥煤2ppm。儲藏則是使用波本桶和雪莉桶，讓威士忌的味道更加複雜又豐富。

亞伯樂一詞是「拉瓦溪（Lour）的匯流處」的意思。這座蒸餾廠曾經遭遇火災，後來由知名的建築師Charles Doig設計並重新將它改建成維多利亞風格建築。就算對威士忌釀造完全沒有興趣或是不喝酒的人，也可以來這裡散散心並欣賞清澈的溪流與美麗的樹林等景色。

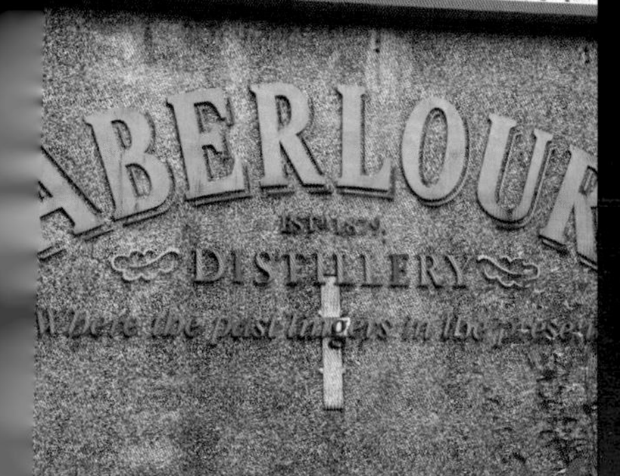

IMPRESSION NOTE

ABERLOUR 10年。入口的瞬間，熱帶水果的氣味和濃郁的花香立刻充滿整個鼻腔和口裡，味道不刺激，感覺相當沉穩。整體散發出萊姆葡萄般的香氣，然後再隱約帶點香草的氣息。這酒款的味道和其他的威士忌不同，感覺更像是白蘭地，據説在法國受到許多人的喜愛。該酒款雖然有著陳年後所散發出的香醇與成熟韻味，不過卻少了點刺激感。

ABERLOUR 10年
[700ml 43%]

Peaty 泥煤 / 藥水 / 樹脂
Cereal 麥芽漿 / 麥芽 / 焦味
Aldehydic 割草 / 葉 / 花
Sweet 蜂蜜 / 香草 / 甘油
Woody 新木香 / 水果
Oil 堅果 / 奶油 / 脂肪
Bitter 苦味 / 鹽味 / 土味
Pungent 嗆辣 / 灼熱 / 刺痛

[酒款]

主要的調和威士忌有King's Ransom、Clan Cambell和House of Lords。單一麥芽威士忌則有亞伯樂10年、15年和ABERLOUR A'BUNADH。

[行程]

亞伯樂蒸餾廠在2002年以前並沒有遊客中心，但為了全世界的酒迷們，現在也開始開放參觀。費用為10英鎊，行程包括以DVD介紹酒廠，參觀廠內和試飲威士忌。除了每天都有的標準行程之外，另外在每週三和週四的10:30還有專業度較高的創立者行程，費用則是25英鎊。不過，比較可惜的是這些程行並沒有日文的解説冊子。

[路線]

離A95號公路稍微有段距離，亞伯樂蒸餾廠的位置就在斯貝河畔中央的亞伯樂大道的西南方，是棟非常美麗的傳統建築。

ALLT-A-BHAINNE

Chivas Bros Ltd (Pernod Ricard)
Glenrinnes, Dufftown, Banffshire
Tel:01542 783200 E-mail:一

主要單一麥芽威士忌　由於酒廠所有者的關係，目前並無裝瓶，不過偶爾會有獨立瓶裝廠推出的酒款。

主要調和威士忌　Chivas Regal, 100 Pipers, Passport　蒸餾器　2對　生產力　450萬公升

麥芽　不含泥煤　儲藏桶　波本桶　水源　Rowantree和Scurran河

做為起瓦士調和用的優質威士忌

1975年，由於西格拉姆（Seagram）的子公司起瓦士兄弟公司為了要生產起瓦士調和用的威士忌原酒，因而建立了歐特凡因蒸餾廠。

歐特凡因蒸餾廠在1989年引進新的電腦系統，使得該蒸餾廠能夠以最少的人力執行絕大部分的釀造作業。這棟位於山坡間的建築物，與其說是蒸餾廠，倒不如說更像是一座軍事設施或是監獄而給人一種壓迫感。歐特凡因蒸餾廠後來被保樂利加買下用來製造供100 PIPERS、PASSPORT和CHIVAL REGAL調和的威士忌，它在2002年曾暫時關閉，然後到了2005年又重新開始蒸餾。由於總公司的決定，目前並沒有生產單一麥芽威士忌。歐特凡因的水源主要來自Rowantree和Scurran。另外，也從班里尼斯山（Benrinnes）裡的13處泉水中取水。在設備方面，除了糖化槽之外，也使用下半部呈圓錐形的不銹鋼發酵槽。蒸餾器則有直線型和球型共2組，一年可生產450萬公升。歐特凡因只用波本桶讓威士忌熟成，由於酒廠本身沒有倉庫等相關設施，因此目前是借用起瓦士的倉庫來儲放酒桶。歐特凡因在蓋爾語的意思是「牛奶色的小溪」。

IMPRESSION NOTE

ALLT-A-BHAINNE 1991年，43%。靠近酒杯會有花一般的芳香撲鼻而來，入口後則能感覺到新鮮而充滿力量的麥芽味和刺辣的辛香味，完全不像是16年酒款。此外，還能嚐到味道很甜的香草、蜂蜜、麥芽和水果的滋味。該酒款的顏色有如黃金香檳，酒體則相當清爽輕快。飲用時記得不要加太多水。

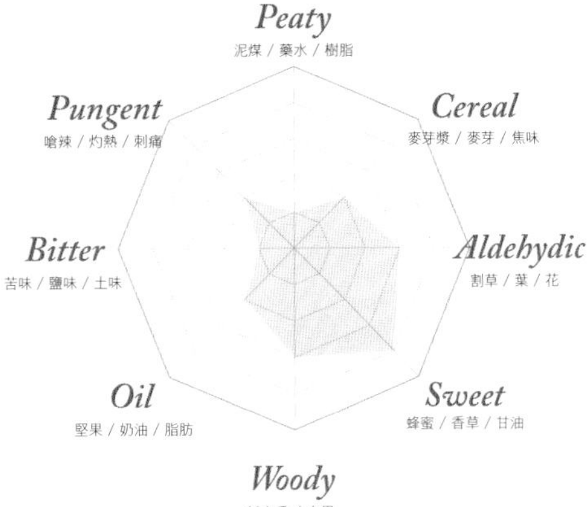

[酒款]

主要提供給100 PIPERS、PASSPORT和CHIVAL REGAL等調和威士忌做為原酒。至於單一麥芽威士忌目前則幾乎沒有生產。

[行程]

沒有遊客中心，也不開放參觀。

[路線]

從達夫鎮（Dufftown）往西南方前進。蒸餾廠位在面向B9009號公路的山麓旁，從外表看不太出來是一間蒸餾廠。

ALLT-A-BHAINNE PARIS

[700ml 43%]

奧羅斯克　　英國郵遞區號 AB55 6XS

AUCHROISK

Diageo plc
Mulben, Banffshire
Tel:01466 795650 E-mail:—

主要單一麥芽威士忌　Auchroisk 10年（Flora & Fauna Series）

主要調和威士忌　J&B　蒸餾器　4對　生產力　380萬公升　麥芽　不含泥煤

儲藏桶　波本桶。蒸餾酒要裝瓶做成單一麥芽威士忌時則會用雪莉桶再加以調配。　水源　Dories泉

能儲存26萬個酒桶的蒸餾廠

1972年，由於J&B需要調和用的威士忌原酒，因此由Justerini & Brooks在一塊狹小的土地上蓋了奧羅斯克蒸餾廠。建築物本身設計的十分別緻洗練，整體的風格統一，給人的印象相當不錯。奧羅斯克所釀出來的威士忌裝進酒桶熟成之後品質非常好，在市場的期待之下，終於也在1986年開始推出單一麥芽威士忌。

奧羅斯克蒸餾廠在1997年被納入蘇格蘭大廠帝亞吉歐的旗下，它的倉庫非常寬敞，能夠儲放帝亞吉歐集團位於斯貝河畔的265,000個酒桶。該蒸餾廠是以Dories所湧出優質軟水做為水源，然後將每批11噸的麥芽放進不銹鋼製糖化槽裡做成麥芽汁，之後再放進8台不銹鋼發酵槽進行發酵作業。發酵完的酒汁接著再用8台直線型的壺型蒸餾器來蒸餾，一年可生產出380萬公升的威士忌原酒。至於熟成通常是用波本桶，但如果是單一麥芽威士忌則會用雪莉桶來進行熟成。另外，有的威士忌會再經過二次熟成（Double Marriage）。奧羅斯克在蓋爾語的意思是「流經紅色小河的淺灘」。

奧羅斯克所釀造出來的威士忌品質非常好，因為具備了蜂蜜味和果香的特色而享負盛名。

Impression Note

AUCHROISK 10年，43%。最初的氣味有點嗆，感覺甘甜。酒體適中，味道上則有果實、花和堅果，以及些許的麥芽甜味。不帶刺激感，沒有泥煤或是消毒水的氣味，品質很高，喝起來相當順口，是屬於平時就能很輕鬆地拿來喝的威士忌。此外，甜味與香氣也十分高雅，是我最喜歡的10款威士忌之一。

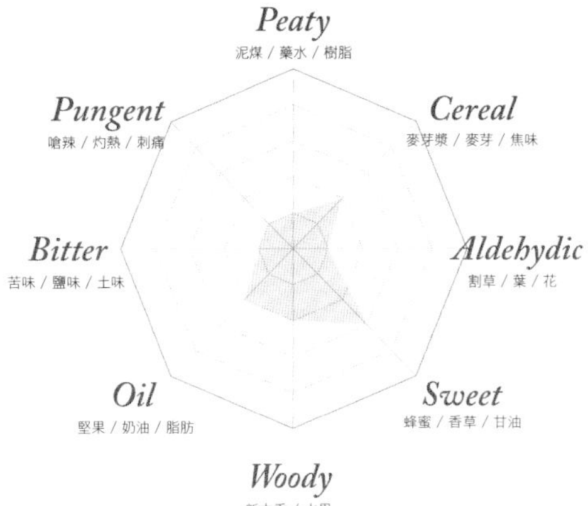

AUCHROISK 14年

[700ml 43%]

[酒款]

主要的調和威士忌是J&B。由於奧羅斯克不好發音，因此在1986年推出第一支單一麥芽威士忌時，是以蘇格登12年（THE SINGLETON 12）這個名稱上市的。這款威士忌裝進雪莉桶和波本桶儲藏之後，接著會再採二次熟成的工法來進行調和。目前在Flora & Fauna Series動植物系列當中有推出它的10年酒款。

[行程]

非常可惜，該蒸餾廠並沒有開放參觀。

[路線]

從Keith沿B95號公路向西行駛，在左手邊便可看到奧羅斯克蒸餾廠。

雅墨　　英國郵遞區號 AB55 6QY

AULTMORE

John Dewar & Sons Ltd (Bacardi Limited)
Keith, Banffshire
Tel:01542 881800 E-mail:—

主要單一麥芽威士忌	Aultmore 12年		
主要調和威士忌	Dewar's White Label	蒸餾器	2對
生產力	290萬公升	麥芽	不含泥煤
儲藏桶	波本桶和雪莉桶	水源	Foggie Moss泉

和諧又優質的好味道

雅墨在1987年創立於斯貝河流域，這裡曾經是著名的私酒釀造地。酒廠的建立者是Alexander Edward，他同時也是Benrinnes和Dallas Dhu蒸餾廠的所有人。雅墨在1923年改名為Oban & Aultmore蒸餾酒廠並擴大營運規模，然而卻在2年之後轉售給John Dewar & Sons公司。John Dewar & Sons在1925年併入DCL（Distillers Company Ltd），之後在1997年將雅墨轉手給帝亞吉歐集團，經營權則是交給母公司Bacardi。雅墨蒸餾廠處理廢棄物的手法非常新穎，他們將糖化槽裡的餘渣和發酵槽所殘留的廢棄液體經乾燥之後壓製成顆粒狀的飼料供家畜食用。1952年以後，其他蒸餾廠的經營者也開始添購相同的設備並以同樣的方法來處理這些廢棄物。

雅墨在蓋爾語當中有「大條溪流」的意思，指的則是從附近流過的Auchinderran河。該蒸餾廠的水源取自Foggie Moss的泉水，他們利用6台不銹鋼發酵槽和直線型與燈籠型各1組的蒸餾器，一年生產290萬公升的威士忌，接著再裝進波本桶裡進行熟成。2004年，由Bacardi發表了由雅墨所推出的12年單一麥芽威士忌。

IMPRESSION NOTE

AULTMORE 15年，55.4%。香氣迷人，酒體適中，散發出甜腴、麥芽、果實以及花一般的香氣，此外也帶有一點煙燻味。味道嚐起來沒有辛辣、藥水以及苦味，喝起來相當舒服，展現出斯貝河畔威士忌的真正本色。由於度數相當高，稍微加一點水後喝起來會更美味。

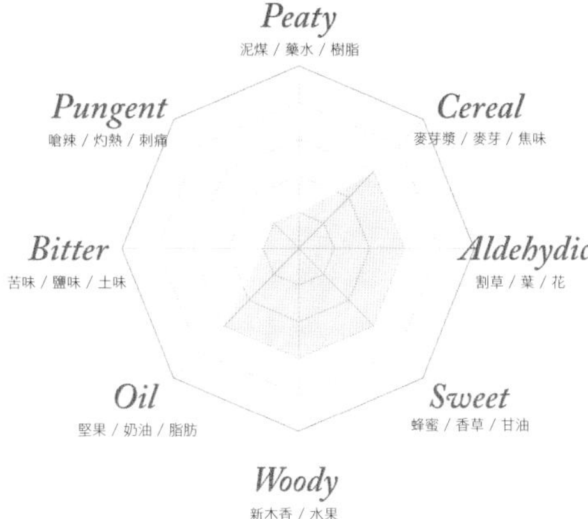

[酒款]

1991年，在聯合酒業（united distillers）的「動植物」系列當中有推出相關酒款。主要的調和威士忌則有Dewar's和Robert Harvey，至於自家的單一麥芽威士忌則有12年款。

[行程]

無遊客中心，但是如果能事先申請，或許有機會能參觀看看。

[路線]

從斯貝河畔的Keith走A96號公路往西北行駛4公里，接著在B9016號公路向右彎，然後往北開2公里便可抵達。

AULTMORE 15年

[700ml 55.4%]

BALVENIE

William Grant & Sons Ltd
Dufftown, Banffshire
Tel:01466 795650 E-mail:—

主要單一麥芽威士忌	Signature 12年, Douldwood 12年, Portwood 1991 Single Barrel 15年, Douldwood 12年, Balvenie Thirty	主要調和威士忌	William Grant's Family Reserve

蒸餾器	酒汁蒸餾器5台，烈酒蒸餾器6台	生產力	640萬公升	麥芽	含有非常少的泥煤
儲藏桶	波本桶和雪莉桶	水源	Balvenie泉		

自行栽種大麥，並採用傳統的地板式發芽

百富蒸餾廠是William Grant在1892年於蘇格蘭的達夫鎮所蓋的第2間蒸餾廠，與格蘭菲迪是兄弟廠。之後，將位於山麓下但已荒廢的百富堡（Balvenie Castle）的空地做為開設之地。

他從拉加維林買來蒸餾器後，便開始了威士忌釀造。百富蒸餾廠是蘇格蘭當中仍實施地板式發芽的6家蒸餾廠之一，所使用的大麥有10%是自己栽種的。此外，用來熟成的酒桶也有專門的師傅來進行製作以及修復。該蒸餾廠所用的水源來自百富泉水，麥芽則是自家所擁有的1,000英畝土地上所栽種出來的二稜大麥。進入21世紀之後，也開始在政府所授予的土地上進行大麥的栽種與收割。在設備方面，百富蒸餾廠用的是不銹鋼糖化槽來進行糖化，至於用來發酵的發酵槽則有9台是奧勒岡松製，5台是不銹鋼製。另外，酒汁蒸餾器有5台，烈酒蒸餾器則有6台，都屬於球型蒸餾器。藉由這些設備，一年可生產640萬公升的威士忌。百富所用的麥芽有著非常淡的泥煤香，儲藏用的酒桶則有波本桶和雪莉桶這兩種，如果是單一麥芽威士忌則是用紅酒桶或是波特桶。百富在蓋爾語的意思是「山麓下的聚落」。

IMPRESSION NOTE

BALVENIE 12年，40%。口味相當飽滿又複雜，散發出麥芽和蜂蜜經過熟成後的香氣和少許的煙燻味。非常容易入口，甘甜之中帶著煙燻味，也能感覺到蜂蜜以及辛香料的味道。酒體中等偏飽滿，但是喝起來彷彿酒精濃度不高一樣，讓人覺得相當順口。餘韻豐富且和諧度高，悠長而讓人回味無窮。

THE BALVENIE 12年

[700ml 40%]

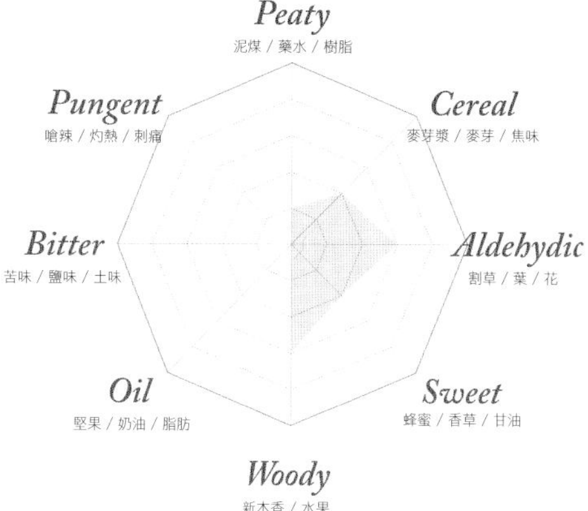

[酒款]

主要的調和威士忌是供給William Grant家族使用。單一麥芽威士忌則有Signature 12年、Double Wood 12年、Port Wood 1991年、單一純麥威士忌15年、Port Wood 21年、Balvenie 30年。口味豐富而沉穩。

[行程]

遊客中心並無開放一般的參觀行程，但是有提供專門的導覽行程，不過需事先預約且人數每次只限定8名。除了能欣賞到傳統的地板式發芽技法，還能看到優秀職人的實際工作情形。該行程雖然長達3小時，但是除了能夠了解蒸餾廠的歷史，還能嚐到新酒以及30年陳年酒款，此外還能參觀酒窖和製桶現場，可說是相當難得的寶貴體驗。該行程的費用是25英鎊，可以在該蒸餾廠的網站上申請預約。

[路線]

百富蒸餾廠距離Craigellachie和Elgin約20公里。它雖然就在格蘭菲迪蒸餾廠的後面，但要特別留意才能找到。在A941號公路稍微上去一點後，在一片樹木林立之中會看到一座漂亮的停車場，從那裡右轉即可抵達，位置不是很好找，可能要多找幾次才能找到。

本諾曼克　　英國郵遞區號 IV36 3EB

BENROMACH

Gordon & MacPhail
Invererne Road, Forres, Morayshire
Tel:01309 675968 E-mail:info@benromach.com

主要單一麥芽威士忌	Benromach Traditional、Benromach Organic, Benromach Peat Smoke以及10年, 21年, 25年
主要調和威士忌	N/A
蒸餾器	1對
生產力	50萬公升
麥芽	含有10～12ppm的泥煤
儲藏桶	波本桶和雪莉桶
水源	Chapeltown泉

產量稀少的珍貴10年酒款

本諾曼克蒸餾廠建於1890年，在1898年酒廠開始運作，之後經歷了多次的關廠與重新復工。1983年DCL關閉了包含本諾曼克在內的9家蒸餾廠，後來賣給位於Elgin的酒商Gordon & Macphail之後才又得以恢復營運。當時由於管理不善，因此設備的保存情況非常不好。經過仔細地整理之後，到了1998年在查理斯王子的主持之下才又正式開始重新開張。

在幾經波折後，本諾曼克蒸餾廠目前僅有2名員工負責整個酒廠的運作，在斯貝河畔裡算是相當罕見且規模最小的蒸餾廠。該蒸餾廠的水源引自諾曼克山丘所流下來的Chapeltown山泉，用4台松木製的發酵槽和1對由直線型與球型所組成的蒸餾器，一年可生產50萬公升的蒸餾酒。此外，它所使用的麥芽僅稍微煙燻，酚值約10～12ppm，幾乎不帶泥煤味。熟成用的酒桶則是使用傑克丹尼（Jack Daniel's）的田納西威士忌酒桶和Oloroso雪莉酒桶。從本諾曼克這個名稱來看，該蒸餾廠的所在地雖然不在當年羅馬皇帝哈德良（Hadrian）或安東尼（Antoninus Pius）所構築的長城之內，但是深受古代羅馬人的文化與勢力所影響。

IMPRESSION NOTE

BENROMACH 10年，43%。在花香之中帶著舒服的雪莉酒香，感覺非常迷人。幾乎沒有泥煤的味道，輕盈、甘甜，圓潤而順口。酒體適中，不建議加水飲用。入口後能感覺到水果、巧克力、藥品的味道。微微的辛香搔動著嗅覺，喝起來十分暢快。

BENROMACH 10年
[700ml 43%]

Peaty
泥煤 / 藥水 / 樹脂

Cereal
麥芽漿 / 麥芽 / 焦味

Aldehydic
割草 / 葉 / 花

Sweet
蜂蜜 / 香草 / 甘油

Woody
新木香 / 水果

Oil
堅果 / 奶油 / 脂肪

Bitter
苦味 / 鹽味 / 土味

Pungent
嗆辣 / 灼熱 / 刺痛

[酒款]

單一麥芽威士忌有Benromach Traditional、Benromach Organic、Benromach Peat Smoke以及10年、21年和25年系列。

[行程]

有日文的解說手冊，費用是3.5英鎊。一開始用DVD介紹「有機栽培」的麥芽栽種和Gordon & Macphail的歷史，接著則是參觀酒廠和試飲等行程。此外，亦有提供私人導覽行程。

[路線]

從Elgin沿著A96號公路往Inverness的方向行駛，途中會經過Forres，而本諾曼克蒸餾廠就位在那附近。

班瑞克　英國郵遞區號 IV30 8SJ

BENRIACH

The BenRiach GlenDronach Distilleries Company Ltd
Longmorn, Elgin, Morayshire
Tel:01343 862888 E-mail:info@benriachdistillery.co.uk

主要單一麥芽威士忌 Benriach 12年, 16年, 20年, Curiositas, Authenticus, Heart of Speyside

主要調和威士忌 Chivas Regal, Queen Anne, 100 Pipers　蒸餾器 2對　生產力 280萬公升

麥芽 幾乎不含泥煤　儲藏桶 波本桶和雪莉桶　水源 Burnside泉

遵循傳統製法，釀造出濃郁的煙燻與泥煤味

班瑞克蒸餾廠位於斯貝河畔，該地區聚集了許多令酒迷們著迷不已的傳統蒸餾廠。它成立於1898年，是由朗摩蒸餾廠的擁有者John Duff所建造而成的。班瑞克蒸餾廠是目前少數還實施地板發芽的蒸餾廠之一，和朗摩蒸餾廠一樣都是從Burnside的泉水中引水。它所釀造出來的麥芽酒會散發出淡淡的泥煤香，熟成用的酒桶則是來自於西班牙南部安達魯西亞（Andalucía）地區所生產的Oloroso甘甜雪莉桶以及Pedro Ximenez特甜雪莉桶。班瑞克的味道十分強勁，和一般我們所認知的斯貝河畔威士忌並不相同。採用非冷凝過濾所製造出來的威士忌，不但使美味升級且成色自然，讓人回味無窮。該蒸餾廠擁有8台奧勒岡松發酵槽，在1985年再添購2對蒸餾器之後，目前共有4對直線型蒸餾器，整年可生產280萬公升的蒸餾酒。班瑞克蒸餾廠所釀造出來的威士忌泥煤味較淡，它在2001年被保樂利加集團收購而成為了起瓦士的資產，然後到2004年又轉售給Billy Walker，並在他的領導之下將釀造出來的威士忌推往更高的境界。班瑞克這個名字在蓋爾語是「灰濛濛的山」的意思。

IMPRESSION NOTE

BENRIACH 12年，43%。散發出的果香隱約帶著微甘。雖然酒體適中且不難入口，但是真正喝下肚後卻意外地讓人感覺相當強勁。有樹脂、藥品、烤焦的麥芽糊以及新木香的香氣，接著還能感覺到苦澀、堅果、乳酪的味道，最後則是出現淡淡煙燻味並以做為結束，是平日就很適合飲用的1款威士忌。

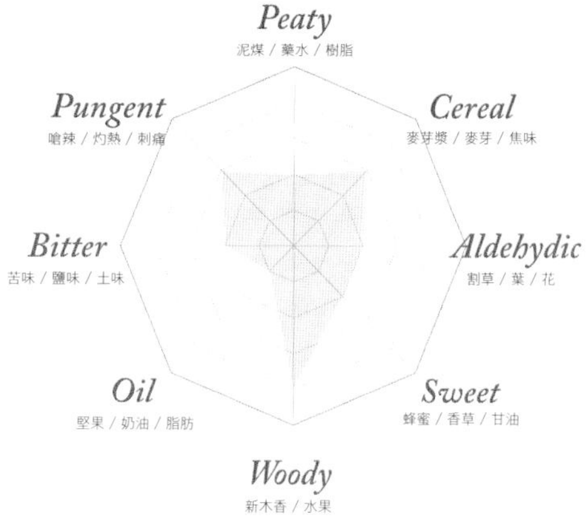

[酒款]

班瑞克自1985年推出單一麥芽威士忌以來，在2011年IWSC（國際葡萄酒暨烈酒大賽）中榮獲特別版與15年以下這兩個品項的金牌獎。班瑞克12年有巧克力和辛香料的香氣，顏色呈現深邃的金銅色，味道中含有果實與相當豐富的香料味。16年、20年則不明。主要的調和品牌當然是Chivas Regal，Queen Anne，100 Pipers。

[行程]

無遊客中心，但是如果能事先申請，或許有機會能參觀看看。

[路線]

從斯貝河畔的Elgin沿著A941號公路往Rothes的方向行駛，途中在左手邊便可看到班瑞克蒸餾廠。

BENRIACH 12年

[700ml 43%]

BENRINNES

Diageo plc
Aberlour, Banffshire
Tel:01340 871215 E-mail:ー

主要單一麥芽威士忌 Benrinners 15年（Flora & Fauna Series） 主要調和威士忌 Johnnie Walker, J&B

蒸餾器 3台蒸餾器 X 2組 生產力 250萬公升 麥芽 不含泥煤 儲藏桶 波本桶和雪莉桶

水源 Scurran河與Rowantree河

現今少見的3次蒸餾工法

班里尼斯在1826年由Peter Mackenzie建立，3年後卻因洪水的侵襲而損毀。1896年時，由創業家Alexander Edward接手經營，他同時還擁有多家的蒸餾廠。班里尼斯在1922年被John Dewar & Sons收購，並在1924年併入DCL集團，之後改由集團子公司SMD（Scottish Malt Distillers）負責營運。班里尼斯蒸餾廠在1955年拋棄了傳統製法並打掉原有的建築，轉變成一間酒廠，但不久又暫時關閉。到了1995年，將蒸餾器從原本的3台增加為6台，並且將酒廠翻修重新展開營運。班里尼斯蒸餾廠一年可生產250萬公升的蒸餾酒，使用是不含泥煤的麥芽並以3次蒸餾的方式來製造威士忌。一般用3次蒸餾釀造出來的威士忌口味會比較清淡，但是該酒廠利用小型的蒸餾器來進行初次蒸餾，結果威士忌的味道竟出乎意料地濃郁。水源是取自流經斯貝河畔最高的名山班里尼斯山（海拔841m）的Scurran與Rowantree河，儲藏則是以波本桶加上雪莉桶來進行熟成。蒸餾廠坐落於班里尼斯山北面海拔200m的山坡上，是棟清水混凝土的現代風建築，從外表看不出來已有180年的歷史。

Impression Note

BENRINNES 15年，43%。散發出帶點辛香的泥煤、果實與青草般的淡淡香氣。色調呈現濃郁的棕色。酒體適中而相當厚實，即使加了水味道也不會改變。入口時圓潤的煙燻味與甜香會占滿整個味蕾，除此之外還能感覺到香橙、穀物和麥芽的味道。餘韻則殘留著花香與青草的氣味，讓人覺得相當清爽自在。

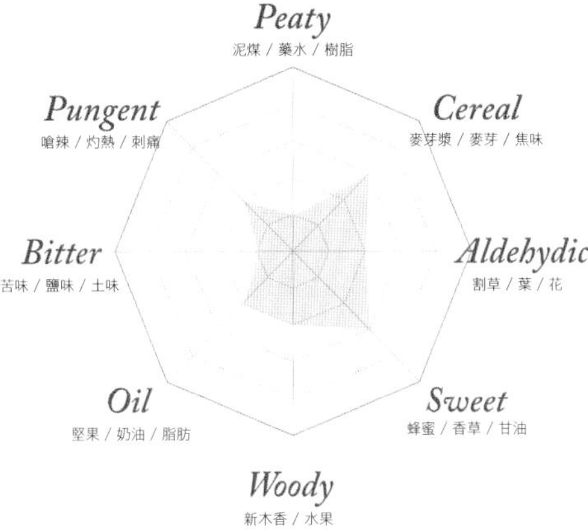

[酒款]

提供麥芽威士忌給約翰走路與J&B做為調和威士忌的原酒。單一麥芽威士忌則有班里尼斯15年。

[行程]

無遊客中心，且不對外開放。

[路線]

從斯貝河畔的Craigellachie沿著A95號公路往Aberlour的方向約行駛5公里便可抵達。

BENRINNES 10年

[700ml 46%]

ROYAL BRACKLA

John Dewar & Sons Ltd (Bacardi Limited)
Cawdor, Nairn, Inverness-shire
Tel:01667402002 E-mail:—

主要單一麥芽威士忌 Royal Brackla 10年 主要調和威士忌 Dewar's White Label
蒸餾器 2對 生產力 370萬公升 麥芽 不含泥煤
儲藏桶 波本桶和雪莉桶 水源 Cursack泉、Cawdor河

唯一能冠上「皇家」的3座蒸餾廠之一

皇家布萊克拉蒸餾廠是在1812年由William Fraser所創立的。它在DCL接手時的1943年停止生產，到了1970年增添了2台蒸餾器而讓生產量增加到原來的2倍，但是卻又在1985年的時候再度中止生產。接著到了1997年，United Distillers & Vintners投資200萬英鎊於該酒廠，但是在經營上卻不見起色，於是在隔年便賣給了John Dewar & Sons。1835年，布萊克拉蒸餾廠得到威廉4世國王（在位1830～1837年）的敕許而得以在名字前冠上「皇家」的稱號，這是最早擁有此一殊榮的蒸餾廠。藍勛（Lochnagar）則是繼它之後，在1848年也獲得了此一敕許。皇家布萊克拉蒸餾廠的水源引自Cursack泉水，麥芽則是非泥煤煙燻，以2對直線型的蒸餾器，一年可生產370萬公升的蒸餾酒。用來熟成的酒桶則是波本桶加上少許的雪莉桶。

[特色]
提供威士忌給Dewar's White Label。

[行程]
可事先申請看看能否接受參觀。

[路線]
從Elgin往西北方向行駛20公里，然後在Nairn接B9090號公路往南再走6公里便可抵達。

巴門納克　英國郵遞區號 PH26 3PF

BALMENACH

Inver House Distillers Ltd (Thai Beverage plc)
Cromdale, Grantown-on-Spey, Morayshire
Tel:01479 872569 E-mail:enquiries@inverhouse.com

主要單一麥芽威士忌 Balmenach 12年(Flora & Fauna Series) 主要調和威士忌 Hankey Bannister, Inver House

蒸餾器 3對 生產力 270萬公升 麥芽 不含泥煤 儲藏桶 波本桶 水源 Rasmudin河

曾放在海德公園展示的蒸餾器，至今仍持續運轉

1823年酒稅法修正後，巴門納克蒸餾廠成為合法的蒸餾廠，由創立者MacGregor家族所掌控，但隨著不景氣而在1925年納入DCL(Distillers Company Ltd)的旗下。1962年該酒廠將蒸餾器增加為6台。1997年則由Inver House買下，並挹注了龐大的金額在設備上以提高生產效率。然而，該蒸餾廠並沒有採用新型的殼管式(shell and tube)冷凝管，而是依然採用在蘇格蘭的蒸餾廠中已不常見的蟲管來進行冷卻。巴門納克的水源來自Rasmudin河，奧勒岡松發酵槽有6台，鼓出型蒸餾器則有6台，一年可生產270萬公升的蒸餾酒，用來熟成的酒桶則是波本桶。巴門納克所使用的鼓出型蒸餾器十分特殊，在1997年於海德公園舉行伊莉莎白女王登基25周年大典時，還曾經特地運到這裡來公開展示過。

[特色]
提供給Inver House做為麥芽威士忌。此外，除了Balmenach 12年(Flora & Fauna Series)，其他還有Balmenach Highland Selection 12年這個46%的珍稀酒款。

[行程]
雖然沒有遊客中心等相關設施，但是非常歡迎來訪。

[路線]
蒸餾廠位於斯貝河畔的Grantown其東北方6公里處的位置。從Aberlour出發往西南方向行駛30公里到Cromdale處。

BRAEVAL

Chivas Bros Ltd (Pernod Ricard)
Chapeltown, Ballindalloch, Banffshire
Tel:01542783042 E-mail:—

主要單一麥芽威士忌 Deerstalker 10年, 15年（獨立裝瓶廠） 主要調和威士忌 Chivas Regal 蒸餾器 2對
生產力 400萬公升 麥芽 不含泥煤 儲藏桶 波本桶 水源 Preenie泉

全蘇格蘭最高，位於海拔350公尺上的蒸餾廠

1872年，加拿大西格拉姆的子公司起瓦士兄弟開設了布拉弗蒸餾廠，以提供Chivas Regal所需的麥芽威士忌。當時，在Livet峽谷有許多家包括布拉弗在內的蒸餾廠都以Glenlivet為品牌來生產威士忌，後來在所有的私釀酒廠中，由現在的格蘭利威酒廠首先取得了國家所頒布的合法執照，並且獲得法院的認可得以在名字前冠上具有排他性的THE這個字。從此之後，其他30多家以Glenlivet為品牌的蒸餾廠只好被迫改變名稱，而這也是布拉弗改成這個名字的由來。1975年，布拉弗增加了1組壺型蒸餾器，同時採用了只需1人操作即可運作整個酒廠的全自動化系統，但是為了不破壞蒸餾廠美麗的外觀，因此仍然保留了塔型屋頂（pagoda roof）。1978年，該酒廠的蒸餾器達到了6台，2台用在初餾，4台則用來二次蒸餾。布拉弗蒸餾廠最後由保樂利加接手，並於2002年決定停止生產。之後，隨著起瓦士威士忌在世界的販售量逐漸增加，於是在2008年時又決定恢復運作，但是卻很少生產單一麥芽威士忌。儘管布拉弗蒸餾廠在威士忌的產量上無人能出其右，不過目前從未推出原廠裝瓶的威士忌。

IMPRESSION NOTE

BRAEVAL RAW CASK 1998年（13年款），58%。散發出蜂蜜和香料的淡淡香氣，不過這款蘇格蘭威士忌可絕對不容小覷。雖然經過長達13年的熟成，是感覺卻非常強勁，一入口立刻舌頭發麻，高達58度的酒精在口內擴散。是屬於男人的酒。拉佛格10年雖然很值得回味，但和這款相比似乎普通了點。

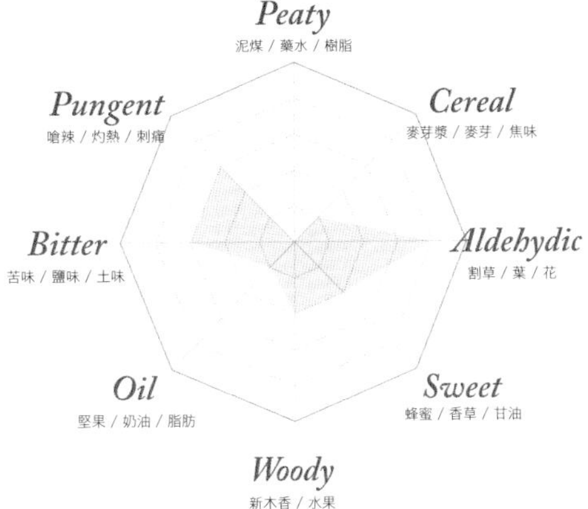

BRAEVAL 18年

[700ml 49.7%]

[酒款]

主要提供麥芽威士忌給起瓦士，其他還有Deerstalker 10年、15年以及Liquid Library 18年（獨立裝瓶廠）。由於起瓦士兄弟的關係，布拉弗目前幾乎不生產自己的單一麥芽威士忌。

[行程]

沒有相關設施，不對外開放。

[路線]

從達夫鎮沿B9009號公路往西南方前進，過了洛坎多蒸餾廠後，再從Chapeltown的山路一直開到底即可抵達。

CARDHU

Diageo plc
Knockando, Morayshire
Tel:01479 874635 E-mail:cardhu.distillery@diageo.com

主要單一麥芽威士忌	Cardhu 12年	主要調和威士忌	Johnnie Walker
蒸餾器	3對	生產力	300萬公升
麥芽	very light peated	儲藏桶	波本桶
水源	Mannoch Hill泉		

麥芽威士忌的女王

卡杜蒸餾廠最初創立者John Cumming，自1811年起便開始違法私自釀酒並因此受到多次的逮捕。之後由於新稅法的訂定，終於在1824年取得了合法執照而得以繼續製酒。1846年John Cumming去世，酒廠便由兒子Lewis繼承遺志與母親Helen和妻子Elizabeth一起持續運作。後來Lewis也去世，便改由Elizabeth接手。Elizabeth將酒廠治理的非常好，因此有「威士忌女王」的稱號。她在1884年重建蒸餾廠並努力經營，為卡杜蒸餾廠打下深厚的基礎。不過到了1887年，卡杜蒸餾廠卻賣給了格蘭菲迪蒸餾廠的所有者William Grant，條件之一是不得關閉蒸餾廠。1893年，該酒廠賣給了John walker & Sons以生產其調和威士忌所需的原酒。之後，Elizabeth的孫子Ronald當上了John walker & Sons母公司DCL的總裁，在他的決定之下，終於推出卡杜自有品牌的單一麥芽威士忌而實現先祖一直以來的夢想。卡杜蒸餾廠的水源來自Mannoch Hill的泉水，使用輕煙燻過的麥芽配合3組直線型蒸餾器，一年生產300萬公升的蒸餾酒。1960年，增加2台而達到共6台蒸餾器。儲存和熟成則使用波本桶。

IMPRESSION NOTE

CARDHU 12年，40%。散發出甜腴的果香。卡杜12年給人的感覺非常高雅、圓潤。味道不會太淡，卻又相當輕快舒服，喝起來非常順口。有甘甜、果實味、花香和麥芽味，但是沒有像艾雷島那樣有著相當的厚重泥煤感。該酒款不但華麗又非常好喝，不論何時何地都能夠輕鬆愉快地來好好品嚐一番。至於酒體則是適中，餘韻清晰且新鮮。

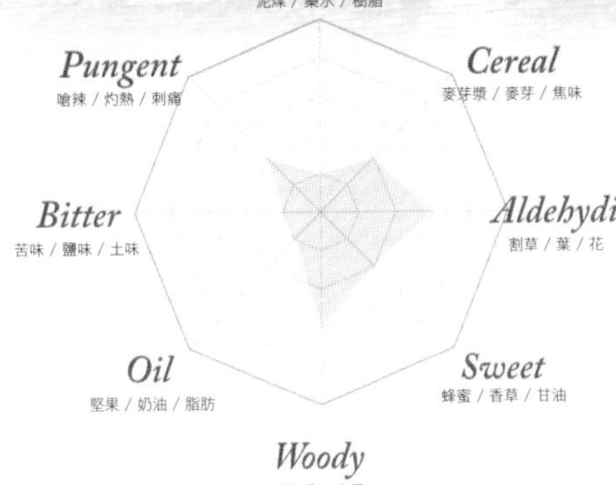

CARDHU 12年
[700ml 40%]

[酒款]

主要的調和酒品牌是Johnnie Walker，單一麥芽威士忌則是Cardhu 12年。

[行程]

標準行程的費用是4英鎊，經典之旅是6英鎊。需要事前預約的香氣與口味之旅是8英鎊。有日文解說冊。從復活節到9月10:00～17:00（週一到週五）、10:00～17:00（7～9月的週六）、12:00～16:00（7～9月的週日）、10月到復活節11:00～15:00（週一到週五）。

[路線]

沿著和斯貝河畔及A95號公路平行的B9102公路向東前進。經過Grantown-on-Spey後即能看見卡杜蒸餾廠燒窯的右半側。

CRAGGANMORE

Diageo plc
Ballindalloch, Banffshire
Tel:01479 874700 E-mail:cragganmore.distillery@diageo.com

主要單一麥芽威士忌 Cragganmore 12年, 蒸餾廠版Cragganmore

主要調和威士忌 Haig, Old Parr, White Horse和Johnnie Walker Green Label 蒸餾器 2對

生產力 160萬公升 麥芽 不含泥煤 儲藏桶 波本桶 水源 Craggan

克拉格摩爾的奇蹟

克拉格摩爾的建立者是John Smith，他是格蘭利威創立者George Smith的私生子，曾經管理過麥卡倫、格蘭花格、威蕭和格蘭利威等多家蒸餾廠，可說是經驗十分豐富。他於1869年在Ballindalloch蓋克拉格摩爾蒸餾廠，當時還特地請來了蒸餾廠建築師Charles Doig負責建造。他會將蒸餾廠選擇蓋在這裡，主要是看中從Ballindalloch可以用高地鐵路運輸16,000加侖的威士忌到其他地方的交通便利性，以及確保那不可或缺的優質水源能無虞匱乏。此外，Smith還親自設計蒸餾器，為了能夠萃取出更細緻的威士忌，而讓蒸餾器在外觀上看起來相當獨特。不論是壺腰還是直線型的壺頂，都是經過特別考量才設計出來的。到了1923年，雖然George Macpherson-Grant爵士擁有克拉格摩爾50%的所有權，但是John Smith家族還是將酒廠賣給了Distillers Company，然後在1998年由聯合酒業取得了這項權利。在製酒方面，克拉格摩爾的水源是來自Craggan泉的硬水，使用無泥煤的麥芽，一年可生產160萬公升的蒸餾酒。至於熟成則是儲藏在波本桶裡。

IMPRESSION NOTE

CRAGGANMORE 21年，40%。酒體輕盈適中，散發出斯貝河畔的洗鍊與優雅，味道相當經典，如果平常就能喝到這樣的威士忌，那真的會感到非常幸福。有著花與蜂蜜的甘甜，同時也帶點辛香與麥芽香味。雖然感覺稍微強烈，但是喝起來卻相當順口。餘韻則有麥芽與辛香料的香氣殘留。

CRAGGANMORE 12年

［700ml 40%］

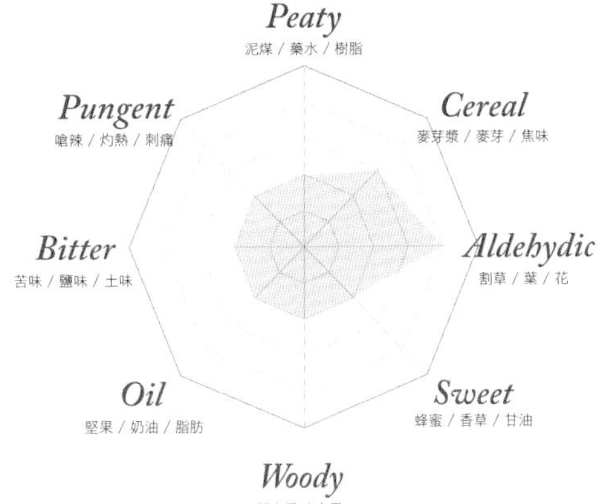

［酒款］

調和威士忌的品牌有Haig，Old Parr，Johnnie Walker和White Horse 12年。自家推出的單一麥芽威士忌則有Cragganmore 12年。

［行程］

克拉格摩爾的遊客中心有日文的解說冊子，在看完錄影帶之後接著還能體驗裡面的威士忌。標準行程是4英鎊，頂級行程8英鎊，鑑賞家行程16英鎊。在品酒室還會透過實際聞香和試飲來介紹克拉格摩爾威士忌的魅力。4～10月10:00～16:00（週一～週五）

［路線］

沿A95號公路往西南方行駛15公里。這座小蒸餾廠就位在Avon橋以西的農用道路上。

英國郵遞區號 AB38 9ST

CRAIGELLACHIE

John Dewar & Sons Ltd (Bacardi Limited)
Hill St, Craigellachie, Banffshire
Tel:01340 872971 E-mail:—

主要單一麥芽威士忌	Craigellachie 14年	主要調和威士忌	Dewar's White Label and Special Reserve
蒸餾器	2對	生產力	350萬公升
麥芽	輕泥煤煙燻		
儲藏桶	波本桶加上一些雪莉桶	水源	Little Conval泉

斯貝河畔中的佼佼者

克萊格拉奇蒸餾廠在1891年由Alexander Edward所創立的，設計者則是Charles Doig。1916年，該酒廠的經營權由Mackie公司取得，後來在1927年的時候轉賣給白馬蒸餾酒公司。1964年，克萊格拉奇處分掉以前所使用的舊蒸餾器並停止了地板發芽。接著到了1998年，帝亞吉歐集團將克萊格拉奇蒸餾廠轉售給Dewar's的母公司Bacardi。克萊格拉奇的水源是來自Little Conval的泉水，蒸餾器共有2對，年生產力350萬公升，麥芽經過輕煙燻，而用來儲藏的酒桶則以波本桶為主再加一些雪莉桶。

[特色]
調和威士忌有Dewar's的White Label 和 Special Reserve。自家推出的單一麥芽威士忌則有Craigellachie 14年。

[行程]
如果能事先申請，或許有機會參觀。

[路線]
克萊格拉奇蒸餾廠就在東西向主要幹道A941號公路的旁邊。蜿蜒的斯貝河彷彿緊偎著這條道路，從Telford橋經常可以看到有人在拋飛蠅釣的釣鉤。克萊格拉奇蒸餾廠的旁邊是跟它同名的克萊格拉奇飯店，在這裡住宿真的是非常舒服，飯店裡面有一個知名的酒吧叫Quaich，在這裡能品嚐多達800支的蘇格蘭產的單一麥芽威士忌。

達夫鎮　英國郵遞區號 AB55 4BR

DUFFTOWN

Diageo plc
Dufftown, Keith, Banffshire
Tel:01340 822960 E-mail:一

主要單一麥芽威士忌 Dufftown 15年（Flora & Fauna Series）, Singleton of Dufftown　主要調和威士忌 Bell's

蒸餾器 3對　生產力 560萬公升　麥芽 不含泥煤　儲藏桶 波本桶加上一些雪莉桶

水源 Jock井

主要做為Bell's的原酒，只有少部分做成單一麥芽威士忌

達夫鎮蒸餾廠的住址其實不在達夫鎮。它原本是由幾個實業家所成立的糧食廠，在1895年才改成蒸餾廠而開始生產威士忌。該酒廠的運作雖然是由廠長John Symon所開始的，但是不久後就賣給了布萊爾阿蘇（Blair Athol）蒸餾廠的所有者P. Mackenzie。1933年，由Arthur Bell & Sons以56,000英鎊買下了Mackenzie公司並一直營運到1985年，接著又轉售給健力士（Guiness），而健力士後來在1997年併入帝亞吉歐。達夫鎮的水源來自Jock的泉水，它擁有能容納13噸麥芽糊的糖化槽，並利用3對蒸餾器生產出一年560萬公升的蒸餾酒，在帝亞吉歐集團中，產量僅次於羅賽爾（Roseisle）和卡爾里拉而排名第三。達夫鎮使用無泥煤的麥芽，並以波本和雪莉這2種酒桶來進行熟成，最後放在能容納10萬個酒桶的酒窖裡儲藏。

[特色]
以Dufftown為名的15年款在1995年正式推出。之後，帝亞吉歐集團決定在歐洲的機場免稅店裡販售達夫鎮的單一麥芽威士忌Singleton 12年款。在其他營業戰略上，美國推出的是Glendullan製，亞洲市場則是Glen Ord製。

[路線]
達夫鎮蒸餾廠就在教會路上，裡面有詳細的威士忌祭典資訊。沿A941號公路往東南方行駛。

大雲 英國郵遞區號 AB38 7RE

DAILUAINE

Diageo plc
Carron, Aberlour, Banffshire
Tel:01340 810361 E-mail:—

主要單一麥芽威士忌 Dailuaine 16年（Flora & Fauna Series）

主要調和威士忌 Johnnie Walker　蒸餾器 3對　生產力 290萬公升　麥芽 不含泥煤

儲藏桶 波本桶。單一麥芽威士忌酒款則會再用雪莉桶調配。

水源 Bailliemullich河

約翰走路的原酒

大雲蒸餾廠在1852年由William McKenzie成立。由於加隆河（Carron）的對岸蓋了鐵路，大雲於是自己也鋪設軌道以提升運輸效率。原料以及酒廠產品在運送問題上因此獲得了改善，也讓大雲一躍成為北蘇格蘭生產量最大的酒廠。此外，大雲還從Elgin請來了建築師Charles Doig設計出第一個Doig式的換氣系統，由於評價非常好而成了其他蒸餾廠仿效的對象。

1898年大雲和泰斯卡合併成大雲・泰斯卡蒸餾酒公司，並在北蘇格蘭整合幾家包含帝國蒸餾廠在內的蒸餾廠，但是業績卻呈現虧損。之後，在James Buchanan、John Dewar & Sons以及John Walker & Sons等公司的努力下雖然獲得重生，卻又在1917年遭遇大火造成損失。大雲蒸餾廠在1925年停止了運作，1959年併入帝亞吉歐，除了將烈酒蒸餾器增加到6台，並開始使用箱式發芽（Saladin Box）。同時增設家畜用的飼料工廠，以處理蒸餾完所排出的麥芽等廢棄物。大雲蒸餾廠的水源是Bailliemullich河，有3對共6台的蒸餾器，一年產量290萬公升，儲藏一般是用波本桶，但是單一麥芽威士忌是用雪莉桶熟成。

IMPRESSION NOTE

DAILUAINE 16年。散發出果實的香氣和淡淡的雪莉酒香，酒體紮實飽滿，顏色呈現紅茶色。有果實、堅果和花的味道，喝起來帶點微微的刺激感，最後則能感覺到煙燻和辛香味。雖然平常飲用相當不錯、但是由於太過中規中矩而感覺似乎欠缺了一些能讓人驚豔的特色。加水喝也無損原本的美味。

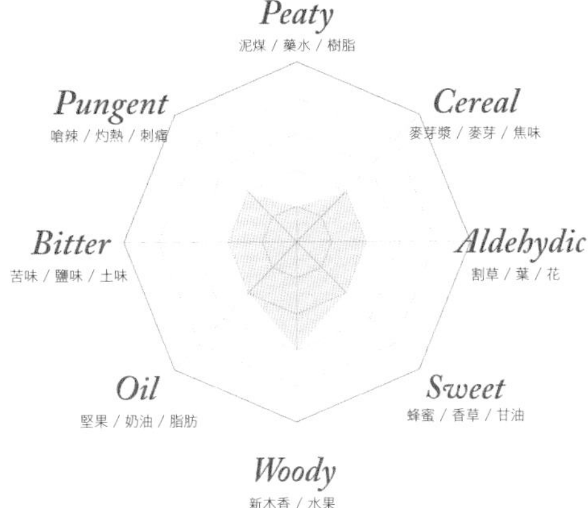

[酒款]
主要的調和威士忌品牌是Johnnie Walker，自家推出的單一麥芽威士忌則是Dailuaine 16年（Flora & Fauna Series）。以前在蒸餾廠的旁邊有鐵路經過，在搬運威士忌和大麥等方面扮演了相當重要的角色，不過現在已經變成了Speyway這條步道，距離長達50公里。

[行程]
不開放參觀，也沒有相關設施。

[路線]
從A95號公路往Aberlour的西南方走5公里，大雲酒廠就在面向斯貝河支流Carron河的位置。

DAILUAINE 16年
[700ml 40%]

達爾維尼 英國郵遞區號 PH19 1AB

DALWHINNIE

Diageo plc
Dalwhinnie, Inverness-shire
Tel:01540 672219 E-mail:dalwhinnie.distillery@diageo.com

主要單一麥芽威士忌 Dalwhinnie 15年, 蒸餾廠版Dalwhinnie

主要調和威士忌 Black & White, Buchana's 蒸餾器 1對

生產力 200萬公升 麥芽 輕泥煤煙燻 儲藏桶 波本桶 水源 Allt a t' Sluie河

翡翠谷裡的蒸餾廠

達爾維尼蒸餾廠建於1898年，它原來的名字為特拉斯貝（Strathspey），不過在1905年的時候賣給了美國的酒商而改成了現在這個名字。該酒廠在1919年被Macdonald Grennlees & Williams收購，在1923年又轉售給DCL旗下的Scottish Malts Distillers，之後由於市場的不景氣於是在1934年被迫關廠，現在則隸屬於帝亞吉歐集團。達爾維尼蒸餾廠位於海拔327公尺，是蘇格蘭第二高的蒸餾廠。以規模來說雖然很小，但是所製造出來的威士忌卻是帝亞吉歐集團的經典之一。該酒廠的遊客中心於1991年開始對外開放，裡面所販賣的商品也十分完備。達爾維尼目前已經不用殼管式冷凝管，而是在酒廠外面設置巨型的傳統木製蟲桶來進行冷凝，是蘇格蘭少數仍採用這種方式冷凝的蒸餾廠之一。該酒廠的水源來自Allt a t'Sluie，不銹鋼糖化槽和松木製的發酵槽則有6台。至於蒸餾器則有直線型的2台，1台用於初餾，另1台則用來二次蒸餾，一年可生產200萬公升的蒸餾酒。達爾維尼在蓋爾語的意思是「碰面的地方」，據說那裏以前是重要的交通樞紐。

IMPRESSION NOTE

DALWHINNIE 16年，43%。散發出帶點煙燻香的甘甜氣味，酒體中等，色調呈現淡黃褐色。味道能感覺到甘甜、一點點的煙燻、蜂蜜、麥芽和水果，餘韻則帶點淡淡的泥煤。是款會讓人不知不覺就迷上的威士忌。

DALWHINNIE 16年

[700ml 43%]

[酒款]

主要提供Black & White、Buchana's和Royal Household原酒以供調和之用。單一麥芽威士忌則有Dalwhinnie 15年。

[行程]

標準行程的費用是6英鎊。從11月到復活節期間，在定期、旅遊旺季的時候也會推出特別行程。商店裡有在販賣書籍、威士忌、紀念品。從復活節到9月9:30～17:00（週一到週五）、9:30～17:00（5～9月的週六）、9:30～17:00（5～9月的週六）、11:00～16:00（7～8月的週日）、10月10:00～17:00（週一到週六）、11月～復活節11:00～14:00（週一到週五）。

[路線]

從Inverness走A9號公路往達爾維尼村南下行駛90公里，接著進入A889號公路大約再走2公里就能輕易地找到達爾維尼蒸餾廠。

DALLAS DHU

Managed by Historic Scotland
Dallas Dhu, nr Forres, Morayshire
Tel:01309 676548 E-mail:—

主要單一麥芽威士忌 Dallas Dhu 23年, 24年 Single Cask, Historic Scotland專用 主要調和威士忌 —

蒸留器 1對 生產力 目前停產 麥芽 — 貯藏樽 — 水源 Altyre河

成為博物館的蒸餾廠

達拉斯杜是由格拉斯哥的威士忌調和酒商Wright & Greig在1898年所設立的，之後曾歷經J. P. O'Brian以及Benmore等公司的接手，最後則由DCL將它買下。該酒廠後來在1983年的時候贈送給蘇格蘭文物局，它位於蘇格蘭的北面，如果從Moray的Elgin沿著A 96號公路朝Inverness的方向往西走會經過一個叫Forres的地方，而達拉斯杜便位於此。

達拉斯杜在蓋爾語的意思是「黑水谷」。另外，達拉斯杜這個名字與德州的達拉斯這個甘迺迪總統當年被暗殺的地方，據說都與美國的副總統（1845年）喬治・M・達拉斯（George M. Dallas）這位祖先來自蘇格蘭Moray的人物有關。

達拉斯杜蒸餾廠現在是歸財團法人蘇格蘭文物局所有，這間蘇格蘭威士忌蒸餾廠目前已經不再生產威士忌，而是改以歷史博物館的形式對外開放，每年都吸引了無數的觀光客前往參觀。

不過，這樣的一個威士忌博物館，和目前仍有在營運的蒸餾廠所提供的參觀行程又有甚麼不同呢？

1.舖滿整個地板的麥芽。 2.讓麥芽乾燥並帶著香氣，接著便裝進麻袋裡。
3.將經過煙燻的麥芽堆疊起來。 4.煤炭是用來烘乾舖在地板上的麥芽。

大部分的蒸餾廠實際上所提供的參觀行程，一般來說大概都是由酒廠的工作人員當導覽，解說威士忌從麥芽磨碎、糖化、發酵、蒸餾、裝桶到儲藏等的製造流程，接著再讓大家參觀蒸餾廠內部，最後則是可以試喝幾款威士忌或者到商品販售區繞繞，整趟下來大概 1 個小時左右。不過如果到達拉斯杜，在這裡沒有負責解說的嚮導，你可以依自己喜歡的路線進行參觀，如果看到有興趣的也可以開閃光燈拍照，走累了也可以自在地休息一下，是個可以隨心所欲自由參觀的蒸餾廠。除此之外，這裡讓我感到吃驚的不是它的現代化，而是它忠實地呈現出數十年前蒸餾廠運作的情景。例如，在這裡可以看到舖滿整個地板的麥芽是以傳統的方式舖排。由於窗戶是敞開的，因此會有小鳥飛進來要偷吃大麥，而地面上則有老鼠會偷跑進來。為了防止這些動物闖入偷吃麥芽，因此在麥芽室的天花板的樑上擺上了黑貓的標本，以及從外面運進來的大麥麻袋堆積如山。此外，用來讓麥芽帶著泥煤香的煤炭和泥炭，看起來就像正在燃燒一樣。至於展示的儲藏桶，上面還印著1983年，這是酒廠關閉時所留下的東

糖化槽和發酵槽是空的，因此可以看到裡面的樣子。這裡放置了1對典型的直線型蒸餾器。在乾燥的空氣裡聞不到麥芽香，也感覺不到蒸餾器所散發出來的熱氣，麥芽汁冷卻機和新酒裝桶裝置便是放在這樣寂靜而空盪的地方。

西。

現在幾乎不太有機會能看到，像是為了讓麥芽有泥煤香而用木鏟不斷翻攪的地板發芽，或是以前實際使用的新酒冷卻裝置等，在這裡都可以近距離地看到，甚至還能用手實際摸摸看。

在這裡，你可以放心地參觀糖化槽、發酵槽或是蒸餾器等設備，而不必擔心會有高熱或是瓦斯等危險。除此之外，1983年當時所使用的比重計和其他的機器設備就直接擺放在作業場，這和其他的酒廠參訪行程完全不同，簡直就像是「穿越時空到從前的蒸餾廠」般的感覺。

或許是DCL公司不在意土地和建築等成本，所以將這間蒸餾廠送給了蘇格蘭文物局，但是也正因為這個決定，使得我們這些訪客可以從感興趣的地方開始，好好地觀察威士忌的製作現場而不用在意是否打擾了工作人員，讓這座小小的蒸餾廠更具價值。

另外，在這裡的商店還能買到達拉斯杜的酒款，這真是件值得開心的事。

DALLUS DHU 10年

[700ml 40%]

[酒款]

現在雖然已經停止生產，但是以前有推出專為蘇格蘭文物局所生產的23、24年的單桶純麥威士忌，產量雖然非常稀少，但是有可能買得到。此外，也有獨立裝瓶廠以Dail eas dub（黑色瀑布）這個名稱來做為販售。

[行程]

入場費5.20英鎊。只要在入口處的蘇格蘭文物局售票處買了票之後，就可隨意盡情參觀酒廠。

[路線]

從Elgin沿著A96號公路向西往Inverness的方向前進，到了Forres接A940號公路，蒸餾廠就位在該處的東南方。

英國郵遞區號 AB38 9LR

GLENALLACHIE

Chivas Bros Ltd (Pernod Ricard)
Near Aberlour, Banffshire
Tel:01340 810361 E-mail:—

主要單一麥芽威士忌 Glenallachie 16年Cask Strength版（最初就裝在Oloroso雪莉桶裡熟成的酒款）

主要調和威士忌 Clan Cambell　蒸餾器 2對　生產力 300萬公升　麥芽 不含泥煤

儲藏桶 波本桶　水源 Ben Rinnes泉

非傳統外觀的蒸餾廠

格蘭阿拉契是在1967年由Scottish & Newcastle蒸餾廠的子公司Mackinlay McPherson所設立的。該酒廠非常新穎，設計者是William Delme Evans，主要是用來生產Mackinlay調和用的麥芽威士忌。1985年，格蘭阿拉契賣給了Invergordon酒廠並暫時關廠。到了1989年，該酒廠由保樂利加買下，當時為了將生產量提高成2倍，還多設置了1對蒸餾器。不過，由於所生產的單一麥芽威士忌的評價並不高，因此現存的瓶裝酒很少。格蘭阿拉契所生產的威士忌酒體輕盈而酒質纖細，能感覺到水果、蜂蜜和花香，味道相當清爽。該蒸餾廠看起來有如20世紀的現代建築，既沒有厚重感，從草坪和水池的空間配置也都說明著這不是維多利亞時代的東西。格蘭阿拉契的水源是來自Ben Rinnes泉水。

[特色]
主要的調和威士忌是Clan Campbell。單一麥芽威士忌則有Glenallachie16年。此外，也有以Oloroso雪莉桶熟成的原酒精強度酒款。

[行程]
不開放參觀，也沒有相關行程和設施。

[路線]
走A95號公路，該蒸餾廠就位在亞伯樂的西南方1.5公里處。

GLENBURGIE

Chivas Bros Ltd (Pernod Ricard)
Forres, Morayshire
Tel:01343 554120 E-mail:一

主要單一麥芽威士忌 Glenburgie 15年 主要調和威士忌 Ballantine's 蒸餾器 3對
生產力 420萬公升 麥芽 不含泥煤 儲藏桶 波本桶 水源 附近的泉水

田園裡的新型酒廠

雖然沒有酒稅法變更前的資料，但是在1829年的時候格蘭伯吉蒸餾廠的名字是叫做Kilnflat。之後，該蒸餾廠以Glenburgie-Glenlivet為品牌名稱，並由William Paul負責指揮整個酒廠的運作。1930年時雖然取得了格蘭伯吉60%的股權，但是在美國禁酒令期間的1927年到1935年則是呈現生產停止的狀態。據說該蒸餾廠在1958年曾以羅門式蒸餾器生產穀物威士忌。1968年格蘭伯吉被Allied Lyons收購，2004年投資430萬英鎊打造成最新的酒廠。2005年改由起瓦士兄弟（保樂利加公司）負責格蘭伯吉的營運，2006年直線型蒸餾器多加了2台，全部共計6台。格蘭伯吉使用無泥煤味的麥芽，1年的酒精生產量則已提高到420萬公升。

[特色]
主要提供給Hiram Waker公司旗下的百齡罈做為調和用的基酒。自家推出品牌則有Glenburgie10年和15年酒款。

[行程]
不開放參觀，也沒有相關行程和設施。

[路線]
走A96號公路，該蒸餾廠位在Inverness14公里處。

GLEN GARIOCH

Morrison Bowmore Distillers Ltd (Suntory Ltd)
Distillery Road, Oldmeldrum, Aberdeenshire
Tel:01651 873450 E-mail:info@morrisonbowmore.co.uk

主要單一麥芽威士忌｜Glen Garioch 1797創立者典藏和12年，以及每年的單一年份款

主要調和威士忌｜N/A　蒸餾器｜酒汁蒸餾器1台，烈酒蒸餾器 2台

生產力｜150萬公升　麥芽｜除了1978年款，其餘不含泥煤

儲藏桶｜波本桶和雪莉桶

水源｜Coutens農場的沉默之泉和Percock Hill山泉

引人入勝的豐饒美酒

格蘭蓋瑞是在1797年由John & Alexander Manson所建立的，是少數還是以非冷凝過濾以及手工釀製來生產威士忌的蒸餾廠。1937年被DCL併購之後，認為來自Coutens農場的沉默之泉和Percock Hill山泉的水源不足，因此在1968年停止營運。2年之後，又從DCL轉售給Stanley P. Morrison公司，並在水源確保無虞後又開始重新進行生產。到1991年為止，該蒸餾廠一直遵循傳統的地板發芽工法，使得製造出來的威士忌有強烈的泥煤香。設備方面，格蘭蓋瑞擁有1台酒汁蒸餾器和2台烈酒蒸餾器，1年可製造出150萬公升的蒸餾酒。1994年，格蘭蓋瑞與波摩和歐肯特軒這3家蒸餾廠被三得利集團收購，而成為該集團旗下的蒸餾廠之一。

[特色]
1884年William Sanderson將它用來做為VAT69的調和基酒。單一麥芽威士忌則有Glen Garioch 12年。

[行程]
讓人引領期待的遊客中心終於在2005年完成，看完DVD介紹之後，標準行程的費用是4英鎊。VIP行程需事先預約。除了聖誕節和新年，整年的營業時間為10:00～16:30（週一到週五），旅遊旺季期間週六也會開放。有日文解說冊子。

[路線]
從亞伯丁走A947號公路往北北西行駛30公里，接著在A920號公路左轉往西走2公里即可抵達。此外，走A96號和B9170號也能到。格蘭蓋瑞位在Oldmeldrum北邊的住宅區裡。

格蘭杜蘭 英國郵遞區號 AB55 4DJ

GLENDULLAN

Diageo plc
Dufftown, Keith, Banffshire
Tel:01340 822303 E-mail:－

主要單一麥芽威士忌 Glendullan 12年（Flora & Fauna Series）, Singleton of Glendullan

主要調和威士忌 Bella's, Johnnie Walker, Old Parr 蒸餾器 3對 生產力 340萬公升

麥芽 不含泥煤 儲藏桶 波本桶和雪莉桶 水源 Goat's Well泉和Conval Hill泉

國王愛德華7世所鍾愛的酒款

1897年亞伯丁的調和酒公司Williams & Sons建立了格蘭杜蘭蒸餾廠，這是斯貝河畔鬧區裡的第7座蒸餾廠。該酒廠雖然撐過了長期的景氣衰退，但是卻在1926年轉給了DCL，並在1962年的時候重新蓋了一座新的廠房。到1985年酒廠關必為止，新舊蒸餾器都有持續發揮功能，舊的設備在帝亞吉歐旗下的維修部門以做為教育訓練之用，而新的設備則主要用來生產調和用的麥芽威士忌。2008年，格蘭杜蘭推出了專為銷往美國Singleton of Glendullan。該蒸餾廠的水源是來自Goat's Well的泉水，使用無泥煤味的麥芽並以北美的葉松所製成的發酵槽發酵，用3對直線型的蒸餾器，1年可生產340萬公升的蒸餾酒。

[特色]
提供原酒給Bella's，Johnnie Walker，Old Parr以做為調和之用。單一麥芽威士忌則有Glendullan 12年和Singleton of Glendullan。

[行程]
不開放參觀，也沒有相關設施。

[路線]
走A97號公路，格蘭杜蘭蒸餾廠幾乎就在Huntly和Banffshire的中間位置。從Huntly出發往東北方前進17公里，接著在B9001號公路右轉。

GLENDRONACH

The BenRiach GlenDronach Distilleries Company Ltd
Forgue, Huntly, Aberdeenshire
Tel:01466 730202 E-mail:info@glendronachdistillery.co.uk

主要單一麥芽威士忌 Glendronach 12年, 15年, 18年 主要調和威士忌 Ballantine's, Teacher's 蒸餾器 2對
生產力 130萬公升 麥芽 不含泥煤 儲藏桶 波本桶和雪莉桶 水源 Dronac河

來自「黑莓谷」的威士忌

位於斯貝河畔與高地區交界的「格蘭多納」創立於1826年。該蒸餾廠最初是以合夥的方式來營運，接著在10年之後因為火災而燒毀了大部分的廠房，後來則由Teaninich蒸餾廠的老闆Walter Scott將它收購下來。Scott死後，Charles Grant、William Grant & Sons成為了酒廠的所有者，生產的威士忌主要提供給『教師牌』與『百齡罈』做為調和用的基酒。到了2008年，格蘭多納被斯貝河畔的「班瑞克」買了下來並一直營運到現在，班瑞克在經營上非常積極，在買下格蘭多納後，將放在倉庫裡剩餘的9,000多桶正在熟成的威士忌做為庫存財產而加以活用，相繼推出新的單一麥芽威士忌酒款，如火如荼地展開了新的營運事業。

在蒸餾設備方面，格蘭多納有1台裡面裝有攪動耙的鑄鐵糖化槽和8台奧勒岡松製的發酵槽。蒸餾器有2對共4台的鼓出型蒸餾器，其中，在酒汁蒸餾器裡還裝有熱交換器。這些蒸餾器原本是以煤炭直接加熱的方式運作，不過到了2005年改成了以蒸氣的方式蒸餾，也讓蘇格蘭的直烤蒸餾器從此消失了蹤影。

IMPRESSION NOTE

GLENDRONACH 12年。在彷彿葡萄酒和果實的香氣之中，能感覺到油脂和煙燻的味道。飽滿的酒體所帶來的複雜口感，讓人能夠充分地享受其中。整體散發出蜂蜜與花香，最後還能感受到辛香、麥芽以及奶油所殘留的味道。

GLENDRONACH 12年

［700ml 43%］

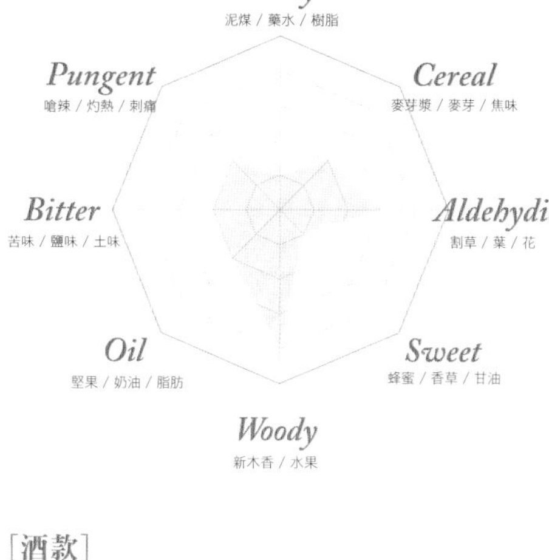

［酒款］

提供原酒給百齡罈與教師牌威士忌。單一麥芽威士忌則有格蘭多納12年、15年和18年。此外，甚至還有33年熟成、年份為1968年等的陳釀款。

［行程］

除了聖誕節和過年，整年的開放時間為10:00～16:30（週一～週六）、12:00～16:00（週日）。標準行程的費用是3英鎊。鑑賞家行程（僅週一、週三開放）則是20英鎊。時間可彈性調整，但須事先預約。

［路線］

從Huntly走97號公路往Banff的方向行駛15公里後接B9001號公路，格蘭多納就位在B9001號公路和B9024號公路的交叉處。

GLENFARCLAS

J&G Grant
Ballindalloch, Banffshire
Tel:01807 500345 E-mail:info@glenfarclas.co.uk

主要單一麥芽威士忌 Glenfarclas 10年, 12年, 15, 21, 25年和30年以及Glenfarclas 105（Cask Strength）

主要調和威士忌 Isle of Skye　蒸餾器 3對　生產力 300萬公升　麥芽 輕泥煤煙燻

儲藏桶 雪莉桶　水源 Green河，Ben Rinnes泉

最強勁的酒，深受「鐵娘子」所愛

酒體飽滿且充滿力量，而且微微散發出紮實的泥煤味所帶來的粗曠氣息，層次非常豐富，對一直以為斯貝河畔的威士忌其風味必定洗鍊的人來說，這樣的威士忌可能會讓他們感到相當困惑與不解⋯。而『格蘭花格』就是屬於這樣的威士忌。特別是在黑色酒標上印著大大的「105」這款，它的酒度是105度，換算成日本人熟悉的標示則約酒精濃度60度，以蒸餾廠自行瓶裝的威士忌而言，這款堪稱是業界最強勁的威士忌。這樣的威士忌和斯貝河畔通常會將8～10年熟成後的原酒混合，醞釀出細緻溫和又相當沉穩的口味，風格可說是完全截然不同。格蘭花格因為是已逝的英國首相柴契爾夫人非常愛喝的品牌而一砲成名，從這款威士忌的特色來看，或許多少也能理解為何柴契爾夫人會被稱為「鐵娘子」。

格蘭花格在2011年慶祝創立175年並獲得政府的認證，這家蒸餾廠從以前到現在便是由Grant家族所擁有，但最初其實是在1797年由一位名叫Robert Hay的農夫在斯貝河附近的土地上所建立的蒸餾廠，然後在1836年正式成立公司開始營運。在Robert Hay死後，John

1.此蒸餾廠的所有設備都講求大型，不銹鋼製的糖化槽和裝料機也都是超大型。 2.殘留下來的水車，已不見過去利用水力生產的痕跡。糖化槽其圓型蓋的部分。

Grant和Geroge Grant父子擁有該地的租借權並同時將蒸餾廠收購為已有，收購價為511英鎊19先令。為什麼金額不是整數不得而知，但據該公司的資料記載，這件事發生在該年的6月8號，並且以這個金額收購。Grant父子買下了格蘭花格不久之後，便將酒廠完全交給原本是「格蘭利威蒸餾廠」的經理的John Smith經營，讓蒸餾廠繼續運作下去。直到創立了自己的Cragganmore蒸餾廠為止，Smith一直在這裡工作了5年，格蘭花格所釀造出來的味道便是由他所打下基礎的。自此之後，Grant家族依然持續遵循John Smith所訂下製酒流程並一直持續至今。順帶一提，目前這個家族企業已經來到第六代，名字也叫「Geroge」Grant。

在蒸餾方面，格蘭花格的特色在於所使用的皆是大型設備。例如它的半過濾式糖化槽直徑竟然就高達10公尺，一次就能將16噸半的grist（磨碎的麥芽）糖化，製造出83,000公升的麥芽汁。格蘭花格的發酵槽共有12台，將製造好的麥芽汁倒進其中的2台，進行48小時的發酵。鼓出型（洋蔥型）的蒸餾器共有3對（6台），發酵完畢僅用1台蒸餾器來進行酒汁的蒸餾。除此之外，該蒸餾廠的蒸餾器大概每20年會更新一次，雖然每次都是將設備大型化，但是在型狀上則是和創廠時的一模一樣，強調對傳統製法的堅持。順帶一提，酒汁蒸餾完畢之後，所製造出來的蒸餾酒有7,000公升。格蘭花格以大量製造的方式來生產威士忌，而非耗時費工的不斷重複生產作業，這可說是它在營運戰略上的最大特色。

雖然之前也有提到，只要是酒迷應該都會知道大型的蒸餾器能製造出去除雜質、酒體輕盈、感覺純淨的蒸餾酒。因此，也有另一派的人士堅持主張要用小型的蒸餾器釀酒味道才會比較好，他們認為殘留在酒裡的雜味才是真正讓風味更加豐富的根源。

不過不管你喜不喜歡格蘭花格，從銷售量來看，它確實是受到威士忌酒迷極大的喜愛。另一方面，像是『艾德多爾』那樣以蒸餾器極小而聞名的蒸餾廠所釀造出來的蒸餾酒也非常

Glenfarclas

格蘭花格擁有6台在斯貝河畔最大的蒸餾器。
初餾能生產25,000公升，而第二次蒸餾能生產出21,000公升的蒸餾酒。

4.發酵槽也非常巨大。 **5.**操作全部都是透過電腦。 **6.**烈酒保險箱則是標準尺寸。 **7.**鼓出型的蒸餾器也是超大型的。至於表面沒有塗上耐熱亮光漆，應該只是單純成本的考量……。 **8.**堆積式的倉庫群。

優質，甚至還有一批死忠的酒迷只喝他們的威士忌。像這樣各有各自的擁護者，使得大家對於單一麥芽威士忌的看法相當分歧，不過就我個人而言，這其實只是單純個人喜好的不同罷了……。

格蘭花格以窯爐直接將蒸餾器加熱，所使用的燃料是來自北海油田的天然瓦斯，不過所謂Made in Scotland亦僅到此為止。會這樣說是因為格蘭花格在熟成時只採用來自西班牙的雪莉酒（Oloroso）桶，而且一開始就分成單一麥芽威士忌用的初桶（first fill）和調和威士忌用、且同樣都是Oloroso雪莉酒桶的二次桶，像這樣採用和其他蒸餾廠完全不同的的熟成手法也是該酒廠的最大特色之一。順帶一提，在格蘭花格蒸餾廠內共有30座堆積式酒窖，而這些酒桶便是躺在這裡靜靜地等待熟成的。

IMPRESSION NOTE

GLENFARCLAS 12年。和一般斯貝河畔的麥芽威士忌完全不同，整體給人的感覺十分強烈。味道豐富且強勁！以確實的煙燻味和雪莉酒香為底，柑橘水果味帶點麥芽和苦澀的味道以及那彷彿野生莓果般的酸味在口中綻放而香氣四溢。餘韻悠長且濃厚，感覺相當舒服。

GLENFARCLAS 15年
[700ml 46%]

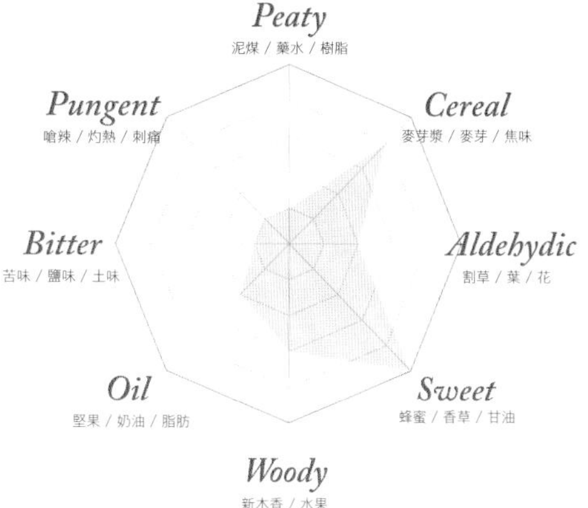

[酒款]

主要的調和威士忌是Isle of Skye。單一麥芽威士忌則有Glenfarclas 10年、12年、15、21、25年和30年以及Glenfarclas 105原酒。

[行程]

標準行程的費用是3.5英鎊，試飲行程是15英鎊。7～8月只有在週五下午開放。4～9月10:00～17:00（週一到週五），10:00～16:00（7～9月的週六），10～3月10:00～16:00（週一到週六）。

[路線]

從Craigellachie走A95號公路往Grantown-on-Spey的方向前進，在西南方15公里處的地方就能看到它的大看板，地點就在距離Aberlour 8公里的地方。

GLENFIDDICH

William Grant & Sons Ltd
Dufftown, Banffshire
Tel:01340 820373 E-mail:info@glenfiddich.com

主要單一麥芽威士忌 Glenfiddich Special Reserve 12年, Caoran Reserve 12年, 15年, 18年, 21年, 30年

主要調和威士忌 Grant's Family Reserve　蒸餾器 酒汁蒸餾器10台、烈酒蒸餾器18台

生產力 1140萬公升　麥芽 不含泥煤　儲藏桶 波本桶和雪莉桶　水源 Robbie Dhu泉

銷售世界第一的單一麥芽威士忌之王

即使是不知道單一麥芽威士忌的人，或者是愛喝威士忌的人，大概都聽過格蘭菲迪這個名字。斯貝河畔做為蘇格蘭威士忌的一大產區，格蘭菲迪則是它的代表品牌。雖然單一麥芽威士忌目前在市場上已經是非常普遍且隨手可得，但是格蘭菲迪才是首先推出的始祖，可說是單一麥芽威士忌的先驅。

格蘭菲迪的創立者是William Grant，他曾在同一條街上的Mortlach學過威士忌釀造。該蒸餾廠建於1886年，不過真正的營運是在隔年也就是1887年才開始的。格蘭菲迪的蒸餾必備器具是向Carodow（不是Cardhu！）蒸餾廠的Cummings女士所購買，根據資料顯示，當時Grant的創業資金相當拮据，蒸餾廠的建造幾乎是傾整個家族之力才得以完成。蒸餾廠完成之後便一直是由該家族所經營，從未曾由其他公司經手。到了1903年，公司改名為William Grant & Sons，同時也調整了相關的組織。在起伏激烈的蘇格蘭威士忌界當中，格蘭菲迪的存在堪稱是歷史上的奇蹟，它在威士忌的市占率目前是排名第三，僅次於帝亞吉歐集團、保樂利加公司。它既是非集團企業的獨立公司，整齊清潔的正面大門，讓參觀的行程也成為蘇格蘭的觀光資源之一。爬滿地錦的建築物與酒桶組成裝置藝術作品，迎接遊客的光臨。參觀行程每30分鐘一班，同時還會有從年輕到資深的女導覽員親切地提供解說。

同時也是最大的家族企業，可說是十分的了不起，地位也算是相當特殊。格蘭菲迪在成立時，用來購買蒸餾設備的金額在19世紀後半總共是800英鎊，如果以現在的幣值換算，則相當於1,900萬日圓左右。

格蘭菲迪蒸餾廠從1887年開始營運到2009年為止的這122年當中，首席調酒師僅歷經了5代，這說明了格蘭菲迪在味道的調控上可說是相當的穩定。在這些首席調酒師當中，David Stewart堪稱是大師中的大師，他擔任此一職務共35年，後來接替他的則是曾擔任過他的左右手9年的Brian Kinsman。David Stewart後來轉到『百富（Balvenie）』擔任首席酒倉管理師（Malt master），百富是William Grant繼格蘭菲迪之後所蓋的第2間蒸餾廠，地點就在格蘭菲迪的旁邊。在接任的3年前也就是1963年的時候，David Stewart所釀的威士忌成了業界所推出的第一支「單一麥芽威士忌」，並行銷至全英國和世界各地，這可說是他對公司長年貢獻的榮耀勳章。當時，除了格蘭菲迪的員工以外，沒有任何人看好這款單一麥芽威士忌能夠成功，而格蘭菲迪一時成了附近酒廠的嘲

容量高達1噸半的巨型糖化槽。糖化作業雖然會反覆進行3次，但是只有前2次的麥芽汁會拿來發酵。

笑對象，但是在全體員工共同努力，並以「賣出100萬箱單一麥芽威士忌」為目標所推動的盛大銷售活動也成功奏效之下，最後終於達成了目標。單一麥芽威士忌的熱銷，讓格蘭菲迪取得了前所未見的一大勝利。能夠有這樣的佳績，其實也是要拜該蒸餾廠是以家族經營的模式所賜，正因為決策圈小，所以能夠果斷地做出決策，如果是一般由股東掌控實權的公司，根本不可能接受這樣的冒險。順帶一提，『格蘭菲迪』其實在更久以前已經試著賣過單一麥芽威士忌，只是當時在銷售上並未引起許多的關注。

格蘭菲迪在1958年時已經全面停止進行地板發芽，目前全部的麥芽都是向麥芽廠採購而來，糖化則有2台容量各1噸半的巨型不銹鋼全過濾式的糖化槽（附銅蓋），稼動率滿載時一天每1台會進行4次，也就是說1週所進行的糖化作業能高達56次。糖化完畢之後，接著會移至道格拉斯杉（奧勒岡松的別名）所做成的發酵槽裡發酵，發酵槽有高達24台，平均發酵時間是66個小時。做出來的酒汁接著會送到同一個蒸餾室裡，然後用5台酒汁蒸餾器和10台

糖化後的麥芽汁會裝在這個槽裡，待冷卻之後再送進發酵槽。

烈酒蒸餾器來進行蒸餾。此外，格蘭菲迪還有其他備有5台酒汁蒸餾器和8台烈酒蒸餾器的蒸餾室，滿載時1年可製造出1,000萬公升的蒸餾酒，讓格蘭菲迪不但成為了具備「工廠」規模的蒸餾廠，同時也讓它的銷售量達到了世界No.1。順帶一提，在這些蒸餾器之中，酒汁蒸餾器全部都是鼓出型（洋蔥型），烈酒蒸餾器則有直線型和燈籠型2種，在蒸餾的時候，依實際所需隨時調整。此外，這些蒸餾器和William Grant剛創立格蘭菲迪時所購買的蒸餾器完全同一種款式。至於在倉庫方面，格蘭菲

◀和糖化槽做搭配的「中間槽（underback）」，在糖化作業反覆進行1～3次時，用來暫時存放麥芽汁。

▼麥芽汁做好並準備移 到發酵槽之前，會先透過「麥芽汁冷卻機（wort cooler）」將溫度降至20度左右。

▲發酵槽。一般大多用奧勒岡松，但是格蘭菲迪則堅持只用道格拉斯杉。

迪雖然是和百富以及奇富酒廠共用，但是全部共有44座，其中有6座則屬於堆積式。最後，格蘭菲迪將威士忌做成商品的最後一項工程也就是瓶裝作業，也是用該蒸餾廠內的裝瓶作業線來完成的。

格蘭菲迪目前除了12年、15年、18年、21年和30年等基本酒款之外，還推出了其他風味皆不相同的各種酒款以供消費者選擇，不過如果來到它的遊客中心（全蘇格蘭最早開設），即使是很難買到的1969年珍稀酒款，在這裡也能輕易找到。

隨著發酵的進行而不斷地冒出泡泡。在格蘭菲迪，發酵時間平均為66個小時。

▲格蘭菲迪有24台發酵槽，不同的維修時期，木材的表面塗裝也會有所差異。

感覺就像是蒸餾「工廠」般的蒸餾室。頭部像洋蔥那樣膨脹起來的鼓出型蒸餾器，全部都屬於是酒汁蒸餾器（初餾蒸餾器）。直線型和燈籠型則是用來做為烈酒蒸餾器（二次蒸餾器）。蒸餾器的排列並不規則，在蒸餾的時候依所需的特色（風格）而隨時調整。此外，蒸餾器的設計從酒廠創立以來不曾做過改變。

FIDDICH
LITRES
STILL No4

IMPRESSION NOTE

前味能聞到新鮮的洋梨和檸檬般的柑橘類所帶來的芳香，入口之後則能感覺到來自麥芽的甘甜以及用酒桶帶來的香草味。滑潤、苦澀以及泥煤味隱晦地互相交雜，相當精緻纖細卻又多少帶點粗曠的氣息，餘韻相當舒服且恰到好處，能讓人感覺到格蘭菲迪為了展現自家特色而費了不少功夫。

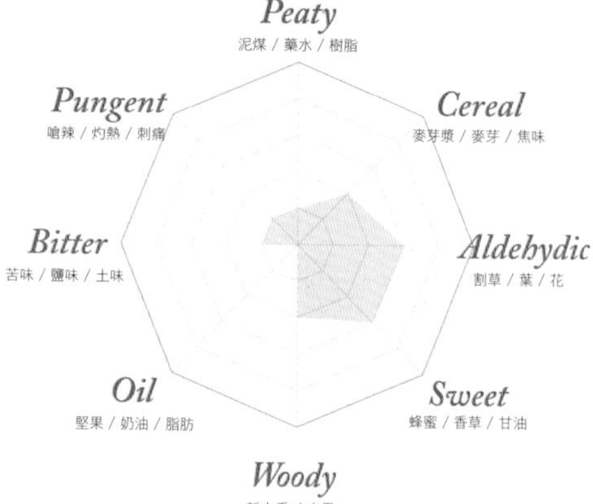

[酒款]

主要的調和威士忌是格蘭調合威士忌。單一麥芽威士忌則有格蘭菲迪12年以及15、21、30年。

[行程]

標準行程不收費，試飲行程的費用則是20英鎊（須事前預約）。除了聖誕節和新年，整年的營業時間為9:30～16:30（週一到週六），12:00～16:30（週日）。

[路線]

從Craigellachie走A91號公路往西南方向行駛6公里，格蘭菲迪的位置大約在達夫鎮郊區的北邊，和A920號公路的交會處不遠。因為蒸餾廠的規模滿大的，所以很容易找到。

GLENFIDDICH 12年

[700ml 40%]

身為蘇格蘭威士忌的龍頭，格蘭菲迪穩坐單一麥芽威士忌的銷售冠軍寶座，那睥睨四周的雙頭煙囪同時也是自信的象徵。正因為格蘭菲迪是最先推出單一麥芽威士忌的蒸餾廠，其先見之明讓酒廠展現出相當莊嚴的氣氛。

15YEARS

有著清爽的果香味與麥芽香，酒體適中輕盈，能感覺到辛香與草本的味道，口感明顯地比12年更加複雜。後味乾中帶甜，餘韻持久悠長。

21YEARS

有著成熟果實、肉桂、甜焦糖和酒桶的香氣，酒體飽滿而口感強勁。豐富而複雜的口味，有著葡萄酒、奶油、花香、水果乾、蜂蜜和牛奶糖的味道。如果加水飲用，則水不需加太多。在格蘭菲迪的旗艦店能買到容量1公升的酒款。

GLENFIDDICH 15年
[700ml 40%]

GLENFIDDICH 21年
[1,000ml 40%]

格蘭冠 英國郵遞區號 AB38 7BS

GLEN GRANT

Davide Campari Milano SpA
Elgin Road, Rothes, Morayshire
Tel:01340 832118 E-mail:visitorcentre@glengrant.com

主要單一麥芽威士忌	Glen Grant（年數不明）, 5年, 10年	主要調和威士忌	Chivas Regal, Old Smuggler
蒸餾器	4對	生產力	590萬公升
麥芽	不含泥煤	儲藏桶	波本桶和雪莉桶
水源	Glen Grant河		

在義大利儼然是單一麥芽威士忌的代名詞

雖然一般普遍認為單一麥芽威士忌的始祖是『格蘭菲迪』，但是根據紀錄，『格蘭冠』其實比它早60年，也就是在20世紀初就曾經小規模（在極小的區域裡）地在市場上推出過單一麥芽威士忌。格蘭冠蒸餾廠是在1840年由John和James Grant兄弟在Rothes鎮所成立的。弟弟John原本是糧商，後來當上「丹德里斯」蒸餾廠的經理並從事威士忌的釀造；至於哥哥James則是Elgin的法律專家，而格蘭冠便是由他們兩人所共同創立的。哥哥James對於Elgin的鐵路舖設著力很深，甚至後來還得到了「爵士」的稱號。因為鐵路的開通，讓原本地處偏僻的斯貝河畔得以將所製造出來的威士忌大量地運往南部，從這點來說，Jame對該地區可說是貢獻良多。

格蘭冠目前的老闆是義大利的金巴利（Campari）集團，該公司在2006年的時候以1,150萬歐元的價格，將格蘭冠從前東家保樂利加旗下的起瓦士公司（與帝亞吉歐共有）的手中給買了下來。金巴利集團想收購這間酒廠，主要是因為格蘭冠雖然在北美和日本的知名度不高，但是其實在義大利卻是名氣非常響

▲從左開始分別是大麥、麥芽和磨碎後的麥芽。

▲特殊造型的蒸餾器是格蘭冠的一大特色，而且每個都有裝上淨化器（purifier）。

亮，特別是它的5年和7年款更是賣得特別好，它在義大利的市佔率極高，甚至儼然就是單一麥芽威士忌的代名詞。另一方面，蘇格蘭威士忌在義大利的銷售狀況其實滑落很多，除了調和威士忌銷售減少20%，單一麥芽威士忌更是衰退了75%，然而格蘭冠卻始終保持第一。從這樣的理由來看，其實也就不難理解為何金巴利這家義大利的公司為何想要把它給收購下來了。此外，對金巴利而言，如果想要擺脫在北美的進口酒市場，特別是單一麥芽威士忌的長期不景氣，那麼必須先從根據地義大利開始來將基本盤給穩固好。這也就是說，他們目前的計畫是希望能夠將這些喜歡年輕酒款的顧客給顧好，接著再以此為基礎來擴大客源。順帶一提，金巴利在義大利國內的酒類市場的市佔率預估約40%左右，可說是擁有超高的人氣。

在蒸餾設備方面，格蘭冠有1台半過濾式的糖化槽、10台奧勒岡松發酵槽以及4對蒸餾器，這樣的配置在斯貝河畔的酒廠當中雖然算是中等規模，不過它的蒸餾器卻是相當有趣。它的酒汁蒸餾器在壺身上面的頭部形狀看起很像是圓筒狀的羅門式蒸餾器，它將鼓出型（洋

▲位在酒廠內，自創業以來便一直使用至今的酒窖。近年來在Rothes也增設了11座新的酒窖。

蔥型）圓形的部分改成圓筒狀，樣子相當罕見，而烈酒蒸餾器的樣式也是將鼓出型的洋蔥形狀的部位縮小，只有稍微膨脹、看起來比較細長。除此之外，這兩種蒸餾器的頸部都還裝上淨化器，透過增加蒸氣酒精的回流而達到讓味道更加輕盈纖細的目的。雖然斯貝河畔風格的威士忌不需要特別說明煙燻在麥芽上的泥煤量，但是由於格蘭冠的水是來自酒廠旁的小河Black Burn（河），從這條河的上游直接汲取裡面黑褐色的水，因而讓格蘭的味道不管是任何類型都一定會帶著淡淡的煙燻味。

在酒窖方面，格蘭冠在前東家起瓦士兄弟的時代只用酒廠裡原本的酒窖，不過在2008年時新的格蘭冠在Rothes買了11座新的酒窖。在擴產的計畫一切都準備就緒之後，產能全開時年產量可達590萬公升。蒸餾酒製造出來之後，其中有50%是做為起瓦士兄弟的原酒，剩下的7年和5年則專門用在義大利的市場。因此，格蘭冠推出正式的固定酒款就只有這支由首席蒸餾師用不同年份的原酒所調配出來的「The Major's Reserve」而已，如果想要其他酒款，那麼就只能選擇獨立裝瓶廠所推出的款式。不過到了最近，它的10年、15年以及16年也開始正式成為固定酒款，此外，它還推出了「170周年紀念」和「Cellar Reserve 1992」等特別款。雖然種類開始變多，不過就酒迷的本能而言，它那專為義大利推出的5年和7年的年輕款，雖然酒精強勁但是卻充滿果香且圓潤順口，實在是叫人無法捨棄。

最後在此補充一下，格蘭冠10年以上的酒款在熟成上還會使用雪莉桶來加以調味，不過這只佔全體的10%不到。

Impression Note

GLENGRANT 10年，40%。口感格外輕盈與新鮮，此外還混合著柑橘水果的酸味、草本系的澀味以及堅果的油脂味。泥煤味很淡而讓有些人覺得缺乏個性，但是卻也因為這樣反而得到更多的支持而獲得好評。就儲藏於酒桶後所形成的風味而言，熟成的年數似乎有些不足，不過以10年款來說，在各項表象上也算是十分精彩了。

[酒款]

提供原酒給起瓦士做為調和之用。主要的單一麥芽威士忌有格蘭冠5年、10年、16年和25年。此外，還有珍藏1992年（1992 cellar reserve）和大師精華50週年紀念酒（Glen Grant Five Decades）。

[行程]

標準行程是3.50英鎊。1月中旬～12月中旬9:30～17:00（週一到週五），9:30～17:00（週日僅限5～10月）。

[路線]

位於Elgin和達夫鎮中間的Rothes，位於離A941號公路稍微遠一點的斯貝河畔附近，距離Elgin為5公里。

GLENGRANT 10年

[700ml 40%]

GLENGLASSAUGH

Glenglassaugh Distillery Co Ltd (The Scaent Group)
Portsoy, Banffshire
Tel:01261 842367 E-mail:info@glenglassaugh.com

主要單一麥芽威士忌 Glenglassaugh 21年, 30年, 40年　主要調和威士忌 Cutty Sark　蒸餾器 1對

生產力 100萬公升　麥芽 不含泥煤　儲藏桶 波本桶和雪莉桶　水源 Glassaugh泉

靠著獨特的釀造技術與銷售策略獲得佳績

格蘭格拉索擁有規模達32公頃（80英畝）的農場，所需的大麥量也能夠自給自足，這個品牌的經營模式在全蘇格蘭的蒸餾廠當中最獨一無二、所釀出來的酒也相當具有特色，因而在市場上受到很大的注目。不過，如果從營運情形來看，格蘭格拉索其實經營的相當艱困 ，甚至在5～6年前還差點就成為「泡影」品牌。事實上，格蘭格拉索在成立之後的這138年當中，真正的營運狀況還算不錯的時期只占了全部的1/3左右，剩下的2/3時間則都是在休息和關廠的輪迴中渡過。該酒廠後來在1992年又再度關閉，甚至在5年後還被賣掉，想要再做為蒸餾廠的機會幾乎是遙遙無期。

後來，Scaent集團從原本的東家愛丁頓集團的手中將格蘭格拉索的設備以及現存的有效契約給買了下來，因而挽救了這座閒置22年的老蒸餾廠。2008年的11月收購了酒廠，據說總金額為500萬英鎊。此外，新東家還投入了100萬英鎊來整修酒廠裡的老舊設施，將鍋爐室全面更新後才開始重新恢復生產。在酒廠的附屬設施當中還包含了一座規模32公頃的農場，和英國農場的平均規模為60公頃相比，

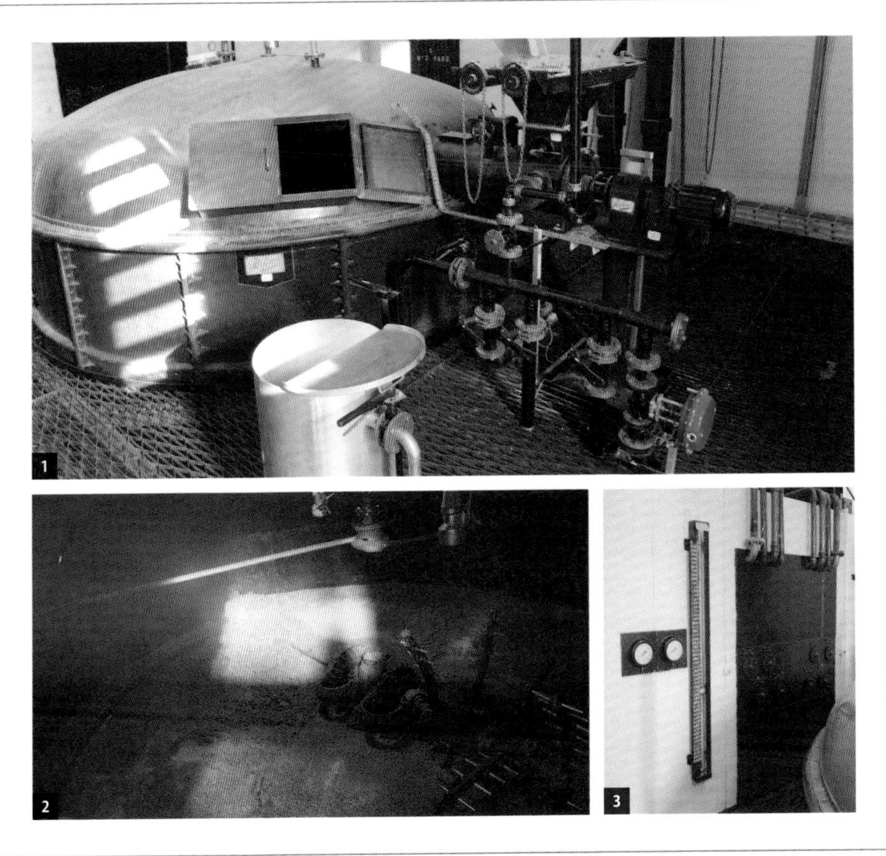

1・2. Porteus公司製的鑄鐵糖化槽，裡面裝有狀似熊掌的攪拌器，這種糖化槽非常稀少。
3.不用電腦操控，而是刻意使用所留下來的液體溫度計。

這裡的大麥收成量大約只有平均的一半，不過即使如此，以一間酒廠所需的大麥量而言也算是綽綽有餘，甚至在當時還可說是生產過剩。格蘭格拉索在很久以前就放棄自行製造麥芽，直到現在也還是如此，不過他們從上個公司接收了酒廠設備後，確實地在這裡栽種大麥來使用，也算是讓酒廠發揮了原本所具備的功能。

在這些設備當中，鑄鐵製糖化槽是來自Porteus公司，槽裡裝有狀似熊掌的攪拌器，這在蘇格蘭目前仍有在運作的蒸餾廠當中可說是極為稀少的裝備。此外，格蘭格拉索雖然總共有4台木製和2台不銹鋼製的發酵槽，但是目前都只有用木製的，產能滿載而需用到不銹鋼發酵槽的情形尚未發生。順帶一提，格蘭格拉索在2010年的時候威士忌的生產為每週6次，一年的產量雖然可達20萬公升，不過這樣的數字其實還不到整個蒸餾廠產能的1/5。在蒸餾器方面，它有一對酒汁蒸餾器和烈酒蒸餾器，這兩個蒸餾器都屬於鼓出型，不過在壺身鼓起的部分較小，造型相當與眾不同。

在這些設備下面的是堆積式和層架式酒窖，蒸餾好的新酒便是放在這裡儲藏。新東家接

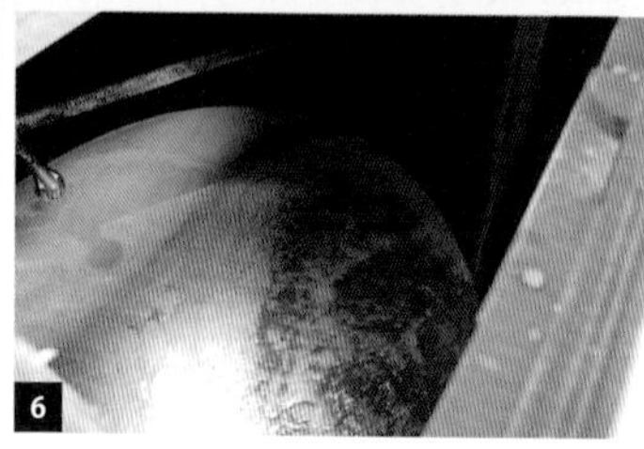

4.雖然發酵槽有奧勒剛松製和不銹鋼製兩種，但是現在有在運轉的只有木製槽，金屬槽處於休眠中。 **5.**液體溫度計。將它放入發酵槽裡，測量正在發酵的麥芽糊的溫度並管理相關數據。 **6.**不斷地冒出泡泡的發酵槽。

收之後，最先進行的第一件事便是將儲放在酒窖裡正在熟成的酒桶做品質的分類與數量的盤點。格蘭格拉索在Scaent集團開始入主經營之後，最先推出的是在前東家時期便開始儲藏的21年、30年和40年的陳年酒款，這些酒款同時很快地在2009年的時候便於「國際葡萄酒暨烈酒大賽」中亮相。其中，30年款榮獲了金牌，40年款更是得到了原酒部門的金牌和獎盃。除此之外，另外特別值得一提的是格蘭格拉索還將2009年所生產的新酒做成了完全不經過熟成程序的生威士忌以及用紅酒桶只熟成6個月的「蒸餾酒」。不用說，大家都知道所謂的威士忌一定要在政府所認可的酒窖中經過3年以上的熟成，因此像這樣的酒款頂多只能稱得上是蒸餾酒，不過由於像這樣經過紅酒桶熟成之後所形成的玫瑰色調和軟性雞尾酒的甘甜非常搭配，因而讓該酒款和「生威士忌」同樣都廣受好評。

格蘭格拉索有推出「個人桶收藏制」，客人可以買整桶的新酒並放在酒廠裡熟成，這和原本傳統的營業方式可說是有很大的不同。

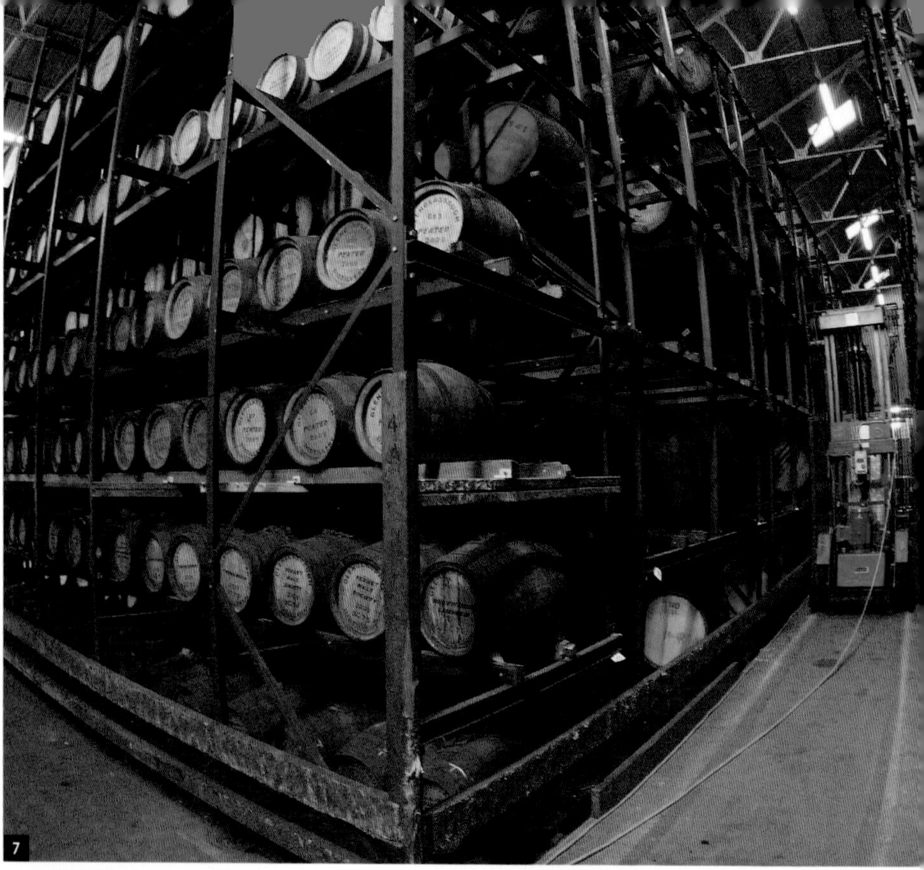

7

8

9

10

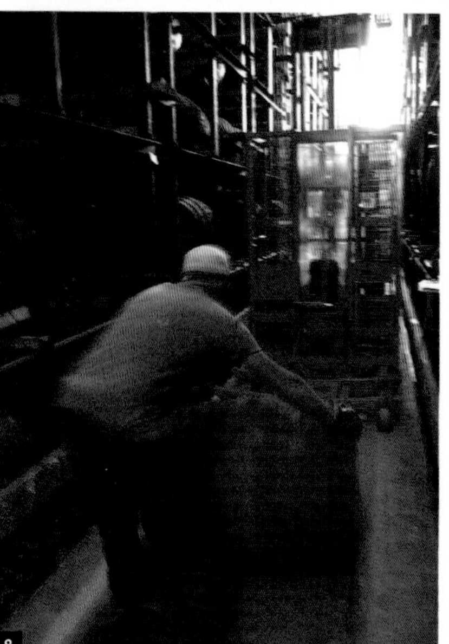

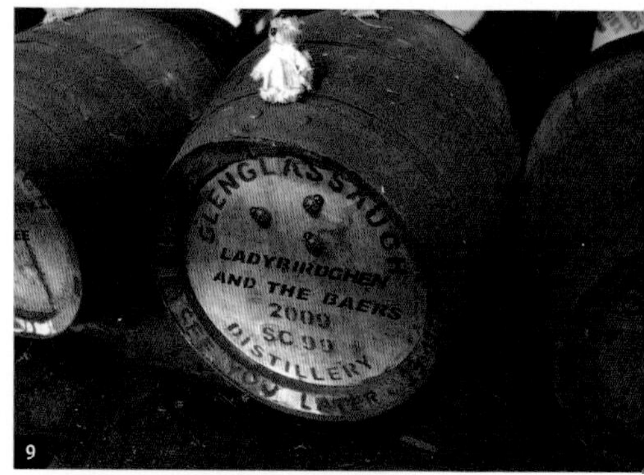

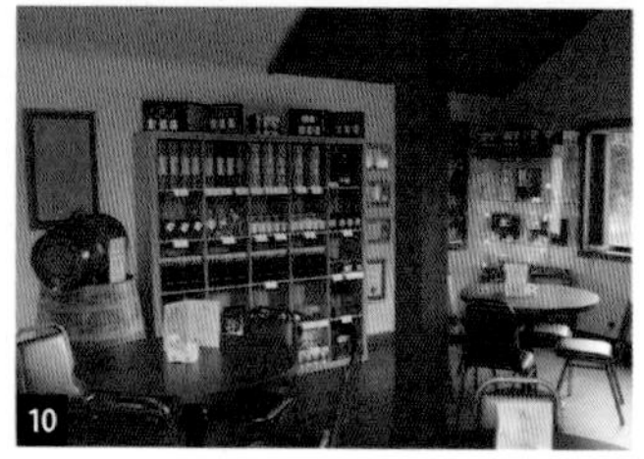

7.在這個堆積和層架並
的酒窖裡，也放了不
30～40年的老桶。 8.
一年份生產很多，其
的主力酒款也不少
9.在個人桶顧客專用層
上，也有蘇格蘭文化
究所涉谷先生的酒桶
此深深地沉睡。 10.遊
中心。

IMPRESSION NOTE

GLENGLASSAUGH REVIVAL 46%。顏色接近淺煎日本茶的自然色和刺槐花般的蜂蜜色，香氣微微散發著麥芽蒸餾後的氣味，味道則能感覺到高級穀物所帶來的甘腴、蜂蜜和果香味。幾乎沒有泥煤香和苦澀味，是款每天喝也不覺得膩的單一麥芽威士忌。此外，使用田納西威士忌的白橡木桶熟成，讓味道同時兼具乾澀與力量。因為酒名叫做REVIVAL（復興），所以格蘭格拉索過去的風味應該就是如此吧。品嚐時，可用心體驗看看。

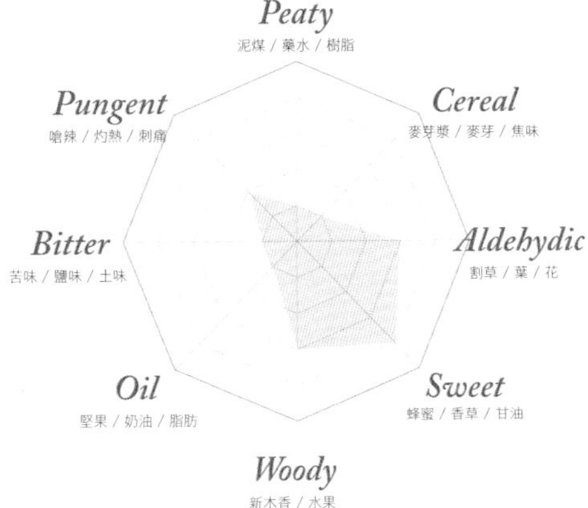

GLENGLASSAUGH 3年

［700ml 57.2%］

[酒款]

調和用的酒款不明。單一麥芽威士忌則有格蘭格拉索21年、30年，甚至還有到40年。照片中的這一款則是EVOLUTION 3年。

[行程]

品酒行程為5英鎊。舞台參觀行程則為25英鎊，完全採預約制，因此必須以郵件等方式事先連絡。除了聖誕節和新年，週一～週五全年開放。參觀時間一般從早上10點開始，如果事先連絡可調整時間。

[路線]

蒸餾廠位於A98號公路上Portsoy村的西邊。離Elgin有35公里，從Aberdeeny出發則要110公里。

英國郵遞區號 AB37 9DB

THE GLENLIVET

Chivas Bros Ltd (Pernod Ricard)
Ballindalloch, Banffshire
Tel:01340 821720 E-mail:theglenlivet.admin@chivas.com

主要單一麥芽威士忌 The Glenlivet 12年, 15年, 18年, 21年, 25年

主要調和威士忌 Chivas Regal, Royal Salute　蒸餾器 7對

生產力 1000萬公升　麥芽 不含泥煤

儲藏桶 波本桶與雪莉桶　水源 Josie泉

麥芽威士忌的經典口味

相當受歡迎的格蘭利威蒸餾廠，它在蓋爾語中有「寧靜山谷」的意思。由於此處是威士忌原料大麥的產地，同時還有豐富的水源和適合威士忌熟成的涼爽環境等，因此蘇格蘭有一半的蒸餾廠都集中於此。1774年，George Smith一家人在距離蒸餾廠現址1.5公里遠的Drumin農場開始了蒸餾酒的製造，他們所釀造出來的威士忌味道相當好，即使在英格蘭也很受歡迎。1824年，格蘭利威成為第一家獲得政府認可的違法蒸餾廠，但也因此讓George Smith的生命受到來自其他同業的威脅。到了1840年，George Smith將格蘭利威蒸餾廠交給兒子，並在Delnabo展開了新的計畫，不過後來由於需求量太多，於是在Minmore蓋了新的蒸餾廠也就是現存的格蘭利威蒸餾廠。1953年，格蘭利威與J. & J. Grant、Glen Grant公司合併組成了Glenlivet & Grant蒸餾酒公司。1972年，Hill Thomson、Longmorn和格蘭利威合併，在1977年由加拿大的西格拉姆取得所有權。

格蘭利威的水源是從200m深的地底所湧出的Josie泉水，溫度在5～8℃，是富含礦物質的硬水，這對麥芽在糖化時有很大的幫助，進而產生獨特的風味。蒸餾器方面，格蘭利威所採用的是壺身和長管的部分中間內凹的燈籠型蒸餾器，由於頸部細長而壺身寬大，因此能成功地釀造出質地輕盈、甘甜細緻的威士忌。

IMPRESSION NOTE

格蘭利威12年可說是目前銷售量最好的單一麥芽威士忌，在北美地區享負盛名。這個12年款對我而言是必備款，當我要比較其他酒款時一定會拿它當對照。該酒款的顏色呈現出明亮的金黃色，散發出花香、香草以及蜂蜜等層次非常高的味道。這瓶George Smith所遺留給我們的偉大酒款，最讓人開心的是700ml只要2000多日圓即可購得，感謝相關人員的努力。

[酒款]

主要的調和威士忌有起瓦士和皇家禮炮。單一麥芽威士忌則有格蘭利威12、15、18年和21年。

[行程]

除了每週僅有一次非常親切又詳細的參觀行程之外，也有費用為250英鎊的3日特別行程，除了能參觀酒窖、了解蒸餾和製桶的過程，還能夠享受到傳統的蘇格蘭晚宴。另外，也有蘇格蘭威士忌私釀軌跡的體驗之旅。

[路線]

從A95的Bridge of Avon接B9008號公路往南走5公里便可抵達，由於酒廠的規模很大，因此很容易找到。如果是從Aberlour沿著B9008走，則約在15公里處。

THE GLENLIVET 12年

[700ml 40%]

格蘭凱斯　英國郵遞區號 AB55 5BU

GLEN KEITH

Chivas Bros Ltd (Pernod Ricard)
Station Road, Keith, Morayshire
Tel:ー E-mail:ー

主要單一麥芽威士忌	Glen Keith 10年（最後「自家製」的酒款），Glen Keith 1993（Gordon & MacPhail鑑賞家精選）

主要調和威士忌 ー　蒸餾器 ー　生產力 近10年處於休止狀態

麥芽 ー　儲藏桶 ー　水源 ー

從2000年已開始停止生產

位在達夫鎮東北方的凱斯，在這裡聚集了3間蒸餾廠。格蘭凱斯剛好就在B9014號公路岔口，在它的另一邊是史翠艾拉蒸餾廠，北北東則有史翠斯米爾蒸餾廠。就像Dufftown、Elgin、Craigellachie等蒸餾廠一樣、蓋在蒸餾廠聚集區的格蘭凱斯，當初是為了提供起瓦士和100 PIPERS不足的原酒，所以在1957年將麵粉工廠改建為第二間史翠艾拉蒸餾廠。在1970年之後，該酒廠為了釀造出味道更舒服的輕式威士忌，於是停止了原本一直採用的三次蒸餾法。此外，為了提高效率而在1987年多增了4對蒸餾器，讓生產力一年高達300萬公升。

格蘭凱斯雖然在近10年處於休止狀態，但是已開始從長期的睡眠中甦醒，目前正大規模地整修旅客中心和外觀。

[特色]
Glen Keith 10年（最後「自家製」的酒款）和Glen Keith 1993（Gordon & MacPhail鑑賞家精選）

[行程]
雖然外觀和道路正在整修當中，但是有開放參觀，遊客中心蓋得非常舒適。

[路線]
從Elgin沿A96號公路南下約行駛30公里，因為地點位在凱斯的市中心而人車擁擠，因此不是很好找，大約要花15分鐘才能找到真正的入口。

格蘭洛斯 英國郵遞區號 IV30 8SS

GLENLOSSIE

Diageo plc
Glenlossie Rd, Thornshill, Elgin, Morayshire
Tel:01343 862000 E-mail:—

主要單一麥芽威士忌 Glenlossie 10年（Flora & Fauna 酒款） 主要調和威士忌 Haig, Haig Dimple

蒸餾器 3對 生產力 210萬公升 麥芽 不含泥煤

儲藏桶 波本桶 水源 Bardon河

生產Haig所需的威士忌

格蘭洛斯蒸餾廠是格蘭多納蒸餾廠的經理John Duff和一位當地的旅館老闆於1876年所成立的。由於酒廠就蓋在河岸旁的斜坡之上，因此可以利用水力來讓機器運作而不需靠蒸氣引擎的發動，後來更由於鋪設了專用的鐵路而讓威士忌可以利用鐵路運送到Elgin。1919年DCL公司接手格蘭洛斯，卻不幸在1929年因為火災而讓設備付之一炬。到了1962年，由於世界對威士忌的需求量提升，因此將蒸餾器增加4對，讓生產體制變成共有6對蒸餾器。後來，為了提供原酒給DCL旗下的Haig，因此於1971年在酒廠內又蓋了曼諾摩爾蒸餾廠。格蘭洛斯的水源來自Bardon河，用3對蒸餾器可生產出210萬公升的蒸餾酒，至於酒窖則有10座。

[特色]
提供原酒給Haig和Dimple做為調和之用，自家推出的酒款有Glenlossie10年（Flora & Fauna series）。此外，這裡也設有飼料工廠能夠將蒸餾廠所排出的副產物轉換成給家畜吃的飼料，到1971年為止一年可處理38,400萬噸的廢料。

[行程]
如果能事先申請，或許能接受參觀。

[路線]
位在Elgin以南5公里處，和曼諾摩爾蒸餾廠是在同一個地方。

GLEN MORAY

La Martiniquaise
Bruceland Road, Elgin, Morayshire
Tel:01343 550900 E-mail:－

主要單一麥芽威士忌 Glen Moray Classic（年份不明），12年, 16年　主要調和威士忌 Label 5　蒸餾器 2對
生產力 220萬公升　麥芽 不含泥煤　儲藏桶 波本桶　水源 Lossie河附近的泉水

從刑場、啤酒工廠最後變成蒸餾廠

格蘭莫瑞蒸餾廠成立於1897年，當時是由Henry Arnot公司根據蘇格蘭傳統農場裡的釀造方式，將它蓋在Lossie河的河邊。該酒廠後來在1910年因為世界金融危機而停止生產，在1923年轉手給Macdonald & Muir並重新營運。該公司在1978年之後便不再實施地板發芽，並於1979年將蒸餾器從2對擴增成4對，年產力達220萬公升。格蘭莫瑞的水源是來自Lossie河附近的泉水，使用的麥芽則不含泥煤。釀造好的威士忌只用波本桶儲藏，讓威士忌散發出豐富、柔順並帶著辛香的風味。格蘭莫瑞自2008年起改為La Martiniquaise公司所有並一直營運至今。

[特色]
調和威士忌是Label 5。自家推出的單一麥芽威士忌則有Glen Moray 12年和16年。

[行程]
標準行程的費用是3英鎊，Fifth Chapter行程為15英鎊。格蘭莫瑞的遊客中心在2004年被稱做是日照最棒的蒸餾廠，並榮獲蘇格蘭旅遊局4顆星的評價。除了聖誕節和新年，整年的營業時間為9:00～17:00（週一到週五），10:00～16:00（5～9月的週六）。

[路線]
從Craigellachie走A96號公路朝Inverness的方向前進，北上到了Elgin後繼續行駛約1公里後接B9102號公路，在Bruceland Road向左轉便可找到格蘭莫瑞蒸餾廠。

GLEN SPEY

Diageo plc
Rothes, Aberlour, Banffshire
Tel:01340 832000 E-mail:—

主要單一麥芽威士忌 Glen Spey 12年（Flora & Fauna Series）
主要調和威士忌 J&B, Spey Royal 蒸餾器 2對
生產力 150萬公升 麥芽 不含泥煤
儲藏桶 波本桶 水源 Doonie河

做為J&B的原酒而享負盛名

格蘭斯貝成立於1878年，最初和James Stuart公司的燕麥廠一起營運，1887年的時候由W. & A. Gilbey公司出資11,000英鎊將格蘭斯貝蒸餾廠買下，成為了第一間由英格蘭公司接手的蘇格蘭蒸餾廠。1870年，格蘭斯貝為了要生產酒質輕盈且口味乾澀的威士忌，因而增添了2對燈籠型蒸餾器讓生產力提高2倍。格蘭斯貝在1972年賣給了Grand Metropolitan飯店的Watney Mann，到了1997年，Grand Metropolitan飯店和Guiness合併成帝亞吉歐集團，該蒸餾廠也成了此集團的旗下一員。格蘭斯貝的水源引自Doonie河，利用8台不銹鋼發酵槽和2對蒸餾器，一年可生產150萬公升的蒸餾酒。此外，所使用的麥芽不含泥煤味，儲藏只用波本桶，釀造出來的威士忌幾乎做為J&B的原酒使用。格蘭斯貝的酒標是以鷦科的戴菊做為標誌，這是全英國體型最小的鳥。

[特色]
調和威士忌有J&B和Spey Royal。單一麥芽威士忌有Glen Spey 12年（Flora & Fauna Series），2001年發售。

[行程]
不開放參觀，也沒有相關行程和設施。

[路線]
格蘭斯貝位在Aberlour以北8公里處，Rothes的中心。

GLENTAUCHERS

Chivas Bros Ltd (Pernod Ricard)
Mulben, Keith, Banffshire
Tel:01542 860272 E-mail:一

主要單一麥芽威士忌 Glentauchers 15年 主要調和威士忌 Ballantine's

蒸餾器 3對 生產力 350萬公升 麥芽 不含泥煤

儲藏桶 波本桶 水源 Rosarie河，河丘上的泉水

為起瓦士教育訓練所用

1897年James Buchanan公司和W.P. Lowrie公司一起成立了格蘭道奇製酒公司，當初在選址時還特地將優質水源和便於運送的鐵路納入考量。之後，隨著長期的不景氣，Buchanan從W.P. Lowrie取得了80%的股份，並且在1923年委託專案規劃師Charles Doig負責麥芽室、糖化室和酒窖的設計與建造。格蘭道奇後來併入DCL的Scottish Malt Distillers並持續從事威士忌的生產。該酒廠的水源引自Rosarie河丘上的泉水。1965年，格蘭道奇的發酵槽共有6台，同時將原本的直線型蒸餾器從2台增加到6台，生產力則增為350萬公升。此外，該酒廠在儲藏方面則是以波本桶來進行熟成。2005年，格蘭道奇從Domecq資產管理公司轉由起瓦士兄弟負責管理營運，現在則做為教育訓練使用。

[特色]
主要的調和威士忌是百齡罈和Black & White。自家推出的酒款則為Glentauchers 15年。

[行程]
如能事先申請，有可能接受參觀。

[路線]
走A95號公路到Mulben便可找到格蘭道奇蒸餾廠。距離Keith約6公里，從Craigellachie出發則約13公里左右。

INCHGOWER

Diageo plc
Buckie, Banffshire
Tel:01542 836700 E-mail:—

主要單一麥芽威士忌 Inchgower 14年（Flora & Fauna Series）

主要調和威士忌 Bell's　蒸餾器 2對　生產力 280萬公升

麥芽 不含泥煤　儲藏桶 波本桶　水源 Menduff Hills泉

風味優雅，口感沉穩

Alexander Wilson公司在1871年建立了英尺高爾蒸餾廠，酒廠就蓋在過去以私釀酒聞名的斯貝河口以東的Buckie漁港裡。該公司在蒸餾建造後宣告破產，後來Buckie市議會聽說Arthur Bell & Sons打算在2年後以4,000英鎊將酒廠收購下來，因此決定以1,000英鎊做為投資而先將酒廠買下並準備在將來轉售出去。之後，英尺高爾蒸餾廠迎接20世紀的蘇格蘭威士忌熱潮，生產量也提高到2倍。英尺高爾釀酒的麥芽量一次為8噸，使用的是不帶泥煤味的麥芽；利用6台奧勒岡松製的發酵槽和2對直線型的蒸餾器，一年可生產280萬公升，至於在儲藏方面則只用波本桶熟成。英尺高爾的酒窖很大，可儲藏的量甚至多到還能幫忙其他公司進行熟成。

[特色]
提供威士忌給Bell's做調和用。自家推出的單一麥芽威士忌有Inchgower 14年（Flora & Fauna Series）1985年。

[行程]
不開放參觀，也沒有相關行程和設施。

[路線]
從Keith往北約10公里左右，穿過Buckie的舊市區往南到A98號公路即可看見英尺高爾蒸餾廠。

KNOCKANDO

Diageo plc
Knockando, Morayshire
Tel:01479 874660 E-mail:－

主要單一麥芽威士忌 Knockando 12年　主要調和威士忌 J&B Rare　蒸餾器 2對　生產力 130萬公升

麥芽 輕泥煤煙燻　儲藏桶 波本桶。用來做成單一麥芽威士忌的蒸餾酒則是用雪莉桶熟成。

水源 Knock Hill泉

酒質輕盈而口味乾澀

納康都蒸餾廠是在1898年由蒸餾酒代理商Ian John Thompson委託知名的建築師Charles Doig設計建造的，酒廠就蓋在斯貝河沿岸。該蒸餾廠最初是以納康都．格蘭利威蒸餾廠（Kockando-Glenlivet Distillery）這個名字進行營運，隨著維多利亞時代的威士忌熱潮退卻，納康都最後被總部位於倫敦的W & A Gilbey公司以3,500英鎊收購，在1904年重新運作並持續生產威士忌直到1962年W & A Gilbey與United Wine Traders合併成國際釀酒集團（International Distillers & Vintners）。1969年，納康都增加了2台蒸餾器而使得用燈龍型和直線型蒸餾器所釀造出來的蒸餾酒倍增。

納康都在3年後轉賣給Grand Metropolitan公司的Watney Mann，1997年因為Grand Metropolitan與Guiness合併成帝亞吉歐集團，因而成為該集團旗下的一員。納康都的水源引自Knock Hill的泉水，使用帶著輕泥煤的麥芽，利用2對蒸餾器一年可生產130萬公升。在酒桶方面，採用的是來自Maker's Mark的肯塔基威士忌酒桶以及Jack Daniel's的田納西威士忌酒桶。 納康都在蓋爾語的意思是「黑色小丘」。

IMPRESSION NOTE

KNOCKANDO 12年，43%。色調呈現淡淡而明亮的的金黃色，剛開始能感覺到花一般的香氣和蜂蜜似的甜腴。入口之後，相當舒服的甘甜在口中擴散開來，口感極為輕盈且乾澀。酒體適中，有堅果、水果和花的味道，另外也能感覺到微微的辛香與麥芽味，餘味則殘留著一點點的煙燻味。相當特別又十分經典的酒款。

KNOCKANDO 12年
[700ml 43%]

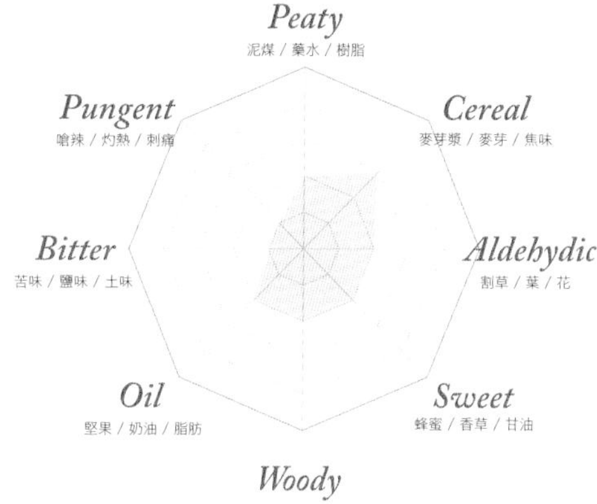

[酒款]

調和威士忌有J&B、Haig。自家推出的單一麥芽威士忌有Knockando 12年、16年。不加水而直接飲用的味道相當不錯，雖然口感類似Scapa 16年，但是感覺更加溫和。喝的時候可能會誤以為層次不夠豐富，但是仔細品嚐之後則能體會到它的迷人之處。

[行程]

雖然沒有遊客中心、行程和相關設備，但是如果能事先申請或許有機會進去參觀。

[路線]

沿著連接Craigellachie和Cragganmore的B9102號公路行駛，這條山路非常狹窄而讓人感到不安，但是大約在中間的位置即可看見納康都蒸餾廠。由於地點在斯貝河沿岸，因此要特別留意相關標誌。

林可伍德

英國郵遞區號 IV30 8RD

LINKWOOD

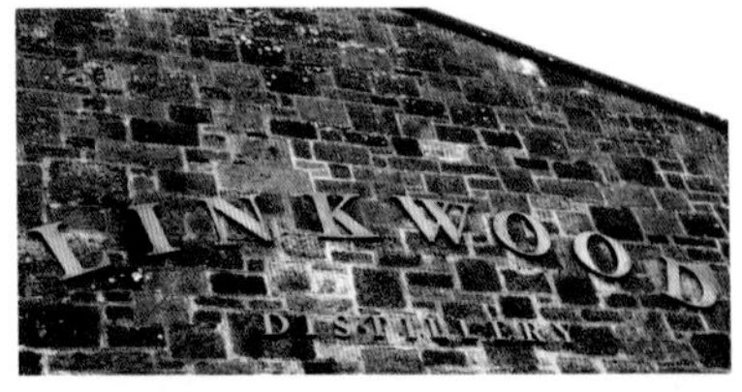

Diageo plc
Linkwood Road, Elgin, Morayshire
Tel:01343 547004 E-mail:－

主要單一麥芽威士忌 Linkwood 12年（Flora & Fauna Series） 主要調和威士忌 Bell's, Haig, White Horse 蒸餾器 3對

生產力 350萬公升 麥芽 不含泥煤 儲藏桶 波本桶 水源 Millbuies湖附近的泉水

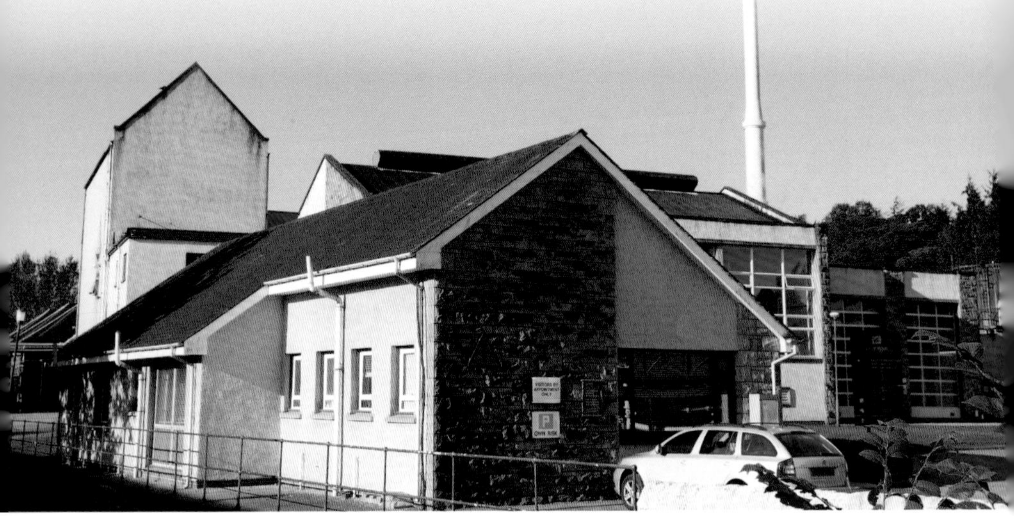

白馬威士忌的原酒

林可伍德蒸餾廠是地方仕紳Peter Brown在1821年所成立的，酒廠就蓋在Elgin市郊外的東南方，位置剛好被A91號公路和A941號公路夾在中間。1863年，Peter Brown的兒子在他死後秉持著父親的遺志繼承了這間蒸餾廠並且努力經營。後來因為長期的不景氣，林可伍德於1936年納入Scottish Malt Distillers的旗下。1962年之後，由於威士忌在這10年之間受到了全世界的歡迎，因此又重新整頓酒廠並致力於威士忌的生產。關於這間酒廠有個小故事，在這裡曾經有一位酒廠經理名叫Roderick Mackenzie，他非常相信所謂的「微氣候（microclimate）」，為了不影響威士忌的傳統風味，他非常反對酒廠裡的任何變動，聽說甚至連蜘蛛網都不准移除。

1971年，林可伍德在營運上分成了擁有4台蒸餾器並搭配新型管式冷凝管的B廠和擁有2台蒸餾器並搭配舊型蟲桶冷凝器的A廠。此外，為了應付不斷增加的需求，甚至還增添了2台蒸餾器，不過以目前來看，A廠的年稼動率並沒有很高。最近，因為酒廠的附近成為了Elgin市的住宅區而增加了許多的建築物。

IMPRESSION NOTE

LINKWOOD VINTAGE 2004年，40%。酒體適中，散發出帶點煙燻的甘甜香氣。沒有藥品或是香煙的氣味，味道有如花和葡萄酒般的香甜、柔順、細緻，感覺非常舒服。餘韻則帶著辛香。即使每天喝也不覺得膩，如果是加水喝則建議水不需加太多。

LINKWOOD 12年
[700ml 43%]

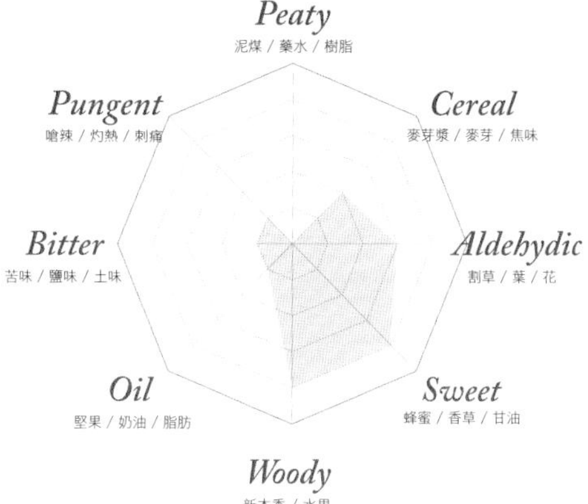

[酒款]

調和威士忌有Bell's、Haig、White Horse。單一麥芽威士忌則有Linkwood 12年。

[行程]

如果能事先連絡，或許有機會參觀。

[路線]

從Elgin的中心出發，過了New Elgin之後往西南方繼續行駛即可到林可伍德蒸餾廠，地點就位在A96和A941之間。林可伍德蒸餾廠的所在地目前已經是新興住宅區，可能要費點工夫才能找到它。

LONGMORN

Chivas Bros Ltd (Pernod Ricard)
Lithe lochan, Elgin, Morayshire
Tel:01343 554120 E-mail:—

主要單一麥芽威士忌 Longmorn 16年

主要調和威士忌 Chivas Regal, Queen Anne, Something Special 蒸餾器 4對

生產力 350萬公升 麥芽 不含泥煤 儲藏桶 波本桶和雪莉桶

水源 當地的泉水、Millbuies泉

竹鶴政孝最初到蒸餾廠實習的地方

朗摩建於威士忌熱潮之際的1894年，建造者是George Thomas、Charles Shirres和John Duff，他們同時也是Glenlossie蒸餾廠的創立者。蒸餾廠最初是以朗摩・格蘭利威蒸餾廠（Longmorn-Glenlivet Distillery）這個名字進行營運。4年後John Duff取得經營權，由於不景氣的關係只好被迫賣給了James R Grant。到了1970年代，朗摩將蒸餾器擴增成8台，生產力則提高到350萬公升。朗摩於1978年由加拿大的西格拉姆取得了格蘭利威的所有權，現在則隸屬於起瓦士旗下的一員。直到1994年為止，朗摩的發酵槽一直都是使用煤炭直火來加熱。

[關於竹鶴政孝]
竹鶴政孝又被稱為日本的威士忌之父，在當時閒雜人等是不能進入酒廠裡的，不過朗摩卻是第一間同意他入廠實習的蒸餾廠。喝了Nikka Whisky所推出的「竹鶴」，除了對於當時日本人旺盛的求知慾和熱情覺得感動之外，同時也對於想將威士忌製造技術帶回日本的心意感到佩服。這款威士忌的味道和Glengarioch 16年很接近。

[特色]
提供原酒給Chivas Regal、Queen Anne、Something Special等做為調和之用。自家的單一麥芽威士忌有Longmorn 16年。

[行程]
雖然沒有遊客中心和相關行程，但是偶爾會開放參觀。

[路線]
從Elgin的中心沿著A941號公路往南走5公里左右就可看見朗摩蒸餾廠出現在左側，地點就在Fogwatt村的北邊。

麥卡倫 英國郵遞區號 AB38 9RX

THE MACALLAN

The Edrington Group
Easter Elchies, Craigellachie, Aberlour, Banffshire
Tel:01340 872280 E-mail:mgray@edrington.co.uk

主要單一麥芽威士忌	從The Macallan 10年到30年有各種不同的年份，除此之外還有Fine Oak 10～30年等酒款。
主要調和威士忌	Famous Grouse, Cutty Sark
蒸餾器	7台酒汁蒸餾器，14台烈酒蒸餾器
生產力	800萬公升
麥芽	不含泥煤
儲藏桶	雪莉桶與波本桶
水源	斯貝河旁的井水

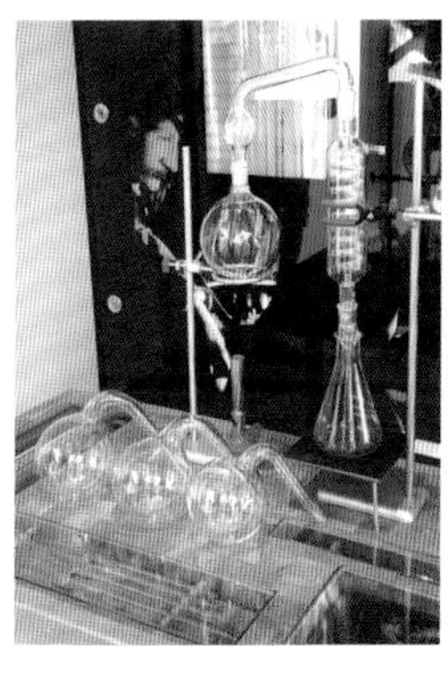

「單一麥芽威士忌中的勞斯萊斯」如今是否健在？

如果現在還在用「單一麥芽威士忌中的勞斯萊斯」來形容威士忌，就會給人一種老掉牙的感覺，但是將這樣的形容詞套在『麥卡倫』身上卻似乎已經是一種揮之不去的固定說法。不過即使如此，麥卡倫這個品牌仍然是蘇格蘭威士忌的代表之一，它擁有深厚的歷史並具備獨特的風格與特質。「～～的勞斯萊斯」一詞最早是來自哈洛德這家地位崇高且相當知名的倫敦百貨所發行的威士忌書籍裡，而非是麥卡倫用來讚美自己的廣告文宣。不過麥卡倫自己對於這樣的說法其實也樂於接受，因此還引發反對的聲浪，認為「還有很多威士忌更像勞斯萊斯！」。事實上，麥卡倫在日本的銷售排名No.1，在全球的銷售排名則No.5，這樣的記錄對它的評價而言可說是最強大的背書。

麥卡倫出現在斯貝河畔這片土地上的歷史記載是1824年，當時是由Alexander Reid以「Elchies蒸餾廠」為名字並正式獲得政府頒發執照而開始營運的，不過其實它的製酒歷史可以再往前追朔100年。當時是所謂的「私釀酒」盛行的時代，如果從合法蒸餾廠的角度來看，麥卡倫的歷史則僅次於『格蘭利威』。

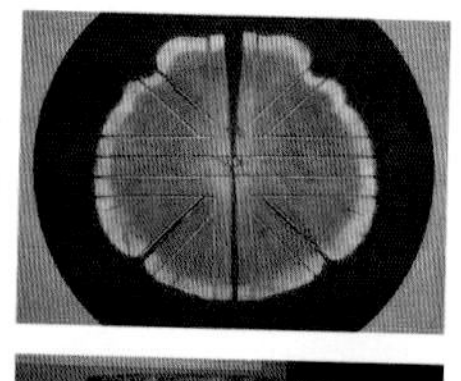
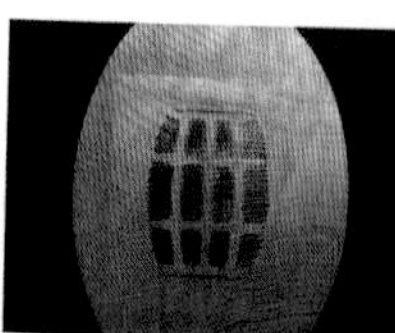

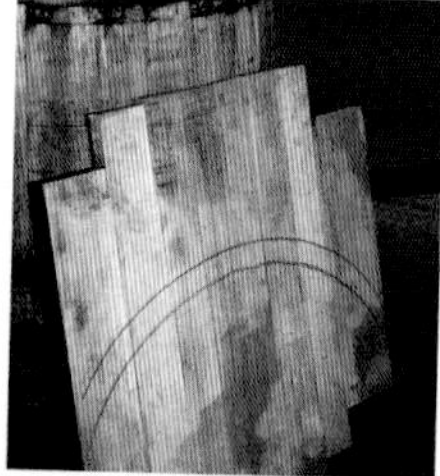

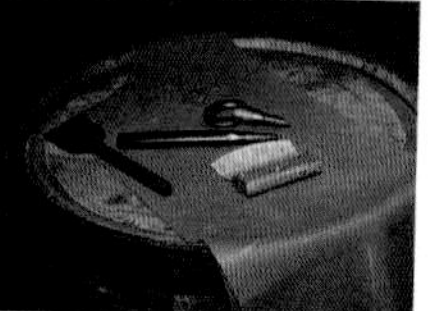

在參觀的行程當中，放在酒桶相關展示的1879年超級老酒。麥卡倫是蘇格蘭相當卓越的蒸餾廠，他們一直非常重視酒桶的品質。

麥卡倫製酒的最大特色在使用的Minstrel大麥是麥卡倫專用大麥，這是在自家占地38公頃的農場上自行栽種的。發酵作業約48～56個小時，酒汁則是用斯貝河畔最小型的直火加熱蒸餾器來進行蒸餾，接著再以蒸氣加熱方式從烈酒蒸餾器中萃取出蒸餾酒。麥卡倫一年可生產出875萬公升的蒸餾酒，這樣的生產量如果光靠小型的蒸餾器一般是很難達成的，不過由於酒汁和烈酒蒸餾器加起來有21台，如果其中的15台同時運作，則可以順利克服這個問題。

另外，麥卡倫最值得一提的是他們對於熟成桶的堅持與熱情。他們使用的橡木桶全部都是來自自家所管理的歐洲橡木和美國橡木。這些原木採伐完後，首先會先放在太陽下自然曝曬一年，接著會在西班牙進行製桶，然後才給簽約的釀酒公司請他們將2種不同的雪莉酒裝進去熟成，並至少使用3年。除了這2種雪莉桶之外，麥卡倫也會用波本桶來進行熟成以嘗試調配出各種不同風味的威士忌。在這些酒款當中，「SHERRY OAK 12年」以及「FINE OAK 12年」可說是基本款中的基本。

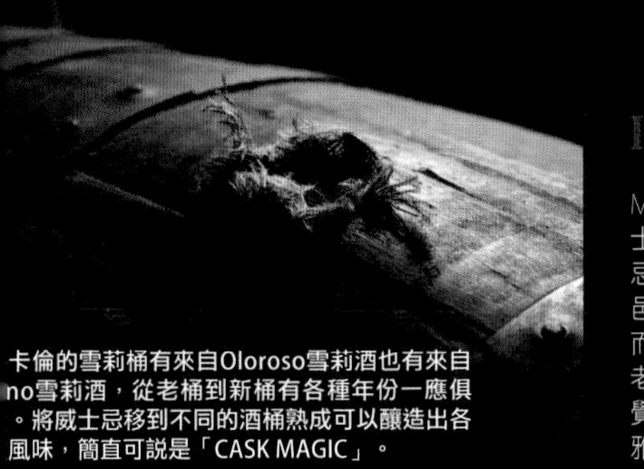

卡倫的雪莉桶有來自Oloroso雪莉酒也有來自
no雪莉酒，從老桶到新桶有各種年份一應俱
。將威士忌移到不同的酒桶熟成可以釀造出各
風味，簡直可說是「CASK MAGIC」。

IMPRESSION NOTE

MACALLAN 12年，40%。日本進口單一麥芽威士忌銷售第一的酒款，被稱作「單一麥芽威士忌中的勞斯萊斯」。麥卡倫25年像是陳年的干邑白蘭地，味道完全不刺激。莫非酒會隨時間而超越原本的種類最後變成同樣的口味？就像老爺爺和老婆婆的臉看起來都差不多，這種感覺真的不可思議。MACALLAN 12年的香氣優雅，味道高尚，微微的刺激讓人覺得舒服。

THE MACALLAN 12年

[700ml 40%]

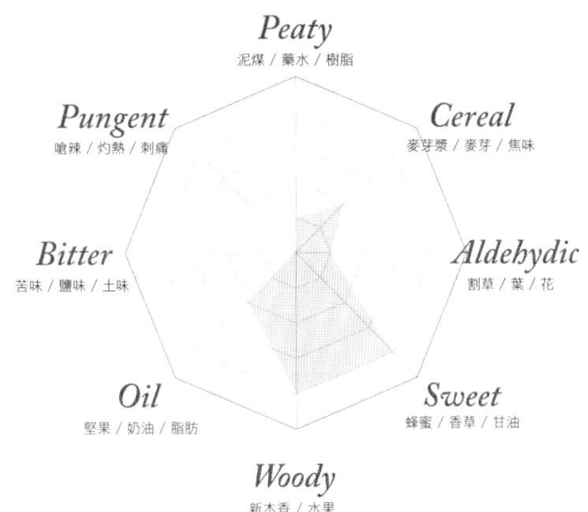

[酒款]

提供原酒給Famous Grouse和Cutty Sark做為調和之用。自家推出的單一麥芽威士忌有10年到30年等許多年代的酒款。此外，還有Fine Oak 10～30年各種年代的酒款系列。

[行程]

遊客中心於2001年開始啟用。在行程方面，有費用為8英鎊的標準行程和採預約制、費用為20英鎊的特別行程兩種。標準行程的時間為1小時又15分鐘，可參觀整個威士忌的釀造過程；特別行程則為2小時又15分鐘，有提供品香及試飲等行程。

[路線]

從Craigellachie沿著A95號公路行駛，過了Telford橋後接B9102號公路往西行駛然後左轉，應該就會立刻看到麥卡倫蒸餾廠的招牌出現在左手邊。

MACDUFF

John Dewar & Sons Ltd (Bacardi Limited)
Banff, Banffshire
Tel:01261 812612 E-mail:ー

主要單一麥芽威士忌	Glen Deveron 10年	主要調和威士忌	William Lawson's
蒸餾器	2台酒汁蒸餾器，3台烈酒蒸餾器	生產力	320萬公升
麥芽	不含泥煤	儲藏桶	波本桶和雪莉桶
水源	Gelly河		

擁有各項專利並堅持自己的獨特製法

麥克道夫蒸餾廠位於Deveron河岸旁，這間蒸餾廠自古以來是以Glen Deveron為名而廣為人知，當初是為了提供原酒給調和威士忌而由Macduff蒸餾酒製造商所成立的。該酒廠於1963年開始投入生產，在1973年擴增成4台蒸餾器，接著又於1990年裝設第5台蒸餾器並重新繼續生產運作。麥克道夫原本的蒸餾器在1972年賣給了William Lawson，接著在1980年轉移到John Dewar & Sons公司，至於所有權則交給了母公司Bacardi。麥克道夫所擁有的專利非常獨特，它用蒸氣管來加熱蒸餾器，並且以新式的冷凝管來取代蟲桶而為人所知。麥克道夫蒸餾廠的水源來自Gelly河，使用不含泥煤的麥芽並以2台酒汁蒸餾器和3台烈酒蒸餾器這樣不規則的搭配，一年生產320萬公升的蒸餾酒。

[特色]
供原酒給William Lawson's以做為調和威士忌，以麥克道夫為品牌的單一麥芽威士忌則有Glen Deveron 10年。

[路線]
從Keith走A95號公路，或是從Huntly走A97號公路約30公里即可抵達麥克道夫蒸餾廠。其實Deveron河就位於Banff和麥克道夫之間，而該蒸餾酒就位在A98號附近。

曼諾摩爾 英國郵遞區號 IV30 8SS

MANNOCHMORE

Diageo plc
Glenlossie Rd, Thornshill, Elgin, Morayshire
Tel:01343 862000 E-mail:—

主要單一麥芽威士忌 Mannochmore 12年（Flora & Fauna Serie） 主要調和威士忌 Haig 蒸餾器 3對

生產力 240萬公升 麥芽 輕泥煤煙燻 儲藏桶 波本桶 水源 Bardon河

稀世珍酒Loch Dhu的製造酒廠

1971年，DCL公司成立了曼諾摩爾蒸餾廠，當初是為了應付調和威士忌的瘋狂熱銷而建造的。曼諾摩爾酒廠就蓋在格蘭洛斯蒸餾廠裡，並負責生產原酒以供Haig公司的Haig和Dimple威士忌做為調和之用。此外，曼諾摩爾還和格蘭洛斯共用相同的畜牧飼料工廠和酒窖。曼諾摩爾酒廠後來由於不景氣的關係而開始減產，並且自1985年起有4年的時間呈現停止運轉的狀態，直到1989年才又重新開張並營運至今。該蒸餾廠的水源來自Bardon河，使用輕泥煤煙燻的麥芽，利用3對直線型蒸餾器，一年生產240萬公升的蒸餾酒。1966年所推出的Loch Dhu 10年款，利用極為焦黑的波本桶進行熟成，再加上產量非常稀少，因此在市面上賣得相當貴。

[特色]
售價昂貴的Loch Dhu 10年是曼諾摩爾所推出的單一麥芽威士忌，除此之外，它還有推出Mannochmore 12年（Flora & Fauna Serie）。至於調和威士忌則有Haig。

[行程]
不開放參觀，也沒有相關設施。

[路線]
從Elgin走A941號公路往南行駛5公里。在左邊看到朗摩蒸餾廠後再稍微繼續往前，接著朝Thornshill前進然後往右轉，便會看到曼諾摩爾 蒸餾廠。當地交通量很少。

慕赫　　英國郵遞區號 AB55 4AQ

MORTLACH

Diageo plc
Dufftown, Banffshire
Tel:01340 822100 E-mail:－

主要單一麥芽威士忌　Mortlach Aged 16年（Flora & Fauna Series）　主要調和威士忌　Johnnie Walker

蒸餾器　酒汁蒸餾器3台，烈酒蒸餾器3台　生產力　360萬公升　麥芽　不含泥煤

貯藏樽　波本桶　水源　Conval Hills泉、Jock泉

採用少見的3次蒸餾

1823年酒稅法案剛通過不久後，James Findlater建立了由政府所認可的慕赫蒸餾廠，並希望將它打造成斯貝河畔達夫鎮裡質量最好、規模最大的酒廠。1853年，慕赫蒸餾廠一直都是由George Walker與Cowie家族所共同擁有直到1923年賣給John Walker & Sons。接著在2年之後，該酒廠的所有權又轉移到DCL公司之下。

1886年，William Grant為了建立屬於自己的格蘭菲迪蒸餾廠，於是進入了慕赫蒸餾廠擔任了20年的管理職並表現得相當出色。

1897年，在威士忌準備向世界全面發展之前，慕赫決定將酒廠裡的蒸餾器從3台擴增成為6台。不過由於該酒廠使用的蒸餾器相當特別，採用的是目前已經很少見的3次蒸餾工法，因此在操作上非常複雜。除此之外，慕赫蒸餾廠還在1996年進行整修成了現代化的酒廠。慕赫使用的是來自Conval Hills的泉水，並利用3台酒汁蒸餾器和3台烈酒蒸餾器，一年可生產360萬公升的蒸餾酒。至於熟成方面，該酒廠只用波本桶做為儲藏。

IMPRESSION NOTE

MORTLACH 16年，43%。散發出帶著淡淡煙燻味的果香，均衡感相當出色，而酒體也非常紮實。雖然能清楚地感覺到辛香味，但是也能聞到油脂和水果香以及甘甜的雪莉酒味。餘韻帶著花一般的香氣。整體的味道充滿魅力且十分均勻和諧，可說是非常受到廣大歡迎的酒款。

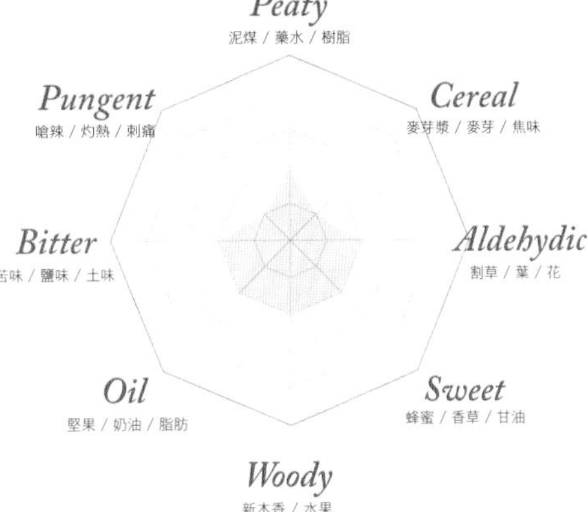

[酒款]

主要的調和威士忌是 Johnnie Walker。單一麥芽威士忌有Mortlach Aged 16年（Flora & Fauna Series）。

[行程]

不開放參觀，也沒有相關行程和設施。

[路線]

慕赫蒸餾廠位在有蘇格蘭蒸餾廠聖地之稱的斯貝河畔的達夫鎮裡，地點就在A920號公路、A941號公路和B9009號公路交會處以南的位置，穿過Fife Street便可找到。

MORTLACH 16年

[700ml 43%]

MILTONDUFF

Chivas Bros Ltd (Pernod Ricard)
Miltonduff, Elgin, Morayshire
Tel:01343 554120 E-mail:—

主要單一麥芽威士忌 Miltonduff 10年（Gordon & Macphail） 主要調和威士忌 Ballantine's
蒸餾器 3對 生產力 550萬公升 麥芽 輕泥煤煙燻
儲藏桶 波本桶 水源 Black河

酒質改為輕盈的威士忌

1824年Robert Bain和Andrew Peary建立了米爾頓道夫蒸餾廠，他們將這間位於斯貝河畔附近的地下酒廠改成了合法經營的蒸餾廠。這間原本由Robert Bain和Andrew Peary共同擁有的蒸餾廠後來交給了Thomas Yool公司持續運作下去。 到了1890年威士忌熱銷的時代，米爾頓道夫蒸餾廠成為了George Ballantine & Son的子公司並繼續生產威士忌，不過後來又併入到加拿大最大的酒商Hiram Walker的旗下。1975年，由於當時的威士忌熱潮而大量生產。1986年，Allied Lyons公司將它收購下來，現在則屬於起瓦士兄弟旗下的一員。2005年，米爾頓道夫以蘇格蘭北部為統籌據點進行單一麥芽的威士忌的釀造與畜牧飼料工廠的生產。米爾頓道夫蒸餾廠以Black河為水源，使用輕泥煤煙燻的麥芽，透過3對共6台蒸餾器，一年可生產550萬公升的蒸餾酒。

[特色]
調和威士忌為百齡罈。單一麥芽威士忌有Miltonduff 10年。

[行程]
不開放參觀，也沒有相關設施。

[路線]
從Elgin走B9010號公路往西南方行駛，在Easter Manbeen向右轉再稍微行駛一段距離之後，便可看見米爾頓道夫蒸餾廠出現在Black Burn沿岸。

ROSEISLE

Diageo plc
Roseisle, Elgin, Morayshire
Tel:01343 832106 E-mail:ー

主要單一麥芽威士忌 N/A 主要調和威士忌 N/A 蒸餾器 7對 生產力 1,020萬公升 麥芽 不含泥煤
儲藏桶 波本桶 水源 當地的泉水

生產1,020萬公升，產量相當驚人

羅賽爾蒸餾廠在2007年建造於帝亞吉歐公司所屬的羅賽爾麥芽廠旁。麥芽廠從1979年就開始運作，不過後來蘇格蘭威士忌的市場因長期的生產過剩，而讓大家對於景氣的興衰不定煩惱不已。因此，後來才成立的羅賽爾蒸餾廠便決定採用最新的技術並以更彈性的做法來面對世界需求的增減。它實施碳中和（Carbon Neutral）與水中和（Water Neutral），並以產量最多而聞名。它不僅提供原酒給帝亞吉歐集團以做為調和之用，還支援其他酒廠的生產不足，可說是生產力最強的蒸餾廠。所用的水源是引自當地無名的泉水，使用的麥芽不含泥煤，利用7對蒸餾器每年製造出1,020萬公升的蒸餾酒，這樣的數字真的是非常驚人。該酒廠的詳細資訊雖然不是很清楚，不過據說所生產的原酒主要是提供給包含印度、中國等需求量急遽成長的調和威士忌市場。

[特色]
不明。

[行程]
不開放參觀，也沒有相關設施。

[路線]
從Elgin走A96號公路往西行駛，接著走B9013號公路朝Burghead的西北方向前進數公里後就能看到蒸餾廠。

皇家藍勛　英國郵遞區號 AB35 5TB

ROYAL LOCHNAGAR

Diageo plc
Balmoral, Crathie, Ballater, Aberdeenshire
Tel:01339 742700 E-mail:royal.lochnagar.distillery@diageo.com

主要單一麥芽威士忌	Royal Lochnagar 12年, Royal Lochnagar Selected Reserve, 酒廠版的Royal Lochnagar
主要調和威士忌	Johnnie Walker Blue Label
蒸餾器	1對
生產力	45萬公升
麥芽	輕泥煤煙燻
儲藏桶	美國和歐洲橡木桶
水源	Lochnagar山的小丘裡的Scarnock湖

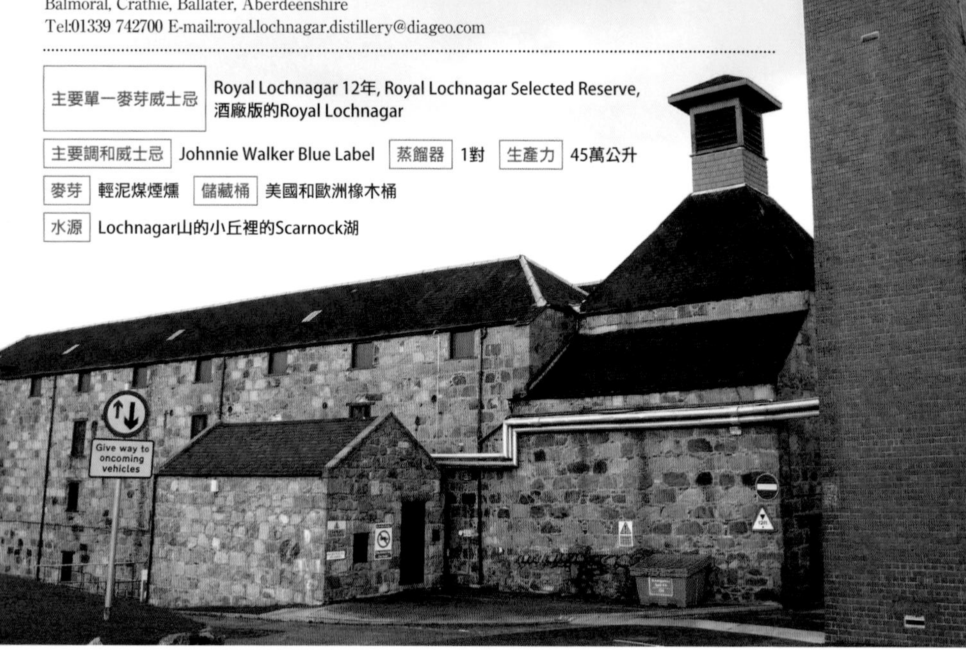

維多利亞女王陛下的最愛

現在的藍勛蒸餾廠是在1845年由John Begg在巴爾莫勒爾堡（Balmoral Castle）這座位於高地的皇室城堡附近的Dee河邊所建立的。原本的廠主曾在1823年和1841年2度參加官方舉辦的合法會議，因而遭到其他憤怒的違法私釀業者放火並導致設備全毀。藍勛蒸餾廠之所以可稱做「皇家」，這是由於英國王室在1848年買下巴爾莫勒爾堡做為避暑行宮後，維多利亞女王和艾伯特親王曾經前往這座酒廠參觀，之後並賜予它皇家的稱號。

皇家藍勛是目前仍使用木製發酵槽和蟲桶的傳統酒廠，它在1919年之前一直是掌握在Begg家族的手裡，之後則賣給了John Dewar & Sons公司，接著所有權又轉移到SMD公司，現在則屬於是DCL集團的一員。皇家藍勛是蘇格蘭規模最小的蒸餾廠之一，它的水源取自Lochnagar山的小丘裡的Scarnock湖水，以輕泥煤煙燻的麥芽為原料，利用1對直線型的蒸餾器，一年所生產的蒸餾酒只有45萬公升。在熟成方面，皇家藍勛使用美國橡木和歐洲橡木做成的酒桶儲藏，並置於格蘭洛斯的酒窖讓威士忌熟成。

IMPRESSION NOTE

ROYAL LOCHNAGAR 12年，40%。散發出果實般的成熟香氣，並帶著油脂、糖、奶油和一點酸酸的風味。味道雖然濃郁但卻不刺激，層次豐富而複雜度高。餘韻悠長，殘有檀香。酒體飽滿，即使加水喝味道也很棒，可說是每天喝也不膩的佳釀。

ROYAL LOCHNAGAR 12年

[700ml 40%]

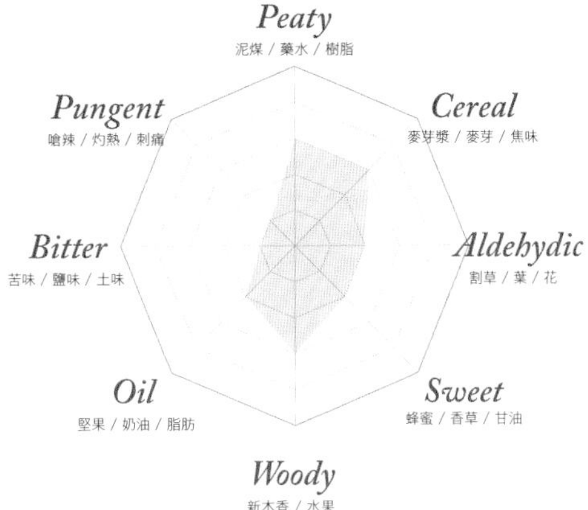

[酒款]

調和威士忌有Johnnie Walker黑牌、藍牌以及VAT69。單一麥芽威士忌則推出Royal Lochnagar 12年、Royal Lochnagar Selected Reserve以及Royal Lochnagar Rare Malt 30年。

[行程]

在參觀方面，有家族行程（10英鎊）和標準行程（5英鎊）等行程，內容據說滿精彩的，不過由於我們沒有發信預訂，因此並沒有實際體驗看看。該酒廠有提供日文的解說手冊。4月底到10月這段期間，原則上採彈性開放：遊客多則開放，如果沒有遊客則休息。1月～2月的開放時間為10:00～16:00（週一到週五）、4月～10月為10:00～17:00（週一到週六）、12:00～17:00（週日）、11月～12月和3月為10:00～16:00（週一到週六）。

[路線]

從亞伯丁走A93號公路向西行駛約50公里深入內陸之後到Dee河沿岸，在西南邊則是聳立的Lochnagar山（1,155m）。接著從A93號公路進入在Balmoral附近與之平行的的B976號公路之後便可找到皇家藍勛蒸餾廠。

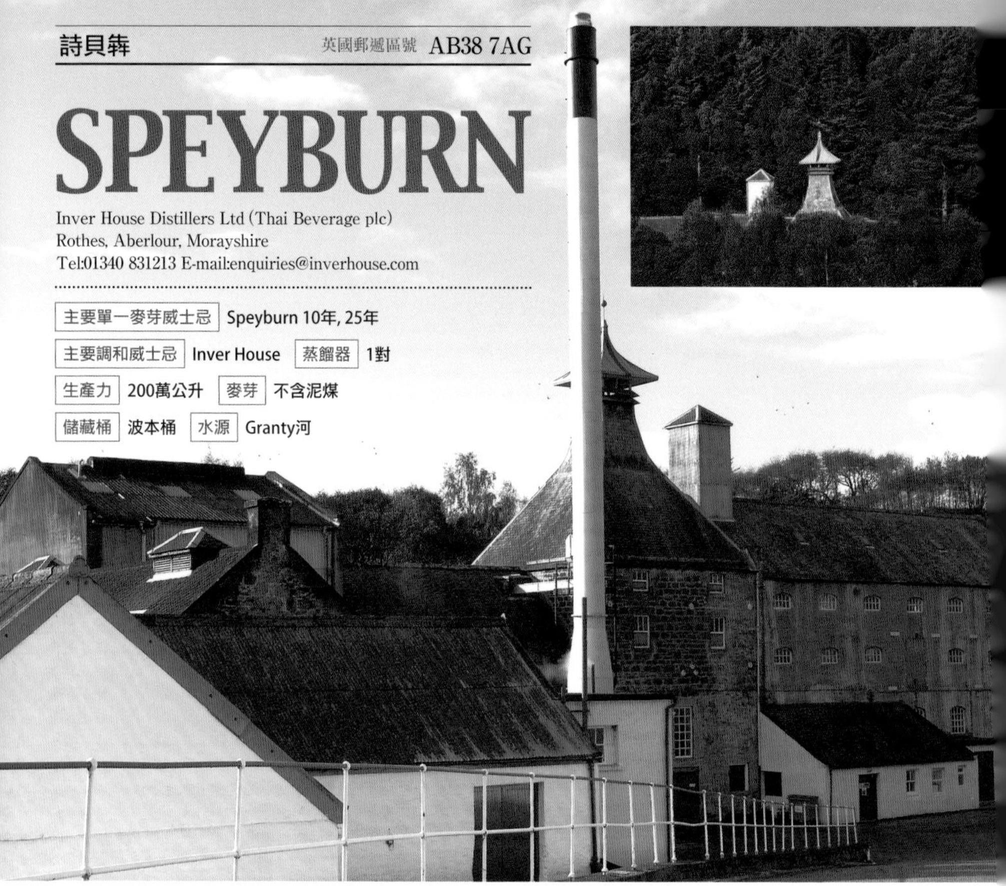

詩貝犇　英國郵遞區號 AB38 7AG

SPEYBURN

Inver House Distillers Ltd (Thai Beverage plc)
Rothes, Aberlour, Morayshire
Tel:01340 831213 E-mail:enquiries@inverhouse.com

主要單一麥芽威士忌 Speyburn 10年, 25年
主要調和威士忌 Inver House　蒸餾器 1對
生產力 200萬公升　麥芽 不含泥煤
儲藏桶 波本桶　水源 Granty河

原本是斷頭台的蒸餾廠

詩貝犇是由蒸餾廠建築師Charles Doig所設計、建造，並在Speyburn-Glenlivet製酒公司的援助下展開營運。該酒廠在1916年將所有權交給了DCL公司，之後便負責生產原酒給DCL以做為調和威士忌之用直到1991年為止。詩貝犇蒸餾廠後來由Inver House酒廠買下，並推出以單一麥芽威士忌Speyburn 10年為名的酒款進軍到北美市場。該酒廠原本打算在1997年釀酒以推出紀念維多利亞女王誕辰50周年的蘇格蘭威士忌，不過最後卻只生產出很少量的Speyburn 10年、12年酒款。此外，詩貝犇在1900年領先業界率先採用薩拉丁箱式發芽法，這是蘇格蘭首次利用這種方式來製造麥芽的酒廠。詩貝犇蒸餾廠的水源來自Granty河，以不含泥煤的麥芽和1對直線型的蒸餾器，一年可生產200萬公升的蒸餾酒。

[特色]
提供原酒給Inver House。自家推出的酒款則有Speyburn 10年和25年。

[行程]
如果能事先申請，或許有機會能參觀看看。

[路線]
從達夫鎮走A941號公路過了Craigellachie之後，在Rothes鎮郊外的北面會看到Rothes峽谷，詩貝犇這座美麗的蒸餾廠就在路旁。

斯貝賽　英國郵遞區號 PH21 1NS

SPEYSIDE

Speyside Distillery Co Ltd
Tromie Mills, Glentromie, Kingussie, Invernessshire
Tel:01540 661060 E-mail:info@speysidedistillery.co.uk

主要單一麥芽威士忌 Speyside 10年, 12年, Drumguish　主要調和威士忌 Speyside　蒸餾器 1對

生產力 60萬公升　麥芽 不含泥煤　儲藏桶 波本桶和雪莉桶

水源 Tromie河、Gaick鹿保護區內的泉水

年產50萬公升，產量相當少

1956年，威士忌酒商George Christie和Bonding公司買了重劃區的土地，並請熟悉傳統石牆砌法的工匠Alex Fairlie來建造蒸餾廠，同時並在Clackmannanshire蓋了North of Scotland穀物蒸餾廠。酒廠在過了34年之後才開始製造蒸餾酒，後來並成立了斯貝賽蒸餾酒製造公司並將總部設於格拉斯哥，集團的成員包括酒廠創立者之子Ricky Christie以及James Ackroyd爵士。以斯貝賽為名的酒款原本並不標示熟成的年月，不過在2001年的時候也終於得以推出了10年款的單一麥芽威士忌。斯貝賽蒸餾廠的水源來自Tromie河，糖化槽和發酵槽則是不銹鋼製。利用1對直線型的蒸餾器，一年共生產50萬公升的蒸餾酒。

[特色]

主要的調和威士忌是斯貝賽。單一麥芽威士忌則有Speyside 10年、12年。

[路線]

從Aberlour走A95號公路往西南方向行駛75公里後會到Kingussie，接著走B970號公路往東北的方向前進數公里後，再折返至斯貝河沿岸便可看到斯貝賽蒸餾廠。

史翠艾拉

英國郵遞區號 AB55 5BS

STRATHISLA

Chivas Bros Ltd (Pernod Ricard)
Seafield Avenue, Keith, Banffshire
Tel:01542 783044 E-mail:strathisla.admin@chivas.com

主要單一麥芽威士忌 Strathisla 12年　主要調和威士忌 Chivas Regal

蒸餾器 2對　生產力 240萬公升　麥芽 輕泥煤煙燻

儲藏桶 波本桶和雪莉桶　水源 Fons Bulliens泉

起瓦士的主要基酒

在為數眾多的蘇格蘭蒸餾廠之中，『史翠艾拉』被認為是最美麗且非常適合拍照的地方。這棟古典又端莊的建築物散發出蘇格蘭傳統蒸餾廠機能與造型兼具的美感，且完整地保留至今，是斯貝河畔最古老的蒸餾廠。除此之外，它的遊客中心做得非常棒且還獲得了蘇格蘭政府觀光局5顆星的認定，因此可說是擁有政府掛名保證的觀光景點，也是團體旅遊中的熱門行程。由於來此造訪的團體旅客對於史翠艾拉的了解僅止於它是調和威士忌『起瓦士』的原酒，因此酒廠希望透過廠內的參觀與試飲行程，讓這些遊客也能夠接觸到他們所生產的單一麥芽威士忌，進而對史翠艾拉有著全新的認識。

1786年，Alexander Milne和George Taylor建造了這間酒廠並命名為「Milltown」，之後又改名為「Milton」。史翠艾拉在當時是酒款名，成為酒廠的名字則是在第3代廠主的時代，也就是1870年的時候。史翠艾拉酒廠後來歷經了多次的易主，之後成為了起瓦士兄弟（西格拉姆公司旗下）的一員，現在則整併入保樂利加公司。

◀遊客中心裡的試飲吧檯，在此能更加明顯地感受到調和威士忌和單一麥芽威士忌一樣同屬主力商品。
▼燈籠型酒汁蒸餾器和鼓出型烈酒蒸餾器各有1對。

在蒸餾系統方面，史翠艾拉共有1台銅蓋不銹鋼糖化槽以及10個奧勒岡松製的發酵槽。至於蒸餾器方面則是各有一對燈籠型酒汁蒸餾器和鼓出型烈酒蒸餾器，也就是共有4台蒸餾器。在熟成方面，史翠艾拉所採用的方式極為特殊，他們通常會將蒸餾好的酒用管子直接送到位於附近的『格蘭凱斯』蒸餾廠進行裝桶、熟成，接著儲藏存放。由於史翠艾拉只有2棟層架式的酒窖和1棟堆積式的酒窖，能放在自家酒窖熟成的空間相當有限，因此不得已只能採取這樣的熟成方法。順帶一提，起瓦士原本在Keith的近郊蓋了「Keith Bond」1號和2號的大型設施以用來裝桶和進行威士忌的調和，不過在2010的時候卻由於大雪而摧毀了其中2棟的屋頂，同時也讓另外29棟的屋頂倒塌。之後，在取得Moray市議會的同意之後，起瓦士啟動了耗資千萬英鎊的大型開發計畫，讓裝桶等作業移到新的設施中進行。

目前正式由「史翠艾拉」所精心推出的官方酒款只有12年和15年原酒，其餘的全是獨立瓶裝廠所推出的酒款。

IMPRESSION

STRATHISLA 12年，43%。蘋果的香氣非常明顯，香醇而濃郁。以斯貝河畔威士忌所具備的果香來說，該款的味道不會太過複雜。此外，還散發出杏果帶著蜂蜜的味道以及雪莉酒香，感覺非常華麗。整體的香氣帶著酸味，同時也有著淡淡的辛香。餘韻相當豐富，能感受到酒桶的橡木味散發出與眾不同的木質香。

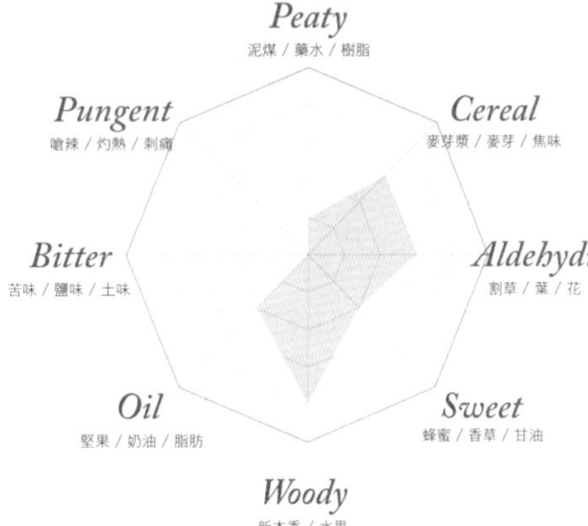

STRATHISLA 12年

[700ml 43%]

[酒款]

提供原酒給起瓦士。單一麥芽威士忌則有Strathisla 12年、15年原酒。

[行程]

標準行程的費用是5英鎊。從復活節到10月10:00～16:00（週一到週六）、12:00～16:00（週日）、11月～12月9:30～12:30、13:30～16:00（週一到週五）。

[路線]

從Keith市區走A96號公路到B9014號之後，接著往西南方向再稍微行駛一段路之後即可抵達史翠艾拉蒸餾廠。

STRATHMILL

Diageo plc
Keith, Banffshire
Tel:01542 882295 E-mail:－

主要單一麥芽威士忌 Strathmill 12年（Flora & Fauna series）

主要調和威士忌 J&B, Spey Royal　蒸餾器 2對　生產力 170萬公升

麥芽 不含泥煤　儲藏桶 波本桶　水源 當地的泉水

J&B的核心原酒

史翠斯米爾蒸餾廠成立於1891年，該酒廠原本是一間名為Glenisla-Glenlivet的小麥和玉米工廠，後來以9,500英鎊賣給了倫敦的蒸餾酒商W&A Gilbey並改名為史翠斯米爾。1962年，W&A Gilbey與United Wine Traders合併組成國際釀酒集團（IDV），為了將酒廠的生產量提高1倍而增設了2台蒸餾器。

1972年，Grand Metropolitan收購了IDV後賣給了Watney Mann，之後再改組成帝亞吉歐公司。1993年，Oddbins公司推出史翠斯米爾單一麥芽威士忌，味道輕盈滑順。史翠斯米爾用的水源是當地的無名泉水，冷卻用水則是來自Isla河。採用不含泥煤的麥芽，利用2對球型蒸餾器，年產170萬公升的蒸餾酒，並以波本桶進行儲藏。在帝亞吉歐集團當中，史翠斯米爾可說是最不顯眼的蒸餾廠。

[特色]
提供原酒給J&B和Spey Royal做為調和之用。自家推出的單一麥芽威士忌則有Strathmill 12年（Flora & Fauna series）。

[行程]
沒有旅客中心和蒸餾廠參觀行程等設施。

[路線]
從Keith市區走A96號公路，由於不太顯眼，需多加留意才能找到。

TAMDHU

The Edrington Group
Knockando, Morayshire
Tel:01346 872200 E-mail:—

主要單一麥芽威士忌	Tamdhu（年數不明）		
主要調和威士忌	N/A	蒸餾器	3對
生產力	300萬公升	麥芽	不含泥煤
儲藏桶	波本桶	水源	蒸餾廠下的泉水

彷彿要塞和修道院般的建築外觀

從Craigellachie沿著B9102這條山路向西行。由於沿路十分狹窄曲折，雖然抱著懷疑不安的心情前進，但過沒多久坦杜蒸餾廠便忽然出現在我們的眼前。坦杜在蓋爾語的意思是「黑色的山丘」，在它的附近有許多適合釀造威士忌的優質水源如Knockando河、Tamdhu河等，可說是一大寶庫。坦杜蒸餾廠是William Grant在1897年所創立的，不過卻在4年後便遭受長達37年的休廠狀態。到了1950年，Highland Distillers買下了這間酒廠，並將麥芽的製作方式由原本的手動翻攪改為從底下利用熱氣來進行攪拌，成功地讓麥芽的生產效率大幅提升。目前酒廠裡共有10台相關設備，並提供大量的麥芽給其他許多的蒸餾廠。坦杜共有9台奧勒岡松製的發酵槽，1975年時蒸餾器達到3對，每年可生產300萬公升的蒸餾酒。

[特色]
提供原酒給哪家廠商不明，單一麥芽威士忌則有Tamdhu。

[路線]
從Craigellachie沿著A95號公路往西南方前進，到了Marpark接B9138號公路北上便能找到坦杜蒸餾廠，就在洛坎多蒸餾廠的旁邊。此外，如果沿著B9102號公路一直前進，感覺就像是稽查員找到地下酒廠般，一下子就能找到洛坎多、帝國、坦杜這3家蒸餾廠。

TAMNAVULIN

Whyte & Mackay Ltd
Tomnavoulin, Banffshire
Tel:01479 818031 E-mail:一

主要單一麥芽威士忌	Tamnavulin 12年	主要調和威士忌	Whyte & Mackay Mackinlays
蒸餾器	3對	生產力	400萬公升
麥芽	不含泥煤		
儲藏桶	波本桶	水源	Easterton的地下泉水、山上的泉水

斯貝河畔裡味道最輕盈的威士忌

坦那威林是在1966年由Invergordon旗下的Tamnavulin-Glenlivet蒸餾廠所成立的。1993年，Whyte & Mackay為了東高地區的Cromarty Firth穀物蒸餾廠而從Invergordon的手中買下了坦那威林蒸餾廠，然而卻又隨即在1995年決定關廠。到了2007年，印度的UB集團收購了坦那威林的母公司Whyte & Mackay，而讓該酒廠重新恢復生產。目前，坦那威林是請來自附近的都明多蒸餾廠裡的工作人員以6週的時間前來生產威士忌，以這樣的協助方式，來讓這間酒廠得以從沉睡中復甦過來。坦那威林的水源來自Easterton的泉水，發酵槽則有8台，所使用的麥芽不帶泥煤，每年以3對直線型的蒸餾器生產400萬公升的蒸餾酒，至於儲藏桶則是採用波本桶。

[特色]
主要的調和威士忌是Whyte & Mackay和Mackinlays；單一麥芽威士忌則有Tamnavulin 12年，味道輕盈溫和。

[行程]
不開放參觀，也沒有相關設施。

[路線]
從達夫鎮走B9009號公路往西南方向行駛，然後接 B9008號公路行駛約30公里左右即可抵達坦那威林蒸餾廠。如果是從都明多出發則是走B9008號公路往東北方向行駛約19公里。

TOMINTOUL

Angus Dundee Distillers plc
Ballindalloch, Banffshire
Tel:01907 590274 E-mail:－

主要單一麥芽威士忌	Tamnavulin 10年, 1 4 年, 16年, 33年 Oloroso 12年, Old Ballantruan, Peaty Tang
主要調和威士忌	Dundee and Parker's
蒸餾器	2對
生產力	330萬公升
麥芽	通常不含泥煤
儲藏桶	波本桶和雪莉桶
水源	Ballantruan泉

全盛時期年產1,200萬公升

都明多蒸餾廠建於1964年，它是蘇格蘭在20世紀裡第3座新蓋的蒸餾廠。都明多後來與格蘭卡登蒸餾廠一起被來自格拉斯哥的威士忌酒商，同時也是調和威士忌與裝瓶公司的Angus Dundee給收購下來。Angus Dundee這間公司整頓了體制並進行擴產，將許多的穀物和麥芽威士忌混合釀造，以滿足世界上對於調和威士忌的大量需求。都明多蒸餾廠的水源引自Ballantruan的山泉，使用帶有泥煤的麥芽，以2對蒸餾器年產330萬公升。一般而言，都明多採用的是不含泥煤的麥芽。它的發酵槽共有6台，全是不銹鋼製，使用直線型的蒸餾器，一年可生產320萬公升。都明多在蓋爾語的意思是「大的山丘」。

[特色]
主要的調和威士忌廠商是Dundee和Parker's，推出的單一麥芽威士忌則有Old Ballantruan、Peaty Tang、Tamnavulin 10年、1 4 年、16年、33年和 Oloroso 12年。

[行程]
目前並無遊客中心。雖然沒有特別推出參觀行程，但是如果事先連絡，有機會能拜訪參觀。

[路線]
從達夫鎮往西南方向前進，途經B9009號公路和B9008公路約行駛40公里之後，接著走A939號公路便可抵達都明多蒸餾廠。

托摩爾

英國郵遞區號 PH26 3LR

TORMORE

Chivas Bros Ltd (Pernod Ricard)
Advie, Grantown on Spey, Morayshire
Tel:01807 510244 E-mail:—

主要單一麥芽威士忌	Tormore 12年
主要調和威士忌	Ballantine's, Long John, Cream of the Barley
蒸餾器	4對
生產力	370萬公升
麥芽	不含泥煤
儲藏桶	波本桶
水源	Achvochkie河

成立於1964年的後起之秀

沿著A95號公路從Grandtown on Spey向東北前進，便會看到外觀相當莊嚴的托摩爾蒸餾廠。和從前在不太顯眼的地方偷偷蓋起的私釀酒廠完全不同，托摩爾蒸餾廠以白色和綠色為基調的現代化建築。當初建造的目的是為了要生產百齡罈的調和威士忌所用的原酒，酒廠的設計則是由皇家藝術學院的院長Albert Richardson公爵一手打造而成。之後，美國的蒸餾酒商Schenley International卻在1975年將他們在蘇格蘭所擁有的蒸餾廠全部賣出，其中也包含了托摩爾這間。1989年，Allied Lyons成為了Domecq集團，接著到了2005年，托摩爾併入起瓦士兄弟，並在母公司保樂利加的指示下將進行整建計畫。托摩爾蒸餾廠的水源取自Achvochkie河，使用的麥芽不含泥煤，以4對直線型蒸餾器，每年可生產370萬公升的蒸餾酒，在儲藏方面則只用波本桶進行熟成。

[特色] Ballantine's, Long John。單一麥芽威士忌則有Tormore 12年。

[行程] 不開放參觀，也沒有相關行程和設施。

[路線]
從Aberlour沿A95號公路往西南方行駛約17公里，或從Grandtown沿A95號公路往東北方行駛15公里左右即可抵達。

西、北高地區。

NORTHERN & WESTEAN HIGHLANDS

從Inverness到Oban的這一段，
也就是從所謂的尼斯湖附近開始到北邊突起的地方為止稱為西北高地。
在此要說明的是，我們相當清楚知道在這個地區裡的氣候、
風土和文化都完全不同，
但是由於蒸餾廠密集度的關係，因此不得不將這個地帶歸納成一區。
如果是驅車前往，那麼有很多景點像是伊蓮城堡（Eilean Donan Castle）、
厄奎特城堡（Urquhart Castle）或是
馬克白裡的科多城堡（Cawdor Castle）等便無法順道拜訪。
事實上，蒸餾廠之外的人文建築、包含羊、牛、狗等
在內的家畜以及惡劣的氣象等，這些都是蘇格蘭之旅的重要元素。
以這樣的角度來看，這裡可說是相當引人入勝的地區。
在拜訪蒸餾廠的途中，
也不知不覺讓人對於蘇格蘭的探索更加充滿興趣。

A87

B8007

Thurso
PULTENY
CLYNELISH
GLENMORANGIE
DALMORE
BALBLAIR
TEANINICH
GLEN ORD
Ullapool
Elgin
INVERNESS
of Lochalsh
Newtonmore
Braemar
Fort William
BENNEVIS
OBAN
Crianlarich

BALBLAIR

Inver House Distillers Ltd (Thai Beverage plc)
Edderton, Tain, Ross-shire
Tel:01862 821273 E-mail:enquiries@inverhouse.com

主要單一麥芽威士忌 巴布萊爾專注在單一年份酒款，目前有1975年、1989年、1997年

主要調和威士忌 Inver House, Hankey Bannister, Pinwinnie Royal 蒸餾器 1對 生產力 175萬公升

麥芽 不含泥煤 儲藏桶 使用一些雪莉桶調和 水源 Allt Dearg河

溫和卻不容小覷的傑作

巴布萊爾蒸餾廠早在1749年的時候就已開始釀酒，不過到了1790年才由John Ross在自己的農場上真正地建立起酒廠。巴布萊爾在蓋爾語的意思是「平地上的村落」。目前現存的巴布萊爾蒸餾廠是在1894年所重新建造的，從有無開往Inverness的鐵路等交通的便利性來看，北高地區算是相當偏僻的地方，不過考量到四周有著豐富的泥煤和非常優質的水源，因此Alexander Cowan選擇將酒廠蓋在這裡。巴布萊爾後來在1915年賣給了Robert Cumming，不過卻一直處於休廠的狀態直到第二次世界大戰結束之後。1970年，巴布萊爾又賣給了Hiram Walker，這是加拿大公司所擁有的第6間蘇格蘭酒廠。到了1988年，巴布萊爾為了和DLC結合而與葡萄酒商合併，並在1996年賣給了Inver House。在此順帶一提，目前Inver House的母公司是泰國的Thai Beverage。

巴布萊爾的水源取自Allt Dearg河，麥芽不含泥煤，1對直線型的蒸餾器可生產出175萬公升的蒸餾酒。在調和威士忌方面，主要是提供給Ballantine's、Inver House等酒廠。

IMPRESSION NOTE

BALBLAIR 2000年，43%。顏色淡薄，香氣不太明顯，不過喝下去時卻讓人感到驚艷。新鮮的香氣混合著煙燻味，酒體適中，入口之後能感覺到非常香甜和帶著辛香的堅果以及香草的芬芳，餘韻則帶著微微的煙燻。看似溫和，實際上卻相當帶勁。

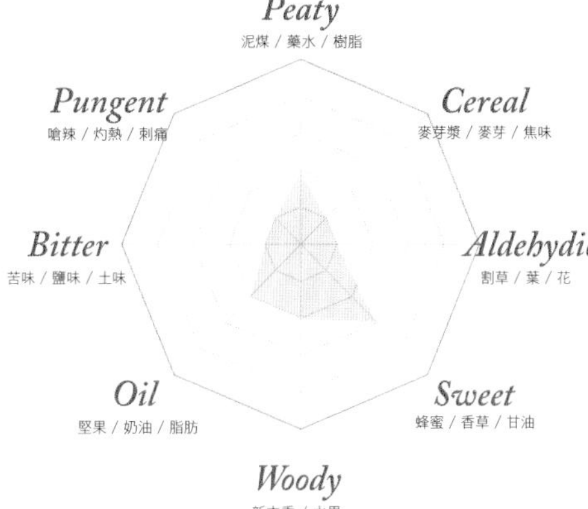

[酒款]

調和威士忌廠商有Ballantine's、Inver House、Pinwinnie Royal。在單一麥芽威士忌方面，單一年份的酒款有1975、1989、1997和2000年等。

[行程]

平常不提供參觀。從Tain到酒廠只有10公里。因為我們這次完全沒有連絡就直接過去，所以很可惜地無法入內參觀。如果能夠事先用email確認，或許有機會能夠預約參觀。

[路線]

蒸餾廠的位置非常不好找，因此可能要有心理準備會一直繞來繞去。路線為從A9號公路開始出發，在右手邊看到格蘭傑酒廠，穿過Tain鎮後北上，然後在A836號公路左轉。接著繼續行駛不久之後會進入Edderton，從這裡開始會不太好找。在左手邊有個大戰紀念碑右轉然後直走，沿路沒有任何的標誌所以可能會感到有些不安，不過大約走500m左右就會看到小小的巴布萊爾蒸餾廠的看板出現在左手邊。

BALBLAIR 10年

[700ml 57.8%]

班尼富 英國郵遞區號 PH33 6TJ

BEN NEVIS

Ben Nevis Distillery (Fort William) Ltd (Nikka Whisky Distilling Co Ltd / Asahi Breweries Ltd)
Lochy Bridge, Fort William, Inverness-shire
Tel:01397 700200 E-mail:colin@bennevisdistillery.com

主要單一麥芽威士忌 Ben Nevis 10年, 偶爾會推出單一年份款

主要調和威士忌 Dew of Ben Bevis, Glencoe（blended malt） **蒸餾器** 2對 **生產力** 200萬公升

麥芽 不含泥煤 **儲藏桶** 波本桶和雪莉桶 **水源** Allt a Mhullin河

Nikka Whisky在蘇格蘭的出發點，也可算是終點

1825年，班尼富蒸餾廠建立在蘇格蘭最高的Ben Nevis山腳下（雖然說是最高山，但是海拔其實也只有1,343m而已，實在是沒想到蘇格蘭的地形竟會如此平坦。當地的氣候變化會如此劇烈，這或許正是因為沒有夠高的山來擋雲吧？），創立者是麥當勞家族的後代John McDonald。John McDonald是個身高超過190公分的高個男，綽號為Long Jonh的他甚至還直接以他的名字做為威士忌的品牌，直到現在仍深受許多人的喜愛。班尼富蒸餾廠位在西高地區的Fort William附近，在合法的蒸餾廠之中，可說是歷史最悠久的酒廠。

到了1955年，班尼富蒸餾廠賣給了Joseph Hobbs，他在加拿大自己釀造威士忌，然後在美國的禁酒時代利用走私而賺了不少錢。除了班尼富之外，布萊迪、費特凱恩、格蘭洛斯、本諾曼克以及湖邊等蒸餾廠也都是他旗下所屬的蒸餾廠。Hobbs在1981年去世之後，班尼富蒸餾廠的老闆換成了英國的Whitbread啤酒公司，該公司投資了200萬英鎊讓班尼富重新生產，不過到了1986年，該酒廠又重新遭受休廠的命運。

1.密閉式的糖化槽。 2. 混合在一起的木製與不銹鋼製的發酵槽。
3.作業中的工作人員。 4.混合在一起的雪莉桶、波本桶和豬頭桶。

1989年，班尼富賣給了朝日啤酒旗下的Nikka Whisky，並在隔年開始生產麥芽威士忌。在這裡，不論是能了解酒廠歷史的遊客中心、商店或是寬敞的停車場都相當的整齊清潔，工作人員也十分親切，除此之外還備有日文的解說小冊子供我們取閱。竹鶴政孝離開Suntory之後，在北海道的余市成立了Nikka Whisky，他的養子竹鶴威社長後來曾說，父親一直希望能夠在蘇格蘭有間蒸餾廠可以生產自己的威士忌，這個夢想他在世時無法達成，不過現在終於在高地的班尼富得以實現。

回過頭來看，竹鶴政孝既不會說英語，也沒有認識的人，當時只是想要學習如何做出真正的蘇格蘭威士忌，以這樣的熱情跟求知慾就直接跑到歐洲。他當時搭船到舊金山，然後在加州的葡萄園學習釀造葡萄酒，接著搭鐵路到東海岸，等到再搭船到達利物浦的時候，他的英文在讀跟寫方面已經變得非常流利了，那過人的毅力實在讓人佩服。他在格拉斯哥大學讀有機生物學的時候，據說負責教他的教授還說「我已經沒有甚麼能夠教你了」。他最後決定到金泰爾半島上的坎貝爾城，然後在目前已不

◀右邊是親切地帶領我們參觀酒廠設施的John。
左邊則是在酒廠內的商店店長。

復存在的蒸餾廠裡學習製作威士忌，他每天在日誌裡寫下所有的作業細節，以將來要回日本製造威士忌的打算為前提，將資料記錄下來並努力向學，不論怎樣艱辛的工作都能咬緊牙根地欣然接受。

細細地品嚐他回到日本之後所釀造的Nikka Whisky「竹鶴」以及氣味芬芳的威士忌原點「BEN NEVIS 10年」，內心除了感謝「日本威士忌之父竹鶴政孝」的功績外，更對他所付出的辛勞感到敬佩不已。

班尼富蒸餾廠實際上所取用的水源是來自Allt a Mhullin河，糖化槽是不銹鋼製，發酵槽則有不銹鋼跟木製的共8台。至於蒸餾器則有2對，要抬頭起來看才看得清楚，感覺十分巨大！在年產量方面，一年可生產200萬公升的蒸餾酒，儲藏則使用波本桶和雪莉桶這兩種酒桶來進行熟成。班尼富在蓋爾語是「山之水」的意思。在蘇格蘭的最高山，從它的山頂取水釀造，難怪能夠釀造出如此美味的威士忌。

班尼富不但剛好位在斯貝河畔和斯開島的中間，離Fort William和Fort Augustus等湖邊觀光以及住宿的地方都不遠，如果到了班尼富蒸餾廠，一定要記得到這些地方看看。

IMPRESSION NOTE

BEN NEVIS 10年，PROVEMCE 46%（1999年蒸餾、2011年冬裝瓶、5,480日圓）。散發出相當舒服的果香和花香等，同時也帶著一點煙燻味和辛香。酒體飽滿，味道雖然強烈但是卻感覺相當和諧。甜味、堅果、蜂蜜、香水、黑砂糖還有麥芽的味道十分明顯。餘韻則多少殘留泥煤味。John當場請我們試喝7年款，乾澀的甜香味直接衝擊舌尖和喉嚨，印象非常深刻。

BEN NEVIS 10年
[700ml 46%]

Peaty
泥煤／藥水／樹脂

Pungent
嗆辣／灼熱／刺痛

Cereal
麥芽漿／麥芽／焦味

Bitter
苦味／鹽味／土味

Aldehydic
割草／葉／花

Oil
堅果／奶油／脂肪

Sweet
蜂蜜／香草／甘油

Woody
新木香／水果

[酒款]

主要的調和威士忌廠商是Dew of Ben Bevis，Glencoe。主要的單一麥芽威士忌則是Ben Nevis10年。

[行程]

雖然有發信過去，但是對於我們突然的到訪，酒廠還是十分親切地接待我們。超大的蒸餾器讓人印象深刻。實際的標準行程費用是5英鎊，除了聖誕節和新年，整年的營業時間為9:00～17:00（週一到週五），10:00～16:00（週日），7,8月的周末營業時間至18:00為止。

[路線]

從Fort William往東5公里。我們拜訪的時間是在10月，山頂已被白雪覆蓋的Ben Nevis山就在酒廠的後面。這裡的工廠、商店和人群比我們想像得還要多，且最讓我們驚訝的是酒廠竟然就位在市中心。班尼富酒廠的位置就在A82號公路和A830號公路的交界。

克里尼利基　　英國郵遞區號 KW9 6LR

CLYNELISH

Diageo plc
Clynelish Road, Brora, Sutherland
Tel:01408 623000 E-mail:clynelish.distillery@diageo.com

主要單一麥芽威士忌 Clynelish 14年, 蒸餾廠版Clynelish　主要調和威士忌 Johnnie Walker　蒸餾器 3對

生產力 420萬公升　麥芽 不含泥煤　儲藏桶 波本桶加上一些雪莉桶

水源 Clynemilton河

優質且複雜的味道

1819年，Marquess侯爵也就是之後的Sutherland公爵，為了活用農場所生產的大麥而設立了克里尼利基蒸餾廠。Sutherland有著非常厚的泥煤層和充足的煤炭，相當適合用來製造威士忌。1925年，克里尼利基酒廠轉手給其他的蒸餾廠，之後還暫時關廠。到了1967年，這間酒廠改名為布朗拉（Brora）蒸餾廠並且繼續進行生產。由於他們所釀出來的威士忌有著非常強勁的泥煤香，因此又稱為北方的拉加維林，煙燻味十分道地而遠近馳名。該酒廠一直持續運作到1983年，後來因為DCL認為酒廠的效率太差，看不到有發展的前途而決定將它關閉。由於這間老酒廠是石造建築，因此將它改來作為熟成用的酒窖。

目前我們所看到的克里尼利基蒸餾廠和1960年代的卡爾里拉、魁列奇、格蘭奧德的等外觀一樣，遵循著DCL的風格，將蒸餾廠採用整面的玻璃牆，然後蒸餾器放在這裡以生產蒸餾酒。克里尼利基企圖將威士忌的風味從艾雷式轉換成斯貝河風格，因此目前所生產的威士忌已不帶有泥煤香。從Inverness出發，沿著平坦又舒適的A9號公路向北行駛80公里左右，便會

1.充滿特色的帝亞吉歐式的玻璃窗。 **2.**將73度冷卻後衝出來的氣化酒精冷卻以做成蒸餾酒。
3・4.帶領我們參觀設備的工作人員。全體共有11人。 **5.**為數眾多的鼓出型蒸餾器。

在左方看見克里尼利基這棟風格相當現代化的建築矗立在眼前。克里尼利基蒸餾廠最初雖然曾經蒙受暫時關廠的命運，但是後來由於帝亞吉歐需要生產Johnnie Walker所需的原酒，因此最後終於得以復活重見天日。

克里尼利基的水源來自Clynemilton河，利用8台落葉松製和2台不銹鋼製的發酵槽將不含泥煤的麥芽進行發酵作業。在蒸餾器方面則有極為粗大的鼓出型初次蒸餾器和二次蒸餾器各3台，一年共可生產420萬公升的蒸餾酒。熟成則是用波本桶和少部分的雪莉桶進行儲藏。克里尼利基所製造出來的威士忌主要是用來做為Johnnie Walker調和用的原酒，單一麥芽威士忌雖有Clynelish 14年，不過發行量非常少。

建立在荒野中，離東Sutherland海岸不遠的古典式建築的布朗拉酒廠以及外型相當現代化的克里尼利基酒廠，這兩者之間呈現出新舊顯著的對比，來到這裡也能順便對蘇格蘭的蒸餾廠建築的變遷有所認識，是個滿不錯的景點。

左頁上面的照片即是舊克里尼利基蒸餾廠，也就是現在我們所看到的布朗拉蒸餾廠。看著照片，能讓人感覺到這200年的變遷。

IMPRESSION NOTE

CLYNELISH 14年，46%。最初能聞到麥芽和辛香所帶來的刺激，然後還有一點點燒焦的味道。喝上一口之後能感覺到辛香、甘甜、花香和果香味，調配的非常和諧。加了水之後能感受到牛奶般的風味而讓味道變得更好，而且完全不減嗆辣的刺激感。酒體豐滿，味道非常精彩且複雜，真不愧是來自北高地的威士忌。

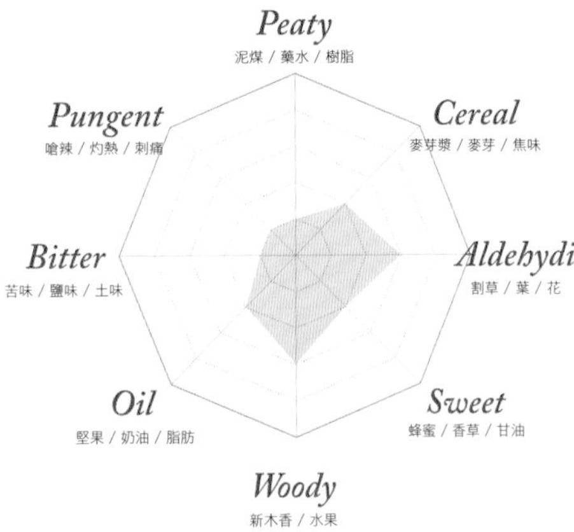

[酒款]

提供原酒給Johnnie Walker。單一麥芽威士忌則有Clynelish 14年和23年，此外也有過去曾以Brora為名稱販賣的酒款，如Brora 20年，單一年分酒款則有1973年、1974年和1982年。其他獨立裝瓶廠所推出的酒款有位於斯貝河畔Elgin的高級食品店Gordon & MacPhail、義大利Brescia的Samaroli所推出的Vintage Edition等。這些酒款每一個都不錯，建議可以挑一瓶喝喝看。

[行程]

標準行程的費用是5英鎊，4～9月10:00～17:00（週一到週五），10:00～17:00（7～9月的週六），10月10:00～16:00（週一到週五），11～3月只限預約參觀。我們這次沒有預約就直接過去，結果酒廠的員工欣然地讓我們入內參觀，一點都沒有不悅，真的是感激不盡。

[路線]

從Inverness走A9號公路一直往北行駛80公里就會看到布朗拉蒸餾廠，克里尼利基則在下一條街。

CLYNELISH 14年
[700ml 46%]

格蘭奧德 英國郵遞區號 IV6 7UJ

GLEN ORD

Diageo plc
Muir of Ord, Ross-shire
Tel:01463 872004 E-mail:glen.ord.distillery@diageo.com

主要單一麥芽威士忌 Singleton of Glen Ord　主要調和威士忌 Johnnie Walker　蒸餾器 3對
生產力 300萬公升　麥芽 輕泥煤煙燻　儲藏桶 波本桶和雪莉桶
水源 Allt Fionnaidh（White河）, Nan Eun湖

巨大的製麥和蒸餾工廠，非常值得一看

黑島的格蘭奧德蒸餾廠是在1838年由Thomas MacKenzie所建立的。奧德附近由於擁有適合大麥生長的肥沃土地，因此聚集了許多合法的蒸餾廠，不過後來陸續面臨關廠的命運，最後只剩格蘭奧德殘留下來。1896年Dundee調和威士忌公司以15,800英鎊買了格蘭奧德，在1923年又轉售給John Dewar & Sons公司，目前則移轉到帝亞吉歐的Scottish Malt Distillers公司旗下的DCL。到了1960年代，格蘭奧德將蒸餾器從原本的2台增加到6台，年產達440萬公升。1968年，該酒廠利用薩拉丁箱式發芽法所生產的麥芽不但可供格蘭奧德自足，甚至還能提供給其他的酒廠使用。

[特色]
主要的調和威士忌品牌是Johnnie Walker。自家的單一麥芽威士忌則有Singleton of Glen Ord。

[行程]
遊客中心在1994年啟用，面對一年高達2萬人次的旅客，該酒廠提供的行程包括了DVD介紹、酒廠參觀、試飲、購物以及各種讓人相當滿意的資訊。不提供日文解說冊子。營業時間則為4～10月10:00～17:00（週一到週五），11:00～17:00（週六），12:00～16:00（7～9月的週日），10～3月11:00～16:00（週一到週五）。

[路線]
從Inverness往奧德的方向前進，再從A9號往Muir of Ord方向行駛20公里，格蘭奧德就位在該村的西北方1公里處。

大摩 英國郵遞區號 IV17 0UT

DALMORE

Whyte & Mackay Ltd
Alness, Ross & Cromarty
Tel:01349 882362 E-mail:enquiries@thedalmore.com

主要單一麥芽威士忌 Dalmore 12年, Gran Reserva 15年, 18年, King Alexander III

主要調和威士忌 Whyte & Mackay Special 蒸餾器 4對 生產力 350萬公升

麥芽 帶著非常輕盈的泥煤香 水源 Alness河 儲藏桶 波本桶和雪莉桶

由河邊廣大的草地上所孕育出，風味相當複雜的美酒

大摩蒸餾廠成立於1839年，建立者是Alexander Matheson，他是Jardine Matheson商社創辦人James Matheson的姪子。該酒廠於1886年賣給了Andrews Mackenzie。由於亞歷山大三世曾經遭受雄鹿的攻擊而Mackenzie家族將他從危險中拯救出來，因此該家族獲得了雄鹿徽章且世代得以傳承下去。在第一次世界大戰的時候，該酒廠被當作礦山挖掘的相關設施，至於完成修復爆破損害然後再重新開張則是在1922年以後的事情。到了1960年，大摩和Whyte & Mackay合併，在1966年也就是在蘇格蘭威士忌熱潮開始席捲全球之前，該酒廠增添了4台裡面還裝有可以將蒸汽酒精直接冷卻的水冷裝置的燈籠型蒸餾器，並由此釀造出沉穩內斂且風味相當獨特的威士忌。2007年，大摩加入了United Breweries集團，之後則由市場消費逐漸增加的印度公司將它收購下來。大摩蒸餾廠的水源來自Alness河，燈籠型蒸餾器擴增一倍變成8台，生產力可達350萬公升。釀造出來的威士忌帶著非常輕盈的泥煤香，熟成方面則使用波本桶和雪莉桶這2種酒桶。

IMPRESSION NOTE

DALMORE 12年。強烈且飽滿的酒體，淡淡的煙燻香氣混著充分熟成後的麥芽香、堅果和果香一同綻放開來。除了能感覺到辛香味，入口之後還能享受到麥芽與堅果混著雪莉酒和水果所營造出來的樂趣。餘韻悠長，能感覺到鹽味和煙燻的味道。整瓶酒喝掉一半左右時，將會被大摩所散發的狂野氣息所深深著迷，實在是非常精彩的一款威士忌。

DALMORE 12年
[700ml 40%]

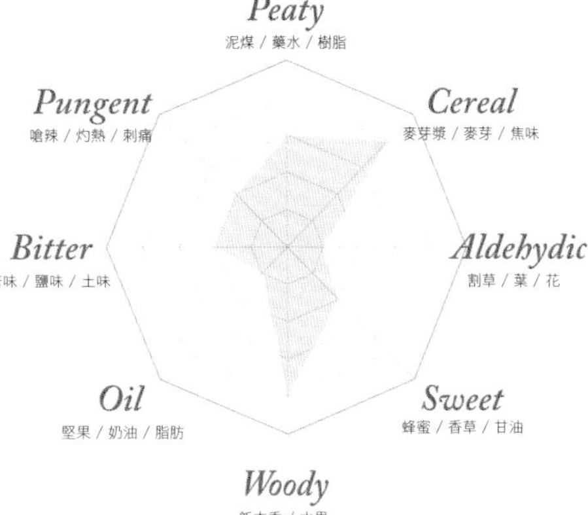

[酒款]

調和品牌有Whyte & Mackay Special。單一麥芽威士忌則有Dalmore 12年和30年。其他還有Gran Reserva 15年、18年以及King Alexander3世、Dalmore 1973年單一年份和50年限量款等，在全世界的烈酒活動當中獲獎無數。

[行程]

2004年開啟新的旅客中心。營業時間為3～10月11:00～16:00（週一到週五以及7～9月的週六），11～2月11:00～15:00（週一到週五）＊最好向蒸餾廠再確認詳細的時間。

[路線]

從Inverness往北約45公里的距離，沿著A9號公路行駛接B819號公路，大摩酒廠就在Alness鎮的旁邊。渡橋後不太容易找到，當Cromarty灣出現在眼前時，應該能看見該蒸餾廠矗立在北高地的自然景觀當中。

格蘭傑

英國郵遞區號 IV19 1PZ

GLENMORANGIE

The Glenmorangie Co (Louis Vuitton Moet Hennessy)
Tain, Ross-shire
Tel:01862 892477 E-mail:tain-shop@glenmorangie.co.uk

主要單一麥芽威士忌 Glenmorangie Original（10年）, 18年, 25年, Lasanta, Quinta Ruban, Nectar D'Or

主要調和威士忌 Bailie Nicol Jarvie, Highland Queen　蒸餾器 6對　生產力 600萬公升

麥芽 非常輕的泥煤煙燻　儲藏桶 波本桶　水源 Tarlogie泉

麥芽威士忌的基本款之一

從Inverness往北高地的途中，格蘭傑是最大的蒸餾廠，因能眺望多諾赫灣（Dornoch Firth）而名聞遐邇。在酒廠成立之前，這裡原本是一間啤酒工廠。1843年，William Matheson將它改建為威士忌酒廠，1849年開始正式營運。1887年，格蘭傑公司開始利用蒸氣來加熱蒸餾器而成為了蘇格蘭最先使用這種系統的蒸餾廠。1918年，Macdonald & Muir公司取得了格蘭傑的股份，但是由於美國的禁酒令和世界的不景氣，於是決定啟動減產。

纖細、華麗並且散發辛香氣息的格蘭傑威士忌，通常會用3種不同的酒桶進行熟成，其中包含傑克丹尼田納西威士忌酒桶，這種酒桶是用來自密蘇里河岸所生產的橡木做成的。此外，在很早期就採用wood finsh的方法，也就是利用勃根地、馬德拉、波特和雪莉酒桶等讓威士忌風味更加豐富的熟成方法。塗在酒桶蓋上的紅色代表第一個10年，黑色則表示第二個10年，而一個酒桶最多只能使用2次。

1979年，格蘭傑頗具特色的天鵝頸蒸餾器共有4台，1989年又再擴增4台。蘇格蘭以前最高的蒸餾器長為17英呎（5公尺右18公分），

蒸餾器看起來非常壯觀，彷彿羅馬神殿的大理石柱林立一般。遊客可以在這裡行走，也可以在這裡拍照。

這台用來製造琴酒的中古蒸餾器有幸被保留起來並放在倫敦以供紀念。格蘭傑在很早就注意到酒桶的重要性，並且利用天鵝頸造型的蒸餾器釀造出風味獨特的威士忌。並在2009年花了450萬英鎊擴增4台發酵槽和4台蒸餾器，讓年產量從400萬公升提高到600萬公升。在蘇格蘭本土，格蘭傑的銷售量排前一、二名，成了與格蘭菲迪並駕齊驅的威士忌知名品牌。

話說，25年前我在蘇格蘭買的第一瓶單一麥芽威士忌，記得上面貼的是樸素的淡褐色酒標。那一晚喝了之後，被它的好味道給震撼了，後來才知道原來我買的正是格蘭傑所出的單一麥芽威士忌，那天的經驗讓我大開眼界並且成為了單一麥芽威士忌的忠實信徒，同時也讓我對於格蘭傑有著一份特殊的情感和回憶。

格蘭傑蒸餾廠水源來自Tarlogie泉水，這裡的水質屬於硬水，麥芽100%來自當地並經過泥煤輕煙燻過，經過糖化、發酵、熟成，並用波本桶儲藏以進行熟成。格蘭傑過去曾以16人的釀酒團隊為號召，不過隨著全球對於威士忌需求量的增加，該公司在2010年再增加3人，以19人的團隊來負責整個蒸餾廠的運作。

▲在傳統的地板和酒桶上鋪上木板，以平鋪的方式堆疊酒桶。竹鶴即使在日本也是堅持採用這種三段式的堆疊方法。

◀在格蘭傑酒廠裡結束了試飲之旅後的男士們。在蘇格蘭的蒸餾廠所提供的行程之中，有很多只要買超過1瓶700ml的酒類就能退還參觀費。此外，在店裡也有印著酒廠名字的酒杯以紀念品方式販售。由於這些酒杯都是每個酒廠所獨創的，因此把這些酒杯蒐集起來當成興趣。

GLENMORANGIE 10年
[700ml 40%]

Impression Note

GLENMORANGIE 10年。散發出花香、蜂蜜、甜香以及果實般相當華麗的嫩芽香氣。酒體適中。非常纖細且高雅的單一麥芽威士忌酒款，雖然麥芽和泥煤的味道非常淡，但仍能隱約感覺到辛香味。這和我在25年前喝到的GLENMORANGIE 10年味道完全一樣，能夠保持這樣的水準，真不愧是蘇格蘭所釀的酒。

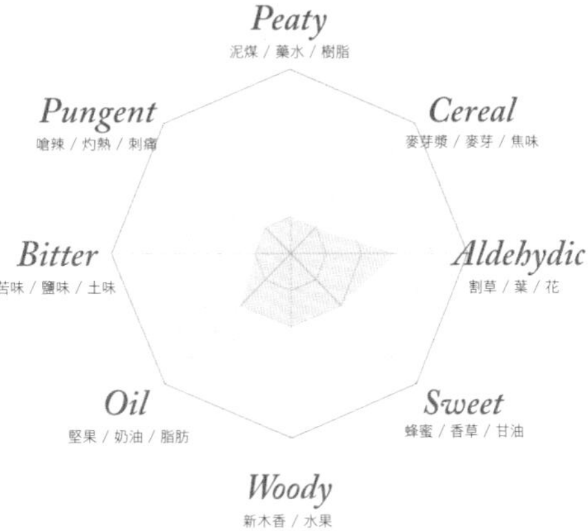

[酒款]

用來調和用的威士忌品牌是Highland Queen。單一麥芽威士忌則有Glenmorangie 10年、15年、18年和30年。此外還有馬拉加雪莉桶30年成熟、熟練職人桶9年熟成和馬德拉桶熟成1988年款等令人垂涎三尺的各種系列酒款。

[行程]

有提供日文版的解說冊子。這裡的遊客中心和博物館有非常棒的dvd介紹和設備，同時還有資深的解說員親切地帶領我們參觀格蘭傑酒廠的內部。標準行程的費用是2.50英鎊，除了聖誕節和新年，整年的營業時間為10:00～17:00（週一到週五），10:00～16:00（6～8月的週六），12:00～16:00（6～8月的週日）。

[路線]

從Inverness沿著A9號這條相當好走的公路往北行駛60公里。過了大摩蒸餾廠之後，接著會經過巴布萊爾蒸餾廠，然後在人口約4,000人左右的港城Tain再繼續往前走3公里，格蘭傑蒸餾廠就位在向北的上城區的道路右側，非常好找。

歐本　英國郵遞區號 PA34 5NH

OBAN

Diageo plc
Stafford Street, Oban, Argyllshire
Tel:01631 572004 E-mail:oban.distillery@diageo.com

主要單一麥芽威士忌 Oban 14年, 蒸餾廠版Oban　主要調和威士忌 N/A
蒸餾器 1對　生產力 73.5萬公升　麥芽 輕泥煤煙燻
儲藏桶 波本桶　水源 Gleann a' Bhearraidh湖

小海灣旁的老酒廠

歐本蒸餾廠是John和Hugh Stevenson在1794年所成立的，是蘇格蘭最古老的蒸餾廠之一。歐本位於熱鬧的市街中心，和一般蒸餾廠不太相同。對於已經習慣蒸餾廠通常會出現在深山或是絕壁斷崖的遊客來說，突然看到出現市中心的蒸餾廠應該會大吃一驚吧。這座酒廠後來在1883年由James Walter Higgin重新建造，1890年開始生產。1923年，Buchanan-Dewar買下這座酒廠並以歐本蒸餾酒製造商的名字重新開始營運，之後又賣給了DCL公司。歐本蒸餾廠後來併入聯合酒業旗下，並以1988年高地單一純麥威士忌打響了知名度。歐本現在是帝亞吉歐集團的一員，它們擁有一對小型的燈籠型蒸餾器，一年可生產75萬公升的蒸餾酒，目前推出經典麥芽酒系列酒款。

[特色]

調和威士忌的品牌不明，單一麥芽威士忌則有Oban 14年、20年和32年。

[行程]

歐本在2008年開放參觀，以播放DVD的方式介紹酒廠成立的歷史，還有提供試飲和聞香等活動，讓前往參觀的人能夠深入了解歐本酒廠。知覺和氣味探索行程（Sensory & Flavour Finding Tour）的費用為6英鎊，有提供日文解說冊子。

[路線]

位於A85號和A816號公路的交接處，酒廠就在街道中心。

富特尼　　英國郵遞區號 KW1 5BA

PULTENEY

Inver House Distillers Ltd (Thai Beverage plc)
Huddart Street, Wick, Caithness
Tel:01955 602371 E-mail:enquiries@inverhouse.com

主要單一麥芽威士忌	Old Pulteney 12年, 17年, 21年, 30年	主要調和威士忌	N/a

蒸餾器	1對	生產力	170萬公升	麥芽	不含泥煤
儲藏桶	波本桶	水源	Hempriggs湖, Yarrows湖		

深受飲酒老手喜愛的豐饒之酒

富特尼是蒸餾酒商James Henderson於1826年建立的，它位在不列顛島上的威克鎮裡，是蘇格蘭最北的酒廠。由於1922年到1939年實行禁酒令，以及北美禁酒法的影響，該酒廠於1930年被迫面臨關廠，並在1955年賣給了Hiram Walker & Sons公司。富特尼港最有名的漁獲是鯡魚，在北歐，人們喜歡拿鯡魚當下酒菜。這裡以醋醃、煙燻等的鯡魚加工廠而聞名，高達數百艘的帆船經常穿梭往返好不熱鬧，而富特尼蒸餾廠這個名字其實是來自於當地的鯡魚富商William Pulteney爵士。富特尼蒸餾廠所用的蒸餾器外型像是雪人，造型十分特殊，僅各有1台用來初次蒸餾和二次蒸餾。該酒廠的水源取自Hempriggs湖，所使用的麥芽不帶泥煤，每年可生產170萬公升的蒸餾酒。至於熟成則是採用波本桶。

[特色]

Old Pulteney 12年、17年、21年採非冷凝製法、30年。

[行程]

富特尼目前尚未成為真正的觀光酒廠。由於所生產的威士忌也相當得到酒迷的喜愛，因此還是值得前往參觀看看。標準行程的費用是4英鎊。

[路線]

從Inverness沿著A9號公路行駛會接到A99號，朝蘇格蘭雞冠的部分前進，即可抵達位在威克鎮的富特尼蒸餾廠。

湯馬丁　英國郵遞區號 IV13 7YT

TOMATIN

Tomatin Distillery Company Ltd
Tomatin, Inverness-shire
Tel:01463 248144 E-mail:info@tomatin.co.uk

主要單一麥芽威士忌 Tomatin 12年, 15年, 18年, 25年　主要調和威士忌 Antiquary, Big T, The Talisman　蒸餾器 6對

生產力 500萬公升　麥芽 不含泥煤　儲藏桶 波本桶加上一些雪莉桶

水源 Alt-na Frith小河

寶酒造公司所屬的大型酒廠

湯馬丁蒸餾廠是在1897年由Inverness的企業家所建立的，在蘇格蘭是頗具規模的酒廠之一。酒廠在1956年擴增了2台蒸餾器，之後隨著用來調和的原酒需求量上升而持續增加，1974年時，蒸餾器竟然已經多達23台。這樣沒規劃的擴增設備，面臨倒閉的可能性。到了1980年，由於不景氣的關係酒廠面臨了關廠的命運，終於在1985年由財務管理公司接手重整，後來由於大倉商事和寶酒造共同將它收購下來，而挽救了湯馬丁即將面臨倒閉的危機。

1998年，湯馬丁移轉了20%的股份，目前股權是由寶酒造（81%）、丸紅（14%）、國分（5%）所持有。該酒廠有6台初次蒸餾器和6台二次蒸餾器，合計起來共有12台，每年可生產500萬公升的蒸餾酒。另外，湯馬丁酒廠是日本企業在蘇格蘭所擁有的第一間蒸餾廠。

湯馬丁的水源來自Alt-na Frith的小河，它是源自Monadhliath山系的伏流，意思是自由的小河。用這裡的水製造出來的威士忌，據說能散發出蜂蜜、水果和花的香氣。儲藏方面，主要是用波本桶來進行熟成，再加上一點雪莉桶。湯馬丁在蓋爾語中是「茂盛的杜松之丘」。

IMPRESSION NOTE

TOMATIN 12年，在口中雖然能感覺到滑順的煙燻味所帶來的刺激，不過基本上前味是以水果和花香為主。辛香、草本味以及麥芽的甜味等全部的要素搭配的剛剛好，完全沒有衝突，在香氣方面保持著良好的平衡感，以高地所產的威士忌來說，這一款的口味相當均衡。酒精所帶來的刺激感可能稍強，甘甜的餘韻則會在最後的最後出現。

TOMATIN LEGACY
[700ml 48%]

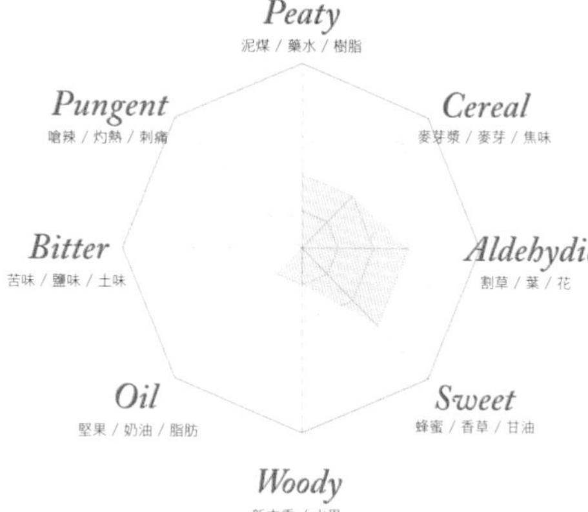

[酒款]

調和威士忌品牌有Antiquary和The Talisman。單一麥芽威士忌則有Tomatin 12年，這款的味道乾澀、強勁且帶著淡淡的煙燻味，非常有名。另外，還有15年、18年和25年等酒款。

[行程]

湯馬丁蒸餾廠的遊客中心，四周環境相當優美，因而獲得蘇格蘭觀光局4顆星的肯定。在看完DVD的介紹之後，接著會帶領遊客參觀湯馬丁自己的製桶廠並介紹整個酒廠設施，接著還會有品酒體驗。標準行程的費用是3英鎊，除了聖誕節和新年，整年的營業時間為10:00～17:00（週一到週六），12:00～16:30（週日），此外當然也有提供日文解說冊子。

[路線]

海拔315m的湯馬丁是第3高的蒸餾廠，它位在Findhor河的上游，從Inverness往東南方25公里的位置。在它的旁邊是因水怪而知名的尼斯湖。酒廠的附近盡是蘇格蘭的獨特風景，非常適合開車兜風。

TEANINICH

Diageo plc
Riverside Drive, Alness, Ross-shire
Tel:01349 885001 E-mail:ー

主要單一麥芽威士忌 Teaninich 10年（Flora & Fauna Series） 主要調和威士忌 Johnnie Walker 蒸餾器 3對
生產力 400萬公升 麥芽 不含泥煤 儲藏桶 波本桶 水源 Dairy Well泉

以海豚為標誌，充滿個性的單一麥芽威士忌

1817年，土地的仕紳Captain Hugh Munro在Ross成立了提安尼涅克蒸餾廠，並致力於1823年所通過的酒稅法修正案，等到稅金大幅刪減的法案通過之後，蘇格蘭的私釀威士忌的時代也隨即告終。Munro的兒子繼承了酒廠並擴大生產，1908年的時候賣給了威士忌暨蒸餾廠協會的會長，他同時也是Elgin的一家業者。該酒廠最後則在1933年併入到DCL的旗下。提安尼涅克在1962年擴增2台蒸餾器，1970年將設備完全更新，並用6台蒸餾器來生產威士忌。到了1980年，由於生產過剩而導致酒廠停止營運。之後到了1991年，酒廠又重新恢復運作，並在1999年移除了舊的設備。提安尼涅克在2008年擴增了不銹鋼的發酵槽，生產量則提高到了400萬公升。

［特色］
由帝亞吉歐所推出的單一麥芽威士忌10年款，酒體適中而味道濃郁，散發出辛香和草本的味道。原酒則提供給Johnnie Walker和Haig等知名品牌。自家推出的單一麥芽威士忌則是Teaninich 10年（Flora & Fauna Series）。

［行程］
不開放參觀，也沒有相關設施。

［路線］
沿著A9公路到Alness便可抵達提安尼涅克蒸餾廠，它位在大摩蒸餾廠的西邊。

南高地區與伯斯郡

SOUTHERN HIGHLAND & PERTHSHIRE

南高地的景色千變萬化，一路顛坡而蜿蜒不絕。

位在這裡的Aberdeen、Perth和Stirling可說是歷史的博物館。

此外，受到大西洋暖流的恩惠，氣候在這肥沃土地上顯得相當溫暖。

艾柏迪　英國郵遞區號 PH15 2EB

ABERFELDY

John Dewar & Sons Ltd (Bacardi Limited)
Aberfeldy, Perthshire
Tel:01887 822010 E-mail:world of whisky@dewars.com

主要單一麥芽威士忌	Aberfeldy 12年, 21年
主要調和威士忌	Dewar's, White Label 12年, 18年和簽名款
蒸餾器	2對
生產力	350萬公升
麥芽	不含泥煤
儲藏桶	波本桶和雪莉桶
水源	Pitilie河

熟成後的味道相當清爽

John和Tommy Dewar兄弟從1825～67年都一直在Pitilie這間老酒廠裡工作。1896年，他們在離Pitilie酒廠不遠的地方蓋了座新的蒸餾廠，這便是艾柏迪蒸餾廠的開始，當初建造的目的是為了要生產原酒以提供給Dewar's White Label做調和之用。Dewar's目前最主要的市場在美國，而艾柏迪則是這個最受歡迎的威士忌品牌所不可欠缺的原酒。

艾柏迪目前的所有者是John Dewar & Sons，該公司歸屬於複合酒類公司Bacardi旗下的威士忌部門。John Dewar & Sons所推出的威士忌，主要集中於Dewar's和William Lawson's這兩大品牌，由艾柏迪所推出用來販售的單一麥芽威士忌則僅占了全體的1%。不過即使如此，艾柏迪還是被放在他們最主要的業務部門。之所以會如此，其實只是為了要將當初成立這間酒廠的Dewar兄弟他們的夢想給繼續保留下來罷了。

艾柏迪所推出的酒款以12年和21年為主力，在滿載的狀態下年生產量可達350萬公升。

1.酒廠的地標—以前的煙囪。 2.艾柏迪的存在價值在於提供原酒給Dewar's。 3.遊客中心給人的感覺相當氣派。 4.連庭園裡的雕像都刻意地凸顯「蘇格蘭」特色。

[特色]
市場上有販售的調和威士忌有Dewar's，White Label 12年、18年。單一麥芽威士忌Aberfeldy 12年和21年。

[行程]
標準行程的費用是6.50英鎊，豪華行程是12英鎊，鑑賞家行程則是30英鎊，每一種行程都需要事先預約。4～10月10:00～18:00（週一到週五），12:00～16:00（週日），11～3月10:00～18:00

[路線]
沿著連接Perth和Inverness的A9號公路往北行駛50公里，快到Pitlochtry的時候在Balinluig這個地方左轉接A827號公路，接著再走約15公里左右便可抵達艾柏迪蒸餾廠，它位在艾柏迪村的郊外。

布雷爾 英國郵遞區號 PH16 5LY

BLAIR ATHOL

Diageo plc
Perth Road, Pitlochry, Perthshire
Tel:01796 482003 E-mail:blair.athol.distillery@diageo.com

主要單一麥芽威士忌 Blair Athol 12年（Flora & Fauna Series） 主要調和威士忌 Bell's 蒸餾器 2對
生產力 300萬公升 麥芽 不含泥煤 儲藏桶 波本桶和雪莉桶
水源 Allt Dour河（Otter小河）

夏目漱石也曾造訪的蒸餾廠

布雷爾蒸餾廠離愛丁堡不遠，就位在高地區Perth郡的Pitlochry鎮上，地點就在Perth以北35公里的位置，旁邊有A9號公路經過並面向A926號公路。這裡是英國非常知名的療養地，昭和天皇還是皇太子的時候曾在這裡住過，連飽受憂鬱之苦的夏目漱石也曾經從倫敦跑到這裡散心。

布雷爾蒸餾廠是在1798年由John Stewart和Robert Robertson所建立的，1932年由Arthur Bell & Sons將它買下，並改為Downtown Glenlivet蒸餾廠。該酒廠從1932年～1949年渡過了相當漫長的閉鎖期，到了1970年代由於調和威士忌受到廣大的歡迎才再度興盛起來，1985年，布雷爾蒸餾廠的所有權轉移到Guinness，現在為帝亞吉歐旗下的一員。

布雷爾的水源取自Otter小河，麥芽不含泥煤，使用4台不銹鋼和2台落葉松製的發酵槽進行發酵，利用2對直線型的蒸餾器，一年可生產300萬公升的蒸餾酒。儲藏則採用的是波本桶和雪莉桶來進行熟成。Otter河在蓋爾語中有「海獺河」的意思，因此在布雷爾的酒標上也印有海獺的圖案。

IMPRESSION NOTE

BLAIR ATHOL 12年，43%。酒質輕盈而酒體適中，出色的香氣能感覺到輕盈的麥芽糊、乾澀、甜腴和一點點的煙燻味。慢慢地喝上一口則能感受到堅果、奶油、麥芽和辛香所帶來的甘甜和果香味。餘韻則帶著甜甜的蜂蜜味，這是蘇格蘭威士忌熟成後所特有的風味，值得用心細細品嚐。

[酒款]

主要的調和威士忌品牌是Bell's。自家的單一麥芽威士忌則有Blair Athol 12年（Flora & Fauna Series）。

[行程]

標準行程的費用是5英鎊，動植物（Flora & Fauna）行程是10英鎊，豪華行程是12英鎊。除了標準行程以外，其他的行程都需要事先預約。從復節開始到10月為止9:30～17:00（週一到週六），10:00～17:00（僅7～8月的週日），11月～復活節前10:00～16:00（週一到週五）

[路線]

布雷爾蒸餾廠在Pitlochry鎮上，位在Perth以北35公里的位置，旁邊有A9號公路經過並面向A926號公路。

BLAIR ATHOL 12年
[700ml 43%]

狄恩斯頓　　　　英國郵遞區號 FK16 6AG

DEANSTON

Burn Stewart Distillers (CL World Brands Ltd)
Deanston, by Doune, Perthshire
Tel:01786 841422 E-mail:ann.shackell@burnstewartdistillers.com

主要單一麥芽威士忌	Deanston 12年	主要調和威士忌	Scottish Leader, Black Bottle		
蒸餾器	2對	生產力	300萬公升	麥芽	不含泥煤
儲藏桶	波本桶和雪莉桶	水源	Teith河		

由世界遺產等級的紡織廠所轉變成的蒸餾廠

狄恩斯頓雖然是1965年才成立的新酒廠，但是建築物本身的歷史卻相當悠久，它的前身是一座建於1785年的紡織廠，當時正處於工業革命的最盛期。後來由James Finlay公司和Brodie Hepburn有限公司以他們所共同經營的狄恩斯頓蒸餾公司為名義，將這座工廠的內部加以整修成蒸餾廠，並開始運作。另外，Brodie Hepburn公司在此時也同樣負責督伯汀蒸餾廠營運的公司。

由於狄恩斯頓是從紡織廠改建而成的，因此這棟位在泰斯河畔（River Teith）可稱作歷史遺跡的美麗建築在外觀上看起來就是座工廠，完全不像是酒廠。1971年，該酒廠發表了第一支單一麥芽威士忌Bannockburn，不過隨即在隔年便被Invergordon這間以穀物威士忌而出名的公司給收購下來。到了1974年，終於開始製造第一支以狄恩斯頓為名的單一麥芽威士忌，不過該酒廠卻在1982年遭受關廠的命運。狄恩斯頓現在的所有者是邦史都華，這間自格拉斯哥的蘇格蘭調和威士忌公司在1990年買下了這間關閉的酒廠，邦史都華本身也是一家金融投資公司，他們當初看上的是狄恩斯頓能夠幫忙

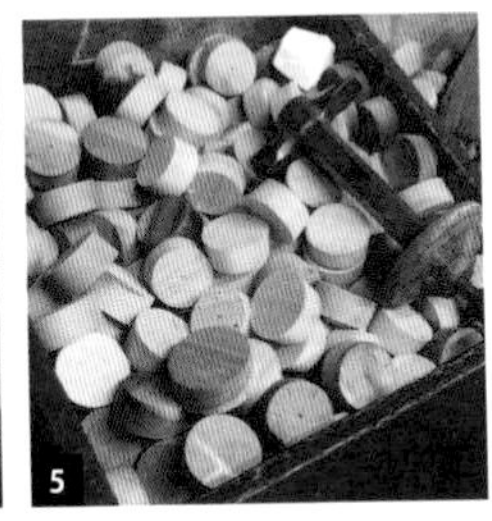

1.將波本桶、雪莉桶等酒桶保管起來以等待再次使用。**2.**將麥芽磨成碎麥芽，接著再依粗細分成（grist）粗（husk）、中粗（grits）和細（flour）。**3、4.**將麥芽混著溫水然後進行糖化。**5.**新酒裝桶之後所用的酒桶蓋。

生產自家調和威士忌所需的原酒，因而決定將它收購下來。

不過到了現在，邦史都華相當看好單一麥芽威士忌在未來市場上的潛力，因而將單一麥芽威士忌也列為營業的重點目標之一。他們目前不但挹注了相當多的金額在這間老工廠身上，甚至還設立了遊客中心，積極地擴大佈局。然而，公司雖然是新的，但是放在這座老倉庫裡的卻是1971年生產的老酒桶，邦史都華身為這個業界的中堅份子，將來會如何變化實在是難以預料。

在蒸餾設備方面，狄恩斯頓有1台開放型（無蓋）的鑄鐵製糖化槽和8台不銹鋼發酵槽，蒸餾器則有2對（4台）樣式非常正統、頸部極細的鼓出型（洋蔥型）蒸餾器，一年可生產300萬公升的蒸餾酒。

狄恩斯頓酒廠共有2座酒窖，1座屬於層架式，另一座由於保有以前工業革命時代用來紡織的水車而被指定為古蹟建築，因此在允許變動的範圍之內直接將它做成層架式的酒窖。狄恩斯頓儲放在酒窖裡的威士忌高達45,000桶，其中包括了剛剛所說的在1971年所生產的威士

6.外型矮胖而尺寸中等的鼓出型蒸餾器，4個排在一起，感覺相當壯觀。從鑄鐵製的糖化槽和8台不銹鋼製的發酵槽所製造出來的麥芽糊便是透過這些設備來進行蒸餾的。

7・8・9.這3張是來酒廠觀的旅客照片剪輯。參的人數以5到10人左右一組，並且附帶酒廠的紹與解說。這些遊客的齡之所以偏高，想必是積了非常豐富的「飲酒經驗，所以才能真正地解到威士忌的迷人之處整個行程從播放影片做開始，然後以試飲做為束。

忌，至於目前所推出的酒款當中則完全看不到任何的年輕款。

狄恩斯頓目前的主力酒款（Core Range）是在2009年重新設計包裝的非冷凝過濾12年款，這是他們的固定酒款。此外，在2011年則推出了Virgin Oak Cask Finish（無年份）和Deanston Organic，並打算讓它們也成為固定款。在這些酒款當中，Organic這一款威士忌是在2000年開始生產的，使用的是來自附近的伯斯郡的農場，並以有機（Organic）栽種的方式生產Optic大麥，至於釀造則是在每年的8月並只花一個禮拜的時間來進行蒸餾。除此之外，狄恩斯頓還將16年～19年的老酒新裝，並致力於新酒款的擴充。

除了上述之外，狄恩斯頓在英國和歐洲的部分地區也開始特別推出只限在大型連鎖超市和瑪莎百貨才買得到的特別酒款和Deanston12年款。最近這幾年，大型超市的酒櫃和機場的免稅商店對威士忌業界而言已經成為了擴張版圖的重要戰場。

IMPRESSION NOTE

DEANSTON 12年。風味雖然帶著圓潤，但香氣和味道卻有些與眾不同，過一段時間後會有薑泥和淡淡蜂蜜混合一起的感覺。此外，還能感覺到藥味和水嫩的果香味。果味在餘韻的部分更加明顯，同時還能隱約感覺到一點辛香。這瓶是典型專為酒迷量身訂造的酒款，不適合所有人飲用。喝完這一整瓶之後，或許你就能清楚地知道自己究竟喜歡怎樣的威士忌口味。

DEANSTON
[700ml 43%]

[酒款]

調和威士忌有 Scottish Leader等，單一麥芽威士忌則有Deanston 12年、17年、Vintage Edition和Cask Strength 30年。

[行程]

開放數人集體參觀的行程，每人費用5英鎊。去之前最好事先預約。

[路線]

從Perth沿著A9號公路往西南方行駛45公里，然後沿著A820號公路到Doune時改走A84號公路往南行駛1公里，接著進入B8032號公路後便能立刻看到狄恩斯頓蒸餾廠。

艾德多爾 英國郵遞區號 PH16 5JP

EDRADOUR

Signatory Vintage Scotch Whisky Co Ltd
Balnauld, Pitlochry, Perthshire
Tel:01796 472095 E-mail:—

主要單一麥芽威士忌 Edradour 10年, 'Straight from the Cask' 系列酒款, Ballenchin（帶著強勁的泥煤味）, Caledonia 12年

主要調和威士忌 N/A 蒸餾器 1對 生產力 9萬6千公升 麥芽 不含泥煤

儲藏桶 Edradour是用雪莉桶，Ballenchin是用波本桶 水源 Mhoulin Moor泉

最小的規模卻吸引了最多的遊客，令人驚嘆的酒廠

以遵循古法和規模極小為主要特色的艾德多爾（酒廠員工念的發音是艾德多），它和格蘭菲迪一樣在產線全開的時候一天能糖化60噸的麥芽，以規模彷彿就像是「工廠」的蒸餾廠而言可說是不成正比，是一間非常與眾不同的酒廠。至於它的規模究竟多小呢？據了解，負責蒸餾的人員全部只有3位，一次只能糖化1噸的麥芽，這樣的量僅是格蘭花格的1/16，而年產量也只有到9萬公升。如果拿它和1年可生產1,000萬公升的格蘭菲迪相比，就不難想像它的規模到底有多小。不過即使如此，艾德多爾每年會吸引10萬名的威士忌迷、觀光客前來參觀，從產量和遊客數的比例來看，艾德多爾吸引遊客的能力和受歡迎的程度在蘇格蘭可說是無人能出其右。

艾德多爾位在Pitlochry鎮以東3公里的位置，Pitlochry鎮自維多利亞時代便是個療養地，不論是從愛丁堡還是從格拉斯哥出發，車程都要2個小時左右。艾德多爾矗立於Ben Vrackie（海拔841公尺）山麓的田園坡地上，它是由幾個農舍般的小屋所相連而成的，酒廠的外牆都刷上白漆（水性漆），給人乾淨清爽

1.遊客中心的酒架上，有各種年份的酒款齊聚一堂。 2・3.蒸餾設備的規模極小且各自分散。
4.蒸餾設備的外配管部分。 5.舊式的酒汁冷卻機。 6.用來造酒的水。

的氛圍。在酒廠的中央有一條小溪經過，而這些規模不大的小房子便是蓋在這條小溪旁，感覺非常雅緻脫俗。

這些一個個的小房子是用來進行各種釀酒工程的作業場，只要稍微看一下，即使是對威士忌完全不懂的大嬸們也一定能理解為什麼遊覽車要載他們來這裡參觀。艾德多爾正是從如此清新又美麗的氣氛中所釀造出來的酒。

艾德多爾成立於1825年，它是由位於Pitlochry附近一帶的伯斯郡出身的農夫們所共同建立的，這個共同合作管理的蒸餾廠的起源則是Glenforest。如前面所述，該酒廠的現場工作人員從一開始就是3人體制，且至今從未增減過。這3位師傅每次會把1噸的麥芽放進鑄鐵製的糖化槽裡進行糖化，接著再用2台奧勒岡松製的發酵槽使之發酵，該酒廠的生產量和艾雷島的齊侯門一樣，幾乎都逼近業界所規定的最低限度。艾德多爾所使用的蒸餾器裝有淨化器，淨化的能力為2,000公升。在冷卻方面，艾德多爾不用冷凝管來而是利用從1910年便一直使用至今的蟲桶來將蒸汽酒精冷卻、液化。此外，關於麥芽汁在蒸餾之前的冷卻作業，艾

▲鑄鐵製的糖化槽，容量1噸，無攪拌器。
在蒸餾之前，一次又一次地仔細進行作業。

▲2台奧勒岡松製的發酵槽，
剛好適合搭配尺寸極小的蒸餾器。

德多爾使用的是摩頓式（Morton）麥芽汁冷卻機（1934年製），這種裝在建築外面的風冷式舊型裝置，是蘇格蘭唯一的一台，而該酒廠在2009年重新複製了一台，目前所使用的即是這台複製機。總之，他們認為使用老東西才是最大的賣點，雖然我倒是從沒聽過製造威士忌的好壞跟機器的新舊有關。機器的新舊應該單純只是效率上的問題，不過如果艾德多爾將這個舊型機當成一種精神支柱，那麼這種機器就可稱的上是好裝置。

艾德多爾現在的東家是Andrew Symington，他同時也是知名獨立裝瓶廠Signatory（1980年成立）的老闆。他在2002年的時候付給前東家保樂利加540萬英鎊而將艾德多爾買下，當時由於前東家在1990年代已將徒具形式的蘇格蘭蒸餾廠傳統的地板發芽廢除，自此艾德多爾的麥芽不得不直接向麥芽廠購買，而這一點也成為了該酒廠唯一具有現代風的部分。

接著一年之後，艾德多爾正式推出30年和10年款，同時也完成了重煙燻味的蒸餾。濃郁的

奶油味和蜂蜜，加上甘甜、如花般的薄荷香，麥芽的風味搭配得非常好而受到相當高的評價（雖然也有人說就像是便宜的化妝品味⋯），實在很難想像艾德多爾竟然有一天也會跟著潮流加入重煙燻威士忌的行列，甚至味道之重還遠勝其他家！

那位原本在拉佛格擔任蒸餾師而相當知名的Ian Henderson，沒想到退休之後竟然跑到艾德多爾當酒廠經理。據說他一到艾德多爾，立刻就調出了酚值達50ppm，可媲美雅柏的重煙燻口味的威士忌。不過，Ian所調配出來的超煙燻口味的威士忌，不管怎麼想還是讓人覺得跟艾德多爾原本的風格差異太大了。雖然對於酒迷來說，總是會忍不住地擔心這個產量超少的蒸餾廠莫非也要推出其他品牌的威士忌了？不過換個角度想，其實這也讓酒迷正在等待威士忌熟成的同時，也多了一份享受意外驚喜的期待。

IMPRESSION NOTE

EDRADOUR 10年，40%中等酒體，能聞到帶點煙燻的蜂蜜、甜腴、堅果的香氣。入口之後則會感覺到麥芽和花香的味道，能充分地享受到濃郁的美味。餘韻殘留著雪莉酒和香料的味道。這酒款給人的感覺就跟朗摩16年和格蘭蓋瑞12年一樣，展現出與艾雷島完全不同的風味。

EDRADOUR 10年
[700ml 40%]

[酒款]

主要的單一麥芽威士忌是Edradour 12年。至於Special Straight from the Cask系列，則是採用巴羅洛、波爾多、夏多內、波特和雪莉等葡萄酒桶調味，讓威士忌的風味更加豐富。此外還有限定酒款，目前能買到的有Edradour 1983年 Vintage和Decanter Vintage 1993年。

[行程]

標準行程的費用是5英鎊，5～10月9:30～17:00（週一到週六，除了5月和10月，一般時候是10:00開放入場），12:00～17:00（週六），11～4月10:00～16:00（週一到週六），12:00～16:00（1月～2月以外的週日）。艾德多爾是前3大每年參觀人次達10萬以上的蒸餾廠之一。

[路線]

從Perth走A9號公路往北60公里，接著沿著Pitlochry東南方的A924號公路繼續前進，就能抵達艾德多爾蒸餾廠。

費特凱恩 英國郵遞區號 AB30 1YE

FETTERCAIRN

Whyte & Mackay Ltd
Distillery Road, Fettercairn, Laurencekirk, Kincardineshire
Tel:01561 340205 E-mail:—

主要單一麥芽威士忌	Fettercairn 1824 12年	主要調和威士忌	Whyte & Mackay Special	蒸餾器	2對
生產力	200萬公升	麥芽	輕泥煤煙燻	儲藏桶	波本桶和雪莉桶
水源	Grampian山泉				

威廉・格萊斯頓首相的父親曾是酒廠老闆

費特凱恩蒸餾廠位在東高地亞伯丁郡的費特凱恩村，它成立於1824年，建立者是Alexander Ramsay爵士，他同時也是Fasque莊園（俗稱Fasque House）這座超大宅邸的主人，酒廠以所在地為名，不過也偶爾被稱做House of Means。6年後，Ramsay將莊園連同酒廠整個賣給了John Gladstone爵士。在這時候，莊園和酒廠的主人都可稱得上是準貴族，基本上都還掌握在個人手裡，不過在此之後，酒廠便改由企業組織經營並且歷經多次轉手。

目前，莊園和酒廠雖然分別由不同人所持有，不過這棟大宅（或者該說宮殿）和酒廠都非常有名，兩者在蘇格蘭政府的觀光地圖上都能找到。費特凱恩威士忌在當地又被稱為「Fasuke」，一直是當地人所熟悉的地方名產。

在蒸餾方面，費特凱恩使用傳統的鑄鐵糖化槽，用8台道格拉斯杉木做成的發酵槽發酵，接著再以2對4台蒸餾器來進行蒸餾。不論是用來製造酒汁還是烈酒，這些蒸餾器都是外型普通的直線型蒸餾器。

不過，烈酒蒸餾器乍看之下雖然沒有甚麼

▲攪拌中的糖化槽。

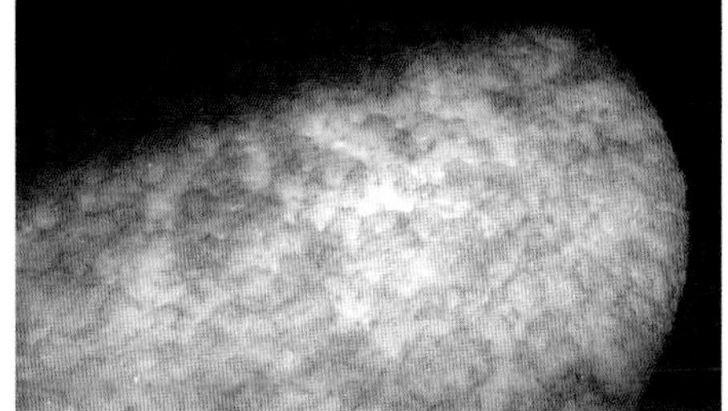
▲不斷冒出泡泡的發酵槽。

請注意看看中間這個烈酒蒸餾器的頭部，讓水直接接觸銅面，進而降低酒精蒸氣產生後的溫度。

特別，但如果仔細一看，便會發現從頭部上方有水流到蒸餾器在頭部和壺身的交接部分。流出來的水量和水勢並不強烈，而是輕輕地就像「用水做成的遮布」般，以極為和緩的速度慢慢地流過蒸餾器的銅質表面，然後再循環回到頭部。

接下來，蒸汽酒精雖然會用銅製的冷凝器做最後的冷卻以轉化成蒸餾酒，不過因為在一開始就有透過流回至蒸餾器頭部的水來進行直接冷卻而讓更多的蒸氣酒精回流至蒸餾器，所以最後能釀造出更加輕盈澄澈的蒸餾酒。不過值得一提的是，工作人員在介紹這個系統的時候，他們只是很流暢地為我們進行相關的解說，完全沒有誇大其詞或是故作神秘地提到「這是誰誰誰發明的」、「這是甚麼甚麼式」等東西，自始自終都非常拘謹地進行解說。從頭到尾就只是稍微提到在換成這種銅製的冷凝器之前，用不銹鋼製的冷凝器所製造出來的蒸餾酒會有很重的硫磺味，以及現代使用銅製的冷凝器已是業界的一般共識等非常簡單的說明罷了。至於這個「用水做成的遮布」的效果究竟如何，從負責控制酒質的烈酒保險箱所流出

▲商店裡擺放著「FIOR」。
一看就知道這是目前的主力酒款。

▲樸素又簡單的遊客中心。
前面是商店，能輕鬆地買到費特凱恩。

來的酒液就能清楚地知道，就我自己而言，我覺得它的效果「非常卓越」。

這些做好的烈酒會放在14座堆積式酒窖裡儲放，目前這些放在酒窖裡進行熟成的酒桶全部共有32,000個，最老的則是1962年所生產。以2010年現在的生產量來看，費特凱恩平均每週進行17次糖化作業，一年可生產150萬公升的蒸餾酒，如果是產能全開的狀態則年產量可達230萬公升。

費特凱恩目前幾乎停止推出原本的核心酒款，其中甚至還包含相當受歡迎的「12年」款在內，而將主力酒款改為Fettercairn Fior。費特凱恩在蓋爾語的意思相當於純淨。附帶一提，關於Fior這個酒款，15年Cask的酒精濃度為60%、14年的為25%，至於帶著強勁煙燻味的5年款則是15%，從品質來看，這些款酒的價格可說是相對便宜。

IMPRESSION NOTE

FETTERCAIRN 875，43%。深邃的琥珀色，雖然味道極為複雜，但喝起卻感覺相當樸質而強勁。巧克力加上水果的香氣混著煙燻味而讓咖啡般的苦澀感更加明顯，同時也隱約地感覺到薄荷味。香氣以濃郁而微苦的柑橘系（柳橙）為主，餘韻則能感覺到明顯的雪莉酒和果香，然後突然地結尾。

FETTERCAIRN 8年
[700ml 43%]

[酒款]
主要提供給 Whyte & Mackay Special。單一麥芽威士忌則有Fettercairn 1824、Fettercairn 12年、15年、30年和Stillman's Dram 30年，另外還有Gordon & MacPhail所推出的Connoisseurs Choice。

[行程]
標準行程的費用是2英鎊，3～9月10:00～14:30（週一到週日）

[路線]
從Dundee沿著A90號公路經過Aberdeen後繼續北上，接著進入B966號公路後再繼續往北開16公里，就會看到費特凱恩蒸餾廠。

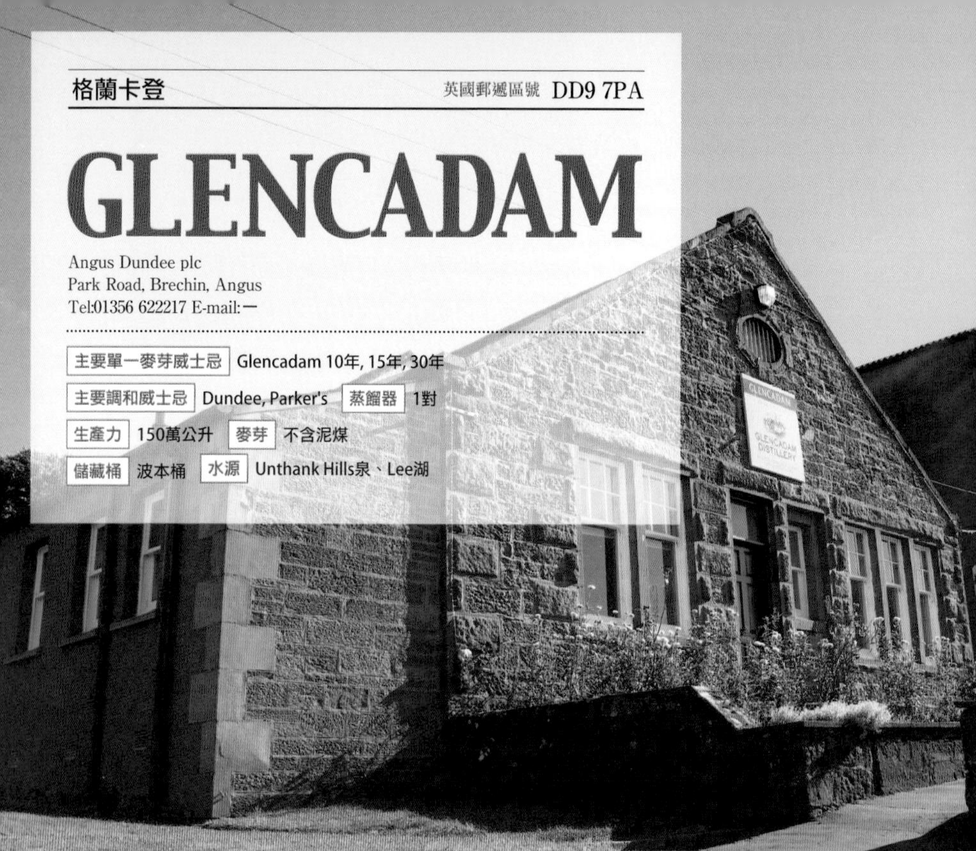

格蘭卡登　　英國郵遞區號 DD9 7PA

GLENCADAM

Angus Dundee plc
Park Road, Brechin, Angus
Tel:01356 622217 E-mail:ー

主要單一麥芽威士忌	Glencadam 10年, 15年, 30年		
主要調和威士忌	Dundee, Parker's	蒸餾器	1對
生產力	150萬公升	麥芽	不含泥煤
儲藏桶	波本桶	水源	Unthank Hills泉、Lee湖

讓味道濃郁香甜的17度魔法

從蘇格蘭蒸餾廠的分布地圖來看，位於東高地的Tayside地區到1980年代後半為止共有5家蒸餾廠在營運，他們生產的威士忌都來自Tayside因而形成了一定的勢力。然而到了現在，除了格蘭卡登以外，其餘的蒸餾廠均已轉業、解散或是關廠，過去的Tayside威士忌早已暗淡無光。至於格蘭卡登，它自1825年成立以來，光是在19世紀就易主5次並不斷經歷顛沛流離的命運。該酒廠在2000年的時候陷入了休廠的狀態，眼看著它即將就要面臨和另外消失的4家酒廠一樣的命運時，現在的所有者Angus Dundee卻在2003年將它收購下來而勉強延續了Tayside威士忌的火苗。

Angus Dundee同時也是斯貝河畔都明多（Tomintoul）蒸餾廠的所有者，而格蘭卡登的設備不是全部用來蒸餾，它另外還有16個巨槽是拿來裝瓶和調和威士忌，目前產能則呈現全開的狀態。格蘭卡登一年可生產380萬公升的調和威士忌，其中出口佔了5%。

在蒸餾設備方面，Hiram Walker在1954年買下了格蘭卡登並在5年後進行大規模的改建，目前所使用的設備基本上就是那時候所留下來

1.放置蒸餾設備的建築。前一頁的建築是該酒廠用來裝瓶和調和威士忌。 2.發酵槽。 3.專門用來磨碎麥芽的碾麥機。 4.發酵槽。 5.糖化槽。

的。Hiram Walker在這段時間透過改建而提升了競爭力，在格蘭卡登於1987年賣給Allied Lyons公司前的這33年期間，這些設備不但使酒廠得以延續下去並獲得相當好的評價。格蘭卡登的鑄鐵製糖化槽從1980年代就開始使用，利用它來讓麥芽糖化需要花上整整8個小時，糖化好的麥芽糊則會送往6台不銹鋼製的發酵槽。在這些發酵槽當中，有4台是木製的，另外2台則是不銹鋼製並且有附蓋子。格蘭卡登的蒸餾器共有1對。其中，酒汁蒸餾器的容量為17,130公升，外面裝有熱交換器（負責將蒸氣轉換成液體），這個蒸餾器本身是從1950年代才開始使用的，雖然不算是老東西，不過由於該蒸餾器是以該酒廠建立、並在1825年正式對外營運時所使用的蒸餾器為原型所製造出來的，因此可說蒸餾器的形狀自酒廠成立以來從未有任何的改變。

格蘭卡登目前生產呈現滿載，1週運作7天，糖化作業進行16次，一年可生產150萬公升的蒸餾酒。不過，由於酒廠只有1對蒸餾器，因此這樣的生產量幾乎接近飽和狀態。該酒廠在2008年的時候曾經因為洪水侵襲而暫時停止生

6.外裝熱交換器的酒汁蒸餾器。 7.用來裝桶的地方。 8.堆積式酒窖。 9.酒款一覽。 10.右邊是還沒進行熟成的新酒。

產，現在已經完全恢復營運。

在酒窖配置方面，格蘭卡登有2座自1825年便開始使用的堆積式酒窖，另外還有1950年代開始使用的3座堆積式和1座層架式，全部共計6座。這些酒窖目前有23,000桶威士忌正在進行熟成，最老的酒桶則是1978年所生產的。

格蘭卡登現在的東家所推出的第一支單一麥芽威士忌於2005年上市，他們重新設計在前東家時代熟成而推出的15年款瓶身，將46%的酒精採非冷凝過濾然後重新上市，至於3年後也就是2008年時所推出的「10年」款也是採用相同的方式上市。「15年」和「10年」這兩款目前是該公司的核心酒款。格蘭卡登所生產的單一麥芽威士忌自前東家時代便提供給百齡罈以做為原酒的一部分，這些威士忌有著奶油的香氣和柑橘的甜味，味道濃厚且餘韻滑順而有「大麥奶油（Cream of the Barley）」的美稱，正因為這些特質，所以即使是現在的東家也正努力地想讓它們在市場上能成功地占有一席之地。

GLENCADAM 10年
[700ml 46%]

Impression Note

GLENCADAM 10年，46%。纖細的花香混著將梨子煮成糖漿般的濃郁氣味。散發出來的香氣有如柑橘類的果香和麥芽的甜味再帶點焦糖的味道，濃郁而且複雜。此外，還有苦澀感。餘韻能感受到清爽的果香味。在參觀酒廠時所喝到的新酒則有著不像10年款該有的熟成風味。

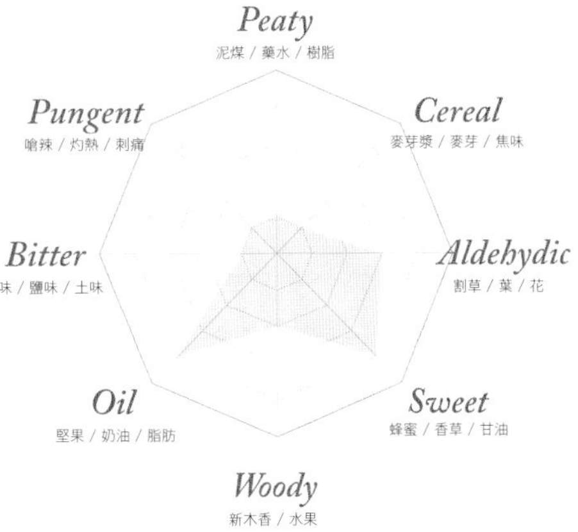

[酒款]

調和威士忌有Ballantine's等。單一麥芽威士忌則有15年、Special Malt 15年和Gordon & MacPhail公司推出的Connoisseurs Choice。

[行程]

雖然沒有遊客中心和特別推出參觀行程，但是酒廠表示如果能事前預約，都很歡迎前來參觀。

[路線]

格蘭卡登離其他蒸餾廠有段距離，從Dundee出發走A90號公路往東北行駛，接A935號公路繼續往前，該酒廠就位在Angus地區裡的Brechin鎮附近。

格蘭哥尼 英國郵遞區號 G63 9LB

GLENGOYNE

Ian Macleod Distillers Ltd
Dumdoyne, Stirlingshire
Tel:01360 550254 E-mail:reception@glengoyne.com

主要單一麥芽威士忌 Glengoyne 10年, 12年, 17年, 21年 主要調和威士忌 Cutty Sark, Famous Grouse, Lang's Superme

蒸餾器 酒汁蒸餾器1台、烈酒蒸餾器2台 生產力 110萬公升 麥芽 不含泥煤

儲藏桶 波本桶和雪莉桶 水源 Carron湖

在高地區釀酒，在低地區熟成

1833年，Lang Brothers公司的Burnfoot蒸餾廠改為格蘭哥尼蒸餾廠，接著在1965年被愛丁頓集團所屬的Robertson & Baxter給收購下來。到了2003年，同時擁有調和廠和裝瓶廠的Ian Macleod公司買下了該酒廠，並持續提供威士忌給愛丁頓以做為調和還有庫存之用。此外，Ian Macleod還將格蘭哥尼的生產量提高一倍，並推出限定款的威士忌。格蘭哥尼酒廠在當時算是蘇格蘭最小的蒸餾廠之一，雖然它蓋在非常美麗又浪漫的地方，不過這個溪谷在過去卻是有10幾家地下酒廠聚集的場所。格蘭哥尼在蓋爾語的意思是「野鵝谷」，在它的上面是Dumgoyne山丘，這裡的樹林柔軟且茂密，格蘭哥尼的水源取自從這裡濾過而流出來的瀑布。在威士忌製造方面，格蘭哥尼目前已停用傳統的黃金大麥而改成以Optic種的麥芽來進行蒸餾，接著再將這些釀好的新酒裝進雪莉桶儲藏，讓威士忌給人一種香氣複雜且細緻的印象。

在設備方面，格蘭哥尼使用的糖化槽是不銹鋼製的、發酵槽則有6台奧勒岡松槽，此外還有1台球型酒汁蒸餾器和2台鼓出型烈酒蒸餾

1.鼓出型烈酒蒸餾器的全貌。 2.將個人和團體法人的私人收藏桶名牌全擺在一起，讓人眼花撩亂。 3・4.展示在遊客中心裡的主打酒款。

器。

黑白的外牆、井然有序的工廠配置，道路的對面再稍微往下的地方則是格蘭哥尼的酒窖群。有趣的是，在這間酒廠所誕生的威士忌，用來蒸餾的地方是高地區，而進行熟成與儲藏的地方則是屬於低地區。格蘭哥尼是座相當美麗的酒廠，因此一年會吸引高達40,000名的遊客前來參觀。在過去，由於萃取高濃度的酒精以及相關儲藏設備時經常會引起火災而導致工廠損毀，因此通常許多的酒廠會禁止遊客在拍照時使用閃光燈，不過在格蘭哥尼，由於他們的蒸餾器是直接和室外通風，因此可以盡情地拍照。在參觀的行程方面，格蘭哥尼所提供的行程可說是所有蘇格蘭蒸餾廠裡最豐富的一家，至於詳細內容可以上網了解看看。舉例來說，它有一個行程是在品嚐完17年款之後，會讓你聞聞並自己調和這些酒款看看，調出來的威士忌最後還可以裝進100ml的瓶子裡然後直接帶回家。在我們來採訪的那天，也看到了一堆鼻子紅通通的酒迷們陸續從觀光巴士下來，然後擠進了這間酒廠裡來。

為了通風而採全開放式空間的蒸餾室。
前面2台是烈酒蒸餾器，後面則是容量相當大的酒汁蒸餾器，在上面還有裝設小窗。

WASH
NGEROUS
CALS

IMPRESSION NOTE

GLENGOYNE 10年，40%。最初散發出來的香氣是熟成後的麥芽酒和雪莉酒的氣味，入口之後則能感覺到水果和樹木的味道，不帶泥煤味、甘甜、富含果香味，屬於質感相當輕盈的酒款。餘韻悠長，能享受到豐富的果味。酒體輕盈。

[酒款]

提供原酒給Cutty Sark、Famous Grouse和Lang's Supreme等做為調和威士忌之用。自家推出的品牌除了有Glengoyne 10年、12年、17年、21年和30年之外。此外，其他還有Old Cask Strength 12年、1972年Vintage、Old Single Cask 31年、Old Vintage 28年和Scottish Oak 15年。

[行程]

該酒廠的遊客中心一年能吸引400萬人前往，其受歡迎的程度可見一斑。雖說沒有日文解說冊子，不過它的大師級行程非常精彩，可以讓酒迷們充分地體驗調配威士忌的樂趣，除了能品嚐17年酒款，還特別提供機會讓遊客能夠親手調製100ml的調和威士忌，這樣的安排在其他蒸餾廠裡很難見到。標準行程的費用是6.5英鎊、小酌行程8.5英鎊、品嚐行程15英鎊、原桶烈酒行程70英鎊、頂級調和行程30英鎊、大師級行程100英鎊，可事前預約。

[路線]

從格拉斯哥走A81號公路往北行駛20公里，它的位置就在羅夢湖的東南方。

GLENGOYNE 12年

[700ml 43%]

督伯汀　　英國郵遞區號 PH4 1QG

TULLIBARDINE

Tullibardine Distillery Ltd
Stirling Street, Blackford, Perthshire
Tel:01764 682252 E-mail:info@tullibardine.com

主要單一麥芽威士忌 Tullibardine Aged Oak 1993年, 1992年, 1988年, 1960年代的酒款以及WOOD FINISH等

主要調和威士忌 N/A　蒸餾器 2對　生產力 270萬公升　麥芽 不含泥煤

儲藏桶 波本桶和雪莉桶　水源 Danny河

在惡魔的渡口（Blackford）所釀造出來的天堂之味

督伯汀成立於戰後景氣復興終於告一段落的1949年，它是由知名的蒸餾廠設計師William Delme-Evans所興建而成的。戰後4～5年的這段期間，由於戰時金屬管制解除的關係，因此不論是新成立還是重建復興的所有領域的產業都開始蓬勃發展，Delme-Evans便是在這一波的發展當中建立了自己所設計的蒸餾廠。督伯汀位在南高地伯斯郡的Blackford裡，建造的地點原本是這個村子的麥芽啤酒（上層發酵啤酒）釀造廠，這裡的面積雖然不大，但是由於酒廠本身的設計極具效率和多功能性，因此除了在Invergordon入主時的1973～4年曾擴建以外，到目前為止並未進行過大規模的整修。

該酒廠成立之後，由於長期資金不足的緣故，Delme-Evan在還來不及等到首批威士忌問世的情況之下，便在1953年將它賣給了Brodie Hepburn公司。Brodie Hepburn公司的性質比較像是仲介商，它在同一個時間也有參與狄恩斯頓的營運，之後並在1971年的時候將督伯汀轉手給Invergordon。後來Invergordon被Fortune Brands旗下的Whyte & Mackay給併購，而該酒廠也因於1994年開始便處於休眠的

狀態而被放置在一旁。直到了1996年，Whyte & Mackay更名為JBB，接著這間JBB公司又在2001年將Whyte & Mackay從母公司Fortune Brands的手上買回了經營權並改名為Kyndal公司，2003年才又重新開始使用大家耳熟能詳的Whyte & Mackay來做為公司名稱。順道一提，JBB的全名是Jim Beam Brands，三得利控股公司在2014年成功地將它給收購下來。

像以上這樣的公司變遷，聽起來可能會覺得相當複雜奇怪，不過興衰起敝在蘇格蘭業界其實是家常便飯之事。這些變遷事實上就像是流水一樣，而隱身於品牌背後的歷史厚度則成為威士忌味道的一部分。就像某位英國經濟學者曾說過：「蘇格蘭的土地狹小，但是卻擠滿了190間以上的蒸餾廠，這件事本身就是個奇蹟」，威士忌早就與蘇格蘭人的生活密不可分，因此能夠買下一間蒸餾廠，實在是很難視為只是一般單純的商業行為。這一點從蒸餾廠為數眾多，但只有極少數的經營者從未變過的這個現象來看也能立刻得到印證。也就是說，能夠擁有和經營一家蒸餾廠，對蘇格蘭年輕一代的企業家而言，或許在「某種程度上」也算是置盈虧於度外的一種夢想的實現。讓我們將重點重新回到督伯汀身上，面對大企業併吞弱小公司的必然法則，督伯汀因為正確地示範出「新的酒廠經營模式」而受到大家的矚目。

2003年，有4位有志之士聚集在一起並合夥成立公司，打算讓督伯汀重新步上軌道。他們首先由這4人當中的Michael Beamish用100萬英鎊買下了督伯汀酒廠，接著便開始展開了相關的計畫。首先，在買下酒廠設備與附隨的3,000桶原酒之後，在等待威士忌熟成的同時，為了解決眼前最重要的現金收入問題，他們於是在位於Blackford村裡的蒸餾廠的隔壁蓋了座商場（類似日本的購物中心），以維持蒸餾廠的營運。至於必要的週轉金則是靠發行債券以及向巴克萊這家總資產為世界第二的銀行申請貸款。能夠得到巴克萊銀行的融資通常代表著信用狀況相當穩固，不過該公司的情況則是代表這4個人對於事業的綿密計畫與未來發展獲得了肯定，事實上，他們的創業資金也是跟這家銀行借的。從結果來看，這個設施一年吸引了13萬人前來購物，除了對當地的經濟多少帶來好的影響外，同時也帶動許多客人進來酒廠參觀。實際上，在酒廠的遊客中心裡可以看見相當多的人在買東西，也可以看見許多人提著印有酒廠標誌的購物袋到處走動，讓人確實感覺到這裡已逐漸變成知名的觀光景點了。

在蒸餾設備方面，督伯汀有1台有附蓋子的不銹鋼發酵槽和9台同樣也是不銹鋼製的發酵槽，蒸餾器有2台直線型的酒汁蒸餾器和2台烈酒蒸餾器，至於酒窖則是採堆積式。目前，督伯汀所正式推出的酒款主要是來自該公司在買下酒廠前所釀好的原酒，不過以2004年酒廠換了新東家以後所生產的原酒為主的Aged Oak，目前也已經完成裝瓶並開始上市。

另外，該酒廠計畫在2013年之後還會陸續推出新的酒款。附帶一提，督伯汀目前的年產量為270萬公升。

在狹小的空間裡蒸餾器的配置相當有效率，充滿活力的蒸餾室。

堆積式酒窖，目前的裝瓶以收購前所蒸餾出的老酒桶為主。

IMPRESSION NOTE

TULLIBARDINE AGED OAK EDITION，40%。酒體中間偏輕盈，色調呈現淺色且透明度相當高的黃褐色。香氣當中能聞到奶油伴隨著烤焦的香草味、甜味以及果香，感覺相當溫和舒服。味道隱約帶著苦澀，雖然沒有煙燻和泥煤的味道，但是感覺非常優雅。飲用時不建議加水。

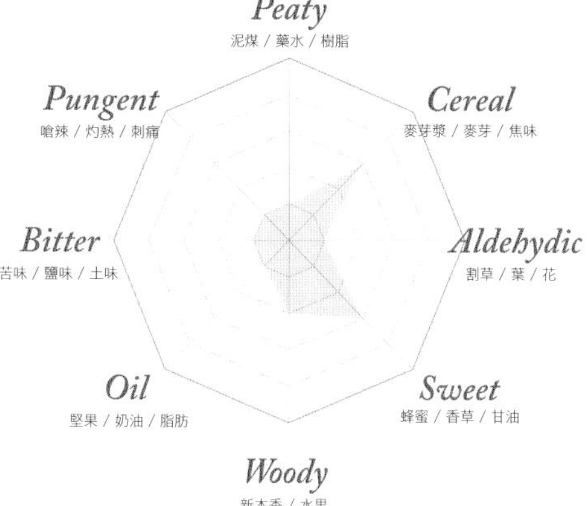

[酒款]

TULLIBARDINE AGED OAK EDITION 1933年、1992年、1988年、1960年代的酒款以及WOOD FINISH，另外還有1993年VINTAGE、1965年VINTAGE和1986年MANAGER'S DRAM SHELLY HODSHEAD。調和用的原酒則提供給Scots Grey和Glenfoyle。

[行程]

標準行程的費用是5英鎊，試飲行程7.50英鎊、保稅倉庫行程15英鎊、鑑定家行程25英鎊。除了聖誕節和新年，整年的營業時間為10:00～17:00（週一到週六）。

[路線]

從Perth出發沿著A9號公路往西南方行駛約30公里會接到A823號公路，再繼續往前走數公里之後便會來到Blackford，督伯汀酒廠就位在這裡。

TULLIBARDINE 14年

[700ml 40%]

格蘭塔瑞　　英國郵遞區號　PH7 4HA

GLENTURRET

The Edrington Group
The Hosh, Crieff, Perthshire
Tel:01764 656565 E-mail:—

主要單一麥芽威士忌　The Glenturret 10年

主要調和威士忌　The Famous Grouse

蒸餾器　1對　生產力　340萬公升　麥芽　輕泥煤煙燻

儲藏桶　波本桶和雪莉桶　水源　Turret河

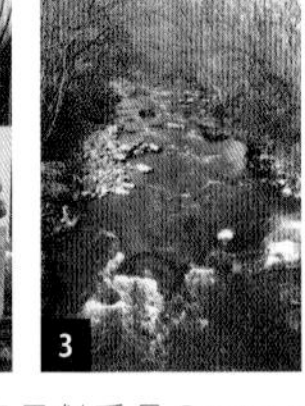

1.威雀雕像的意思似乎是Grouse Love。 **2.**過去在蒸餾廠裡生產麥粉和麥芽，事實上剛好成為小鳥或老鼠的飼料，因此養貓是必然的。Towser這隻格蘭塔瑞蒸餾廠養的貓，連續24年每天平均可抓到3.3隻的老鼠，可說是金氏世界紀錄的名人。 **3.**Turret河。

知名的威雀與Towser貓

格蘭塔瑞是在1775年由John Drummond於南高地Perth郡的Crief郊區所設立的。根據記載，它在1717年便開始釀酒而成為了蘇格蘭最古老的蒸餾廠，不過其實任何一家酒廠都沒有私釀酒時代真正開始釀酒的資料，因此只能說它是有紀錄以來最古老的蒸餾廠。

該酒廠在1921～59年的期間，由於不景氣的關係暫時關閉而被拿來當作農用倉庫使用，之後則由James Fairlie將它重新恢復營運。1981年，格蘭塔瑞的所有權轉移到Rémy Cointreau的手裡，接著又在1990年的時候在愛丁頓集團的援助之下持續營運至今。目前，該酒廠所生產的原酒主要供威雀調和威士忌所用。

另外，在這個酒廠的中庭有擺放一個名叫「Towser」的貓咪銅像，這隻貓非常了不起，牠24年在酒廠裡總共抓到了28,899隻的老鼠而被列入金氏世界紀錄。許多的蒸餾廠都會養貓以保護大麥免受野鳥或老鼠的侵襲，不過實際留有明確數字紀錄並獲得承認的卻只有「Towser」。牠的成果在金氏世界紀錄裡也有相關記載。

Impression Note

GLENTURRET 10年，40%。顏色呈現香檳般的亮金黃色，酒體適中。能聞到麥芽香、麥芽糊和一點點的煙燻味。香草、蜂蜜的甘甜非常明顯，辛香味若隱若現，類似果香的醚味撲鼻而來。可以加一點水飲用。由於該酒款整體的味道相當輕盈，和諧度非常高，因此很容易一直喝下去。可以享受到殘留著蜂蜜香氣的餘韻。

Peaty
泥煤／藥水／樹脂

Pungent
嗆辣／灼熱／刺痛

Cereal
麥芽漿／麥芽／焦味

Bitter
苦味／鹽味／土味

Aldehydic
割草／葉／花

Oil
堅果／奶油／脂肪

Sweet
蜂蜜／香草／甘油

Woody
新木香／水果

GLENTURRET 10年
[700ml 40%]

[酒款]

調和威士忌品牌是威雀。單一麥芽威士忌則推出The Glenturret 10年。另外還有販賣其他多種的單一麥芽威士忌，在遊客中心裡有提供試飲。

[行程]

以The famous grouse experience為名的體驗型遊客中心完工之後，目前每年的參觀人數高達10萬名。這裡不但附設商店和餐廳，在中午的時候還能盡情地享受蘇格蘭特有的傳統料理。該酒廠的營業時間為3月～12月9:00～18:00（週一到週日），1月～2月10:00～16:30（週一到週日）。標準行程的費用是6.95英鎊，體驗之旅是8.50英鎊，麥芽威士忌之旅是10.95英鎊，蒸餾師之旅是18.50英鎊，第9酒窖之旅是40英鎊，以上皆須事先預約。

[路線]

從愛丁堡出發沿著M90號公路北上行駛30公里到Perth，接著沿A85號公路向左朝Crief的方向繼續行駛約1個小時左右，便可抵達位在郊區的格蘭塔瑞蒸餾廠。如果是從格拉斯哥出發的話，走A80號公路北上，接著在Stirling從A9號公路接A822號公路然後繼續北上便可抵達Crief。車程至少都要1個小時。

羅夢湖　英國郵遞區號 G83 0TL

LOCH LOMOND

Loch Lomond Distillery Co Ltd
Lomond Industrial Estate, Alexandria, Dunbartonshire
Tel:01389 752781 E-mail:mail@lochlomonddistillery.com

主要單一麥芽威士忌　Inchmurrin 4年, 12年, Loch Lomond（年數不明）, Old Rhosdhu 5年

主要調和威士忌　Loch Lomond（single blend）, Scots Earl

蒸餾器　2台傳統蒸餾器、1台柯菲蒸餾器，上面的4個圓筒能夠調整酒精濃度

生產力　單一麥芽威士忌400萬公升，穀物麥芽威士忌1,500萬公升　麥芽　泥煤量正調整中

儲藏桶　波本桶　水源　羅夢湖和當地的水井

1

2

3

4

電腦控制的超現代化大型工廠

在蘇格蘭，羅夢湖是最不像蒸餾廠的蒸餾廠。它位於緊鄰羅夢湖（Loch Lomond）的Alexandria郊外的廢棄工業區裡，該建築物雖然有煙囪，不過卻沒有窯爐，不論怎麼看都像是一般的工廠，絕對不會想到這是間酒廠，這也可以算它的特色之一吧。回顧一下歷史，最初把這間工廠當作酒廠的是小磨坊（Littlemill）蒸餾廠，這個蒸餾廠在別的地方早已成立，不過為了想要再開設另一個「工廠」，因此決定將這個原本是染布坊的建築物內部重新整修成威士忌蒸餾廠來使用。由於這間蒸餾廠是1965年才開始成立的，因此可以說是比較新的酒廠。後來，該酒廠於1984年關廠，接著在1年後由Glen Catrine Bonded Warehouse公司將它買下，因而誕生出我們現在所看到的羅夢湖蒸餾廠。

羅夢湖蒸餾廠最特別的要屬它的蒸餾設備也就是蒸餾器。它的蒸餾器非常特別，而且在別的地方看不到。首先，他總共有3對6台的蒸餾器，其中的一對是普通的單式蒸餾器，這對蒸餾器有著頸部彎曲的巨大天鵝頸。至於另外的4台蒸餾器可就相當特殊了，它們從外觀來看

1.巨大的磨麥芽機。 2.填充機。 3・4.發酵槽的填充機完全自動化，連機器的檢查都是工程師而非酒廠師傅的職責。 5.酒桶正在酒廠內的製桶廠裡進行修復與燒烤（char），火侯和燒烤的程度必須要完美的互相配合。 6.代表羅夢湖的柯菲蒸餾器，在同個地方就能製造出不同類型的蒸餾酒。

相當於天鵝頸蒸餾器的頸部被改成了巨大的蒸餾筒（column）。酒廠的經理雖然單純地將它們稱之為「柯菲蒸餾器」（Coffey Still），不過由於這種類型的連續蒸餾器能夠變更蒸氣酒精的回流率，因此只用1對蒸餾器就可釀出多種風格迥異的蒸餾酒出來。順帶一提，柯菲蒸餾器是由一位名叫伊尼亞・柯菲（Aeneas Coffey）的人所設計出來的，他是一位愛爾蘭的蒸餾師兼設計師，柯菲蒸餾器的柯菲便是取自他的名字。在該酒廠所推出的品牌當中，「Old Rhosdhu」便是從這台蒸餾器所製造出來的。此外，羅夢湖的穀物威士忌也是在同一個蒸餾室裡用同一種蒸餾器所連續蒸餾出的。在同一個蒸餾室裡同時生產單一麥芽威士忌和穀物威士忌的酒廠，除了這裡沒有第二家。至於發酵槽方面，雖然目前有10槽在運轉，但是另外還有準備8台做替換，有了這些設備支援，羅夢湖一年可以生產出400萬公升的單一麥芽威士忌和1,500萬公升的穀物麥芽威士忌。

此外，在這個工廠裡也有一個相當完備的自用製桶廠（製桶和修復廠），雖然以前每個蒸

◀羅夢湖這個蒸餾「工廠」的地上層。在2樓的上面有設置大型的蒸餾室，蒸氣酒精會在這裡轉化成液態酒精，並自動分送到旗下的8種品牌。

▼採訪該酒廠時的酒廠經理。不過根據最新消息，Exponent私人投資公司已經買下這間酒廠的全部設備並請來前帝亞吉歐集團的財務長Nick Rose來擔任新公司的總裁，因此不知道這位酒廠經理是否還在。

餾廠的製桶師都有自己的工作場，不過現在已經很少見了，至於還可以稱得上是「製桶廠」的作業場規模更是絕無僅有。另一方面，羅夢湖用來儲放製造好的新酒的酒窖幾乎都是採用棧板和層架以進行熟成，數量計有30棟。此外，該蒸餾廠也正積極地將熟成年數僅4～5年的年輕原酒裝瓶出貨，會有這樣的營業政策是因為考量到部分的市場，特別是義大利或德國，據說他們比較偏好7年以下的蒸餾酒口味。包含這些酒款在內，羅夢湖自家推出的品牌約占全體產量的50%。這些威士忌做成商品之後，接著會在酒廠內自行裝瓶然後出貨上市，剩下的50%威士忌則會賣給其他的廠家。以上是這間宛如「工廠」的蒸餾廠運作系統的全貌，預計將來採用這種方式營運的蒸餾廠只會越來越多，在變動如此激烈的威士忌業界，這或許也是個有效的求生術也不一定。

羅夢湖所推出的品牌其特色在於風格相當廣泛，雖然在2004年為止只有3種，不過2005～6年則一口氣又增加了5種，因此目前

用棧板和層架儲放的酒窖，既有效率又合乎傳統。

的品牌竟然多達8種。其中，Loch Lomond和Inchmurrin不含泥煤味，從Glen Douglas開始接著是Inchfad、Old Rhosdhu、Craiglodg、Inchmoan、最後是Croftengea，泥煤的香氣依此順序越來越強烈。順帶一提，煙燻味最重的Croftengea其酚值為40ppm，至於另外2個不應該會有泥煤的品牌，在實際測量之後也發現含有1ppm非常微量的酚值。不過這應該不是麥芽有沾到泥煤的關係，推測應該是水源的關係所致。最後，羅夢湖蒸餾廠每年只會用一個月的時間來生產帶有泥煤香的威士忌。

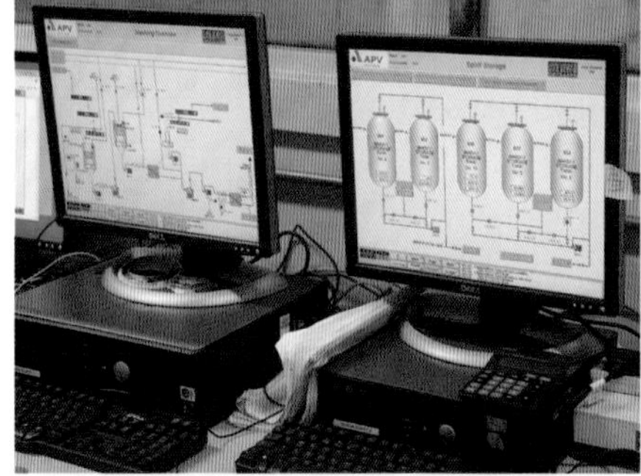

並非只是單純由調酒師在調酒室裡聞香，而是有如技師一般在實驗室裡實驗的場景。

IMPRESSION NOTE

LOCH LOMOND前味以柳橙味和辛香為底，同時也能感覺到一點點揮發性的刺激味。入口之後，除了柳橙味還能感覺到太妃糖和麥芽般的甜味帶著苦澀，並由辛香味將所有的味道串連在一起。餘韻雖然普通，不過在甘甜的背後會有辛香和揮發氣味撲鼻而來，感覺相當舒服，和同品牌的15年款那種給人格拉巴酒風味的乾爽完全不同。

[酒款]

調和威士忌的品牌有Loch Lomond（single blend）、Scots Earl。單一麥芽威士忌則有Loch Lomond、Old Rhosdhu 5年和Inchmurrin12年等。

[行程]

沒有旅客中心和參觀等設施。不過，羅蔓湖這間大工廠所生產的穀物和麥芽威士忌竟然達1,900萬公升，這實在是太讓人吃驚了。相較之下，其他酒廠的設備看起來就顯得嬌小許多。如果他們能開放參觀，或許可以讓我們有機會能夠從另個的角度來了解蘇格蘭威士忌。

[路線]

從格拉斯哥出發，過了M8號公路之後接著從A82號公路往Alexandria的方向行駛。該酒廠位在一個跟它的名字感覺不太像的工業區之中，它的外觀像工廠，沒有很漂亮，所以會有點困惑。接著，你可能還會因為找不到入口而更困惑。

LOCH LOMOND
[700ml 40%]

低地區

LOWLANDS

低地區位於一大片農田之中，中心則是蘇格蘭的古都史特林、首都愛丁堡以及商城格拉斯哥。

和高地區相比，低地區有著更肥沃的土地和溫暖的氣候，是個相當安逸平和的地區。

不過如果回顧歷史，卻不禁想起包括低地區在內的蘇格蘭那過去多次與英格蘭奮戰而沾滿鮮血的歷史，進而使人更想去當地的蒸餾廠看看。

AUCHENTOSHAN

Morrison Bowmore Distillers Ltd (Suntory Ltd)
Dalmuir, Clydebank, Dunbartonshire
Tel:01389 878561 E-mail:info@morrison bowmore.co.uk

主要單一麥芽威士忌 Auchentoshan Class 12年, 18年, Three Wood

主要調和威士忌 Rob Roy, Islay Legend 蒸餾器 初餾1台、中餾1台、終餾1台

生產力 180萬公升 麥芽 不含泥煤 儲藏桶 波本桶和雪莉桶 水源 Katrine湖

孕育出纖細風味的3次蒸餾

在為數不多的低地區威士忌當中，歐肯特軒是至今仍採用傳統的3次蒸餾的唯一一家蒸餾廠。提到3次蒸餾，或許有很多人會覺得那是威士忌發源地愛爾蘭的製法，不過其實蘇格蘭的低地區在過去也經常採用3次蒸餾。順帶一提，相對於蘇格蘭威士忌（指的是單一麥芽威士忌）只使用大麥麥芽做為原料，愛爾蘭威士忌（指的是純壺式蒸餾威士忌）的特徵在於會同時使用大麥麥芽和未發酵的大麥，並採用3次蒸餾。除了使用的原料不同之外，愛爾蘭威士忌在其他的製法上都和低地區所採用的3次蒸餾是一樣的。

3次蒸餾是依初餾（酒汁蒸餾器）、中餾、終餾（烈酒蒸餾器）的順序進行，和2次蒸餾不同的地方只有在於多了中餾這道手續。酒汁（麥芽發酵汁）透過3次蒸餾，將可以過濾掉蒸汽酒精裡的雜質進而大幅降低雜味，讓蒸餾出來的酒精更加純淨，味道更加清爽乾淨。雖然有些人會認為這樣的味道會破壞蘇格蘭威士忌給人風味複雜又豐富的形象，甚至可說缺乏個人特色。然而，也正因為如此，才能讓低地區的威士忌得以在進行橡木桶熟成之後，形成

纖細、淡雅、圓潤順口而清爽舒服的特色，成功地蛻變風格。

歐肯特軒酒廠的歷史基本上被認為是從1800年所開始的，不過其實並沒有相當明確的記載。雖然資料不是很清楚，但是一般是以1823年由一位名叫Thorne的人從政府取得了合法釀酒執照而做為該酒廠的起源，在這之前則屬於私釀酒時期。總之，歷經多次變遷之後，艾雷島上的Morrison Bowmore在1884年成為了酒廠的主人，到了1994年，日本的三得利公司取得了Bowmore全數的股份，而歐肯特軒也因此跟著併入三得利集團的旗下並一直持續至今。歐肯特軒從以前就一直有遊客中心，酒廠雖然離格拉斯哥很近，但是卻很難吸引遊客前來，該酒廠於是在2005年的時候將它重新整修以提供更優質的服務。由於蒸餾設備也相當乾淨而讓酒廠看起來更好，因此現在遊客變得越來越多，相信在今後的業績上也將能表現得更好。

歐肯特軒的糖化槽是裝飾成木製風的不銹鋼槽，並附有半圓型的銅蓋。該酒廠雖然有4台奧勒岡松發酵槽，然而有趣的是，麥芽汁從糖化槽送到發酵槽之後，有一小部分會釀造成麥芽啤酒（上層發酵的一種啤酒）。這個嘗試是出自酒廠經理Jeremy Stephens的點子，他原本也是位釀酒師，這項成果最初在2009年的威士忌節發表時，曾獲得相當好的評價。順帶一提，這種麥芽啤酒的試做，斯貝河畔地區的史翠艾拉也正在進行，而且他們是相當認真看待這個構想，甚至將11個發酵槽當中的其中1個專門拿來生產麥芽啤酒，或許未來這個新領域也會在其他的酒廠裡流行起來。

在蒸餾設備方面，歐肯特軒共有3台（1組）蒸餾器，初餾的容量為17,500公升、中餾為8,200公升、終餾則為11,500公升，因此以中餾的容量最小。蒸餾的時間分別為1小時、5小時、9小時，目前的年生產量則有175萬公升。

歐肯特軒的酒窖是採堆積式，比較受歡迎的酒款基本上是用波本桶、雪莉桶（Oloroso和Pedro Ximénez）這3種橡木桶來配合調出不同的酒款並進行熟成。Class 12年、Three Wood 18年和21年以及在免稅商品販售的Select（不表示年份）則是目前該酒廠的主力商品。歐肯特軒在蓋爾語的意思為「原野的一角」。

IMPRESSION NOTE

柑橘類果香中帶著初夏森林裡的空氣，入口之後果香變得更濃，特別能聞到像是柳橙的味道。當然，感覺也越來越來圓潤，同時還有一點杏仁般的堅果味，讓人覺得十分清爽跟舒服。餘韻則在堅果味快要消失的時候隱約又帶出淡淡的焦糖味。酒體輕盈。

AUCHENTOSHAN 12年

[700ml 40%]

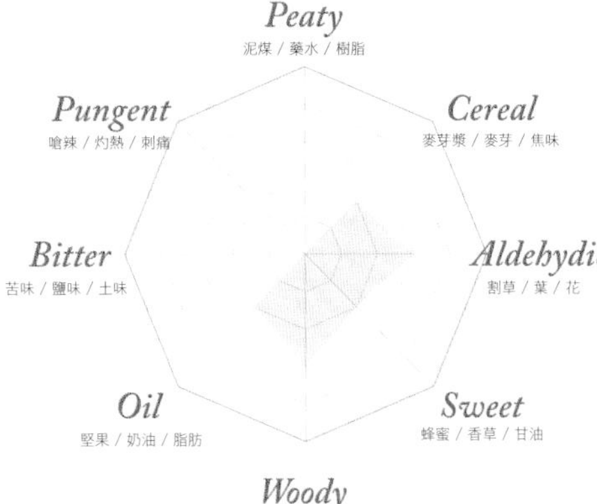

[酒款]

主要的調和威士忌廠牌是Rob Roy、Islay Legend。單一麥芽威士忌則有Auchentoshan Class 10年、12年、21年、22年、25年、31年；Three Wood Edition；Cask Strength 18年；Old Vintage 18年等，在國際上獲得相當多的金牌。

[行程]

標準行程的費用是5英鎊，體驗之旅是23英鎊，終極體驗之旅是45英鎊，需要事前預約。除了聖誕節和新年，整年的營業時間為9:30～17:00（週一到週日）。

[路線]

從格拉斯哥往西行駛15公里。到了Clydebank之後，即使將郵遞區號輸入導航系統也不太容易找到目的地，因此歐肯特軒是需要有地圖才能順利抵達的蒸餾廠之一。該酒廠的水源是引自泉水，由於是經過最後冰河時期所堆積的沙和沙石，因此水質屬於硬水。

達夫特米爾 英國郵遞區號 KY15 5RF

DAFTMILL

The Cuthbert family
By Cupar, Fife
Tel:01337 830303 E-mail:info@daftmill.com

主要單一麥芽威士忌	N/A	主要調和威士忌	N/A	蒸餾器	1對
生產力	1萬公升	麥芽	不含泥煤		
儲藏桶	波本桶加上一些雪莉桶				
水源	地下水（自挖井）				

由農家所製造的單一麥芽威士忌

以成立的時間來看，達夫特米爾算是蘇格蘭少數「新開的」蒸餾廠，它位在法夫郡（Fife）的Cupar，地點在距離聖安德魯斯（St Andrews）這個以高爾夫而聞名的北海岸約40～50公里遠的內陸位置上。

達夫特米爾這個典型由家族所經營的農場蒸餾廠（farm distillery），它是由Cupar的一戶農家Cuthbert家族裡的Francis和Ian兄弟倆所成立的，該酒廠是低地區威士忌睽違已久才誕生的新品牌。提到農場蒸餾廠，不免讓人想到艾雷島上的齊侯門，而達夫特米爾的規模則和它差不多。不過如果是蒸餾設備方面，光看建築物的話，達夫特米爾的規模幾乎只有齊侯門的一半，這實在是讓人相當吃驚。

達夫特米爾在2005年11月於聖安德魯斯獲得執照之後，至今已經營運9年了。該酒廠第一次進行蒸餾是在同年的12月16號，而最初的裝桶作業是由Francis和Ian的母親親手將1號酒桶給裝滿的，從Francis和Ian在2003年計畫開酒廠開始算起，到這一天已經整整過了2年的時間。

Cuthbert家族本來就是種植大麥和馬鈴薯的

1.蒸餾廠的全貌。整個酒廠的規模就只有這樣！ 2.蒸餾器的壺身部分。

農家，因此基本上也都是用自家農場種的大麥來製造威士忌，實際採取的做法則是將自家栽培的大麥交給麥芽廠，然後請他們協助生產麥芽。

達夫特米爾的水源來自附近所鑿的井，這些井水會被打到水塔裡面以供使用。在設備方面，該酒廠有1台半過濾式的不銹鋼糖化槽、3台發酵槽和1台尚屬測試階段的超小型奧勒岡松發酵槽。此外，用來蒸餾的蒸餾器則有2台共1對，雖然之前所聽到的尺寸是容量不滿3,000公升，不過我實際看到蒸餾器上的標示卻是酒汁蒸餾器17,138公升、烈酒蒸餾器15,911公升，讓人不知道實際上到底是多少。

達夫特米爾的威士忌主要是裝在波本桶裡進行熟成，使用的則是像Heaven Hill、Maker's Mark、Jack Daniel's等知名的舊橡木桶，其他雖然還有使用一些雪莉桶，不過數量不會太多。在酒窖方面，該酒廠採用的是堆積式。目前這些酒桶尚未開始販賣或是裝瓶，全都在靜靜地等待10年熟成的結束。10年是這對兄弟所定的年數，時間則是在2015年的年底。

蒸餾器是直線型，冷凝器則裝在屋內。

格蘭昆奇

英國郵遞區號 EH34 5ET

GLENKINCHIE

Diageo plc
Peastonbank, Pencaitland, East Lothian
Tel:01875 342004 E-mail:glenkinchie.distillery@diageo.com

主要單一麥芽威士忌 Glenkinchie 12年, 蒸餾廠版Glenkinchie　主要調和威士忌 Haig, Johnnie Walker

蒸餾器 1對　生產力 200萬公升　麥芽 輕泥煤煙燻　儲藏桶 波本桶

水源 當地的泉水、Lammermuir丘的泉水

傳統的低地區威士忌，輕柔而甘甜

格蘭昆奇位在愛丁堡的西南方開車約1個小時，它蓋在一片彷彿被荒煙漫草掩蓋的土地上，而地點就在東Lothian地區離Pencaitland這個小村莊再遠一點的郊外。1825年，Lothian的農民John和George Rate倆兄弟在這裡開了間名叫米爾頓（Milton）的蒸餾廠並開始從事釀酒工作，接著在1837年取得政府的認可之後，又重新蓋了這座格蘭昆奇蒸餾廠以正式對外營運。現在該酒廠和歐肯特軒一樣都是低地區碩果僅存的麥芽威士忌酒廠，不過由於還是有非常多的穀物威士忌酒廠，此外也有許多調和威士忌公司、製造工廠以及麥芽生產公司聚集於此，因此低地區現在仍是威士忌產業的重鎮。

酒廠裡的建築全部都是用紅磚打造而成的，氣勢非常壯觀，現在是歸帝亞吉歐集團所有。格蘭昆奇在2011年的時候年產量為235萬公升，以蘇格蘭威士忌整體來說，生產規模算中等。該酒廠在蒸餾設備組合方面共有1台全濾式的糖化槽和6台用道格拉斯杉做成的發酵槽，另外還有2台不銹鋼製的燈籠型蒸餾器。至於低地區特有的3次蒸餾則是在酒廠成立當初就沒有實施。

1.原物重現農家在私釀酒時代所用的私人蒸餾機器，構造極為簡單，相當容易理解。 2.上面的照片是蟲桶的內部，全部都是博物館裡的展示品。 3.格蘭昆奇蒸餾廠內的1/6發酵室模型。4.燈籠型蒸餾器。

5.冷凝器的剖面模型。 6.裝桶區和烈酒槽。7. 收集槽和烈酒保險箱做的非常精緻，低酒和烈酒從蒸餾器送出後會進到這裡。

IMPRESSION NOTE

彷彿將新鮮的柑橘系酸味用花香覆蓋住所營造出來的華麗氣息，當中還帶點辛香和起士般的濃郁滋味，口感非常滑順。另外，也能感覺到麥芽的甜味。餘韻如絲般地悠長，喝起來非常舒服。

GLENKINCHIE 12年

［700ml 43%］

［酒款］

提供原酒給Johnnie Walker、Dimple和Haig以做為調和威士忌之用。單一麥芽威士忌則有Glenkinchie 12年、Distillers Edition 1999年，Vintage 1987年目前則已停賣。

［行程］

格蘭昆奇自1968年起便將原本用來做地板發芽的建築物改造為博物館，並委託Bassett-Lowke公司製作出1/6尺寸的迷你蒸餾廠模型，此為該酒廠的一大賣點。標準行程的參觀費用是5英鎊，升級行程是6英鎊。營業時間為4～10月10:00～16:00（週一到週六），12:00～17:00（週日），11～3月12:00～15:00（週一到週五），12:00～17:00（11月的週六和週日）。

［路線］

從愛丁堡沿著A68號公路、A6093號公路往東行駛數公里，格蘭昆奇就在Pencaitland這個小村子裡，地點就在位於East Lothian中心的一塊肥沃的農田的正中央。距離不是很遠，可當日來回。

斯貝賽製桶廠 英國郵遞區號 PH7 4HA

SPEYSIDE COOPERAGE

The Edrington Group
The Hosh, Crieff, Perthshire
Tel:01764 656565 E-mail:－

威士忌的味道是在製造的過程中由各種極為複雜的條件而產生的，不過大致上來說，可區分為蒸餾前的各種工序和熟成這兩大要素。如果依比例來看，熟成這個因素更能直接影響味道的形成。熟成的結果與酒窖的環境或是氣溫、濕度等氣候差異有很大的關係，在熟成的過程中，酒桶裡所發生的變化則是影響味道的重要關鍵，同時並左右著威士忌的個性，這就是所謂的「威士忌浪漫」。有時許多的傳說與故事就是在這個過程中發生的，進而讓味道增添更多的風味。在這些條件中，威士忌的酒桶則是孕育出威士忌浪漫最直接也是最重要的「推手」。

關於熟成用的酒桶，如果是以前規模較大的蒸餾廠，他們通常會有自己的桶匠（cooper）來製造酒桶，不過後來由於經營效率的關係，近年來酒桶幾乎都是以委外訂製的方式居多。其中，最大的製桶廠當屬「斯貝賽製桶廠」。雖然說是製桶，不過其實多半都是重新修復舊桶，也就是所謂的舊桶再利用。至於新桶的製作，一年10萬的酒桶裡面頂多才2,000個，在比例上還不到2%。在舊桶的修復方面，有的只需要「稍微修補一下」，有的則需要花上跟製作新桶幾乎同樣時間來加以整修，作業可說是相當複雜。

原木取材的範本，實際用象鋸法和平鋸法來
做解說。

遊客可以自己試試酒桶製作過程中的箍桶工序。
非常難！ 可當成博物館的資料。

陳列各種酒桶。
左邊開始分別為豬頭桶、雪莉桶、波本桶、邦穹桶

師傅們在推酒桶時看起來好像很輕鬆，不過其實這要有非常熟
練的技巧才能夠一下子就確實地把酒桶放在應有的位置。

大致上不同的部件分別放在不同的地方，但是也可以看見同一個師傅正在到處移動。前面的師傅
正在調整金屬箍，要讓酒桶能夠完美地呈現滴酒不漏的狀態，必須要一個個用手親自整修。

租車與衛星導航系統

RENT-A-CAR & NAVIGATION SYSTEM

日本的交通系統是跟包含蘇格蘭在內的英國所學的，由於也是靠左行駛因此完全沒有任何衝突，甚至交通標誌和規則也幾乎都和日本一樣，只要知道右側行駛的車輛優先就行了。如果是要去像是斯開島、艾雷島、奧克尼群島等公共交通工具較少的地方，那麼會更需要有輛車。此外，即使是自己規劃好的路線，有時也會因為鐵路、巴士、飛機的班次不多而受限於搭乘的時刻，結果錯失了想去的蒸餾廠的開放時間。如果是使用Hertz租車，從日本到蘇格蘭，只要是飛機有到城市，在當地的機場都一定有設營業據點，所以如果是Edinburgh當然是不用說，甚至是Aberdeen、Glasgow、Inverness和Perth也都有。只要在日本用日文預定，就能安心租車，不論是保險的內容、車種、大小、手排還是自排、抵達時間、還車時間、還車地點等都能自行選擇。如果有加入Hertz #1 Club Gold（免費）並在預約的時候告知號碼，營業據點就會將車子準備好鑰匙並附上你的名字等你前來取車，真的是非常方便。不過在租車前，當然先要帶著護照和國內駕照然後申請好國際駕照才行。

到了陌生的土地，當然最好要有衛星導航系統，它可以正確地引導你到目的地。然而，租車公司所提供的車子很多都沒有導航系統。雖然只要再付大約3000日圓左右就能順便跟租車公司租導航系統，不過操作說明是英文而沒有日文，所以想去的地方名稱必須得用英文輸入。因此，郵遞區號在這時就變得非常重要。比起要輸入一長串的住址更簡單，只要輸入7個歐文和數字即可，應該很簡單吧？每一個蒸餾廠都有自己的郵遞區號。例如，如果是Highland Park的話，它的郵遞區號是KW15ISU。只要輸入這7碼，那麼幾乎有95%的機率能夠正確地到達建築物的面前。（只有齊侯門跟實際位置差了5公里之遠，要特別小心。）

事實上，因為太常在歐洲開車而需要經常租車子和導航了，所以我曾經比較了幾間廠商然後上網買衛星導航系統。GARMIN nuvi 2595V是從點煙器接電源，只要插進地圖卡不管去世界各地都能暢行無阻。我本來以為它的性能非常好，然而，雖然這台導航在英國和蘇格蘭很好用，可是到了義大利卻完全幫不上忙。不但啟動後過了20分鐘才開始慢慢有反應，最後甚至在單行道上要逆向行駛。我想這樣下去不行，最後只好像以前那樣買了紙本地圖才解決了這個危機。後來回到日本之後，這台GARMIN導航還是隨便帶路，簡單的說就是派不上用場。我不知道為什麼它完全不聽指示，難道是壞了嗎…。經由這次的經驗，我深深覺得最好導航和傳統地圖兩個都準備才能讓旅途圓滿結束。

這次租車的運氣非常好，裡頭已經有內建導航系統。按了NA
之後，選完國名再選州名，然後是市名。接著只要再輸入路
和門牌號碼就會和日本的導航一樣出現該目的地的地圖。不
和日本的標準導航相比，這台系統的反應較慢，可說不太
用。

本書有附上每個蒸餾廠的7碼的郵遞區號，如果要輸入NAV，
有這7碼會非常方便。雖然幾乎每個地方都能正確地引導
來，但是在極少的情況之下還是有可能會帶錯地方，因此建
最好買最新的地圖一起搭配使用。如果有同行者，請對方幫
一起看導航，或許會更熟悉蘇格蘭的路，但是也可能會因此
架。此外，通常都會賣蒸餾廠地圖，可以買下來做紀念或當
物送人。

日本Hertz租車公司
預約中心 0120-489882

蘇格蘭的加油站很少，如果油表顯示已經低於一半，遇到下個加油站時要記得加油，此外也可以順便買一下水跟食物，然後再借一下廁所。加油幾乎都是自助式，如果無法使用信用卡，那麼需先付款才能加油。

在金泰爾半島開車通往坎培城的路上，一路相當蜿蜒曲折。由於是普通道路，因此平均速度以95km/h+10%最適當。此外，高速道路是135km/h，市區則約45～65km/h，依據不同的情況，速度也必須跟著做調整。

飛機與渡輪

AIRPLANE & FERRY

雖然去蘇格蘭一般都是搭飛機去，不過由於沒有直飛，因此只能轉機前往。如果在英國的話一般可能會從倫敦的希斯洛（Heathrow）機場或是蓋威克（Gatwick）機場轉機吧，不過希斯洛的機場稅可是世界超級高的，而且搭國際線轉機的時間如果是在第5航廈的話那麼至少要2個小時以上！因此如果沒有特別想要去倫敦看看的話，可以選擇搭KLM或是Lufthansa、Scandinavian、Air France直達愛丁堡、格拉斯哥或是亞伯丁。總之，要不要從麻煩的倫敦轉機全憑自己的選擇。

如果搭渡輪的話，那麼週日的航班會比較少。另外，如果是到STROMNESS，要特別注意週六只有9:00和16:45出發這2班。在旅遊旺季的7～8月搭渡輪的人會非常多，至於冬季則有時候會因為海象不佳而暫停出航。如果是在旺季要搭渡輪到奧克尼群島，1個人的費用17英鎊，車子則是51英鎊。如果在出發的30分鐘前無法完成報到，那麼將無法登船。如果搭的是大型的渡輪，則還需要出示護照等身分證明文件。

從金泰爾半島的Kennacraig到艾雷島的Port Askaig大概要花2個小時左右，至於如果是從艾雷島的Lochranza到金泰爾半島的渡輪一天大概有6～7班，約90分鐘能抵達目的地。此外，週日經常會減班，冬天如果遇到海浪較大時則有可能會暫停出航。

相較於日本的渡輪，蘇格蘭的設備非常充實，裡頭有商店、酒吧、遊戲間、休息室、餐廳、可看電視的休息室、能坐按摩椅的休息室，此外，2F還有室外坐椅和寵物專區等，讓乘客在搭船時絕對不會感到無聊。Caledonian MacBrayne渡輪公司的主要航線有從蘇格蘭本島到金泰爾半島、艾倫島、吉拉島、艾雷島和斯開島等地方，幾乎是整個西側的半島全部網羅在裡面。此外，北愛爾蘭和曼島就在旁邊，想要的話還可以順便去看看，簡直就是完整的海上交通網。

渡輪是威士忌蒸餾廠巡禮所不可欠缺的交通工具，為了在旅途中能夠更有效率地抵達目的地，記得要好好活用渡輪。

Caledonian MacBrayne. Hebridean & Clyde Ferries
www.calmac.co.uk

Northlinkferries
www.northlinkferries.co.uk

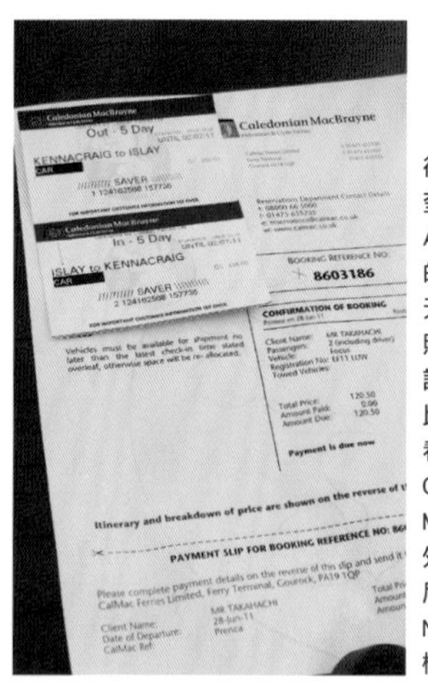

從金泰爾半島肯納奎格到艾雷島Port Askaig的船票。我們的票是在出發前一天買的，如果是喜歡照規劃行動的人，建議可以先上網預訂會比較保險，可以找找看專營Hebridean和Clyde地區的Caledonian MacBrayne渡輪。另外，如果是要到奧克尼群島，那麼可以找Northlink渡輪，1天大概有6到7個班次。

Kennacraig的渡輪售票處，相當乾淨又舒服的地方。搭船前一小時買票，搭船前30分鐘完成報到，接著坐車前去搭船。

渡輪的規模雖然滿小的，不過對當天的乘客和車子而言空間也算相當足夠了。而且比較令我驚訝的是很多人都有帶狗，甚至還能帶到船艙裡面，真不愧是有很多愛狗人士的蘇格蘭。

從渡輪的2樓甲板所拍的照片。穿過位於吉拉島和艾雷間的湍急海峽，然後向阿斯凱克港前進。1天有4班，週日則僅有2班，詳細請上網確認。

選擇住宿

HOTELS

到蘇格蘭旅遊，要看自己想住怎樣的旅館，如果是希望住比較乾淨、有熱水、感覺比較實在的旅館，那麼建議可以先在日本就預約好再出發會比較安心。雖然我們習慣到了當地才直接隨便找間沒有星級的旅館來住，但如果是夏季觀光旅遊季的時候，建議最好還是要在出發前就先訂好旅館。如果是我，我通常會上Hotel.com等可以直接用日文搜尋的網站來預約海外飯店的房間。接著只要將訂好的資料列印下來然後再拿給飯店的櫃台人員就可以了，真的是非常方便。

其實如果和英格蘭、法國、義大利、德國相比，蘇格蘭的旅館並沒有那麼多。若想要在島上過夜的話，如果沒有先找好住宿的地方，就要有心理準備可能會在車上過夜。我以前曾經太天真，到艾雷島之後找了10多間的旅館，結果都說客滿沒有房間可以讓我住。不過，後來有非常熱情的島民看到了不知所措的我，然後主動幫我打了好幾通電話問問看是否還有空的房間，就像是自己的事一樣，這讓我覺得非常的窩心。人家說住在島上的人不管是哪一國都很熱情，這句話是真的。

至於商城格拉斯哥，由於它是蘇格蘭人口最多的地方，因此即使是在平日飯店也會因為舉辦商業會議而到處都客滿。

總之，即使是經常到處旅行的人，不論是要去島嶼或是城市，也不論是哪一天到或哪一天離開，只要是到蘇格蘭旅行那就更應該確實地先訂好旅館。雖然設備可能稍微簡單了一些，但是偶爾選擇入住B&B（英國提供旅客空房的獨特系統，不論是都市還是鄉下都有。費用大概只有飯店的30%，同時也有機會能夠和老闆交流互動）也是個滿有趣的體驗。我在英國選擇B&B住宿時，目前還沒有過任何不愉快的經驗。不但乾淨、親切而且還很便宜，由於能夠真正地體驗到蘇格蘭的在地生活方式，因此有機會的話請務必住住看B&B。

關於蘇格蘭旅館的早餐，如果你點的是蘇格蘭式早餐，那麼通常會有煎的脆脆的培根、香腸、豆子再配上水波蛋或單面煎蛋，飲料則是熱紅茶或咖啡，最後再附上吐司、優格跟水果。只要把這一餐好好吃完，即使中午沒有機會吃到午餐，也能好好地參觀完整個蒸餾廠。

上面是我們從亞伯丁開車開了4個小時，到了晚上12點才終於抵達的旅館。
下面則是Craigellachie Hotel。靠近斯貝河邊，不論是餐廳的料理或是酒吧裡的氣氛都非常棒。

沒想到Highland Inn的酒保竟然是一位日本女生。我們沒有在這裡住宿，不過這是Highland Inn的全貌。這個酒吧的威士忌不論是質還是量都非常好。

DUFFTOWN WHISKY SHOP

以地理上來說，達夫鎮算是斯貝河畔的中心，除了格蘭菲迪、百富、慕赫、格蘭杜蘭這些蒸餾廠都位在這個鎮裡，甚至連麥卡倫、魁列奇以及斯貝賽製桶廠也都在這附近，開車不到幾分鐘就可到達。達夫鎮的中心是The Square，它是有一座石塔的廣場The Squeare，石塔裡面有旅客服務中心，而位在廣場正前方的就是「The Whisky Shop Dufftown」。

店內的構造雖然看起來很像小村子裡的酒舖，不過因為這家店時常會提供該地區的威士忌相關活動訊息，甚至是旅遊情報也有很詳盡的介紹，因此在斯貝河畔裡算是非常有名的商店。陳列的相當整齊又簡單的酒款，不但網羅了當地和斯貝河畔所產的威士忌，甚至連蘇格蘭主要產區的品牌也都應有盡有，幾乎沒有你找不到的酒款。像這樣的感覺和特色，在都市的商店裡絕對找不到，充分地散發出斯貝河畔的鄉村氣息。

地址：1 File St, Dufftown , Maray, AB55 4AL
10:00~17:00

THE WHISKY CASTLE & HIGHLAND MARKET

都明多村位在斯貝河畔地區最西南端的山坡上，而The Whisky Castle則是位在這個村落的中心附近。這家店面向著主要道路（A939號），不但散發出蘇格蘭的鄉村氣息，且地方的色彩相當濃厚。店長同時也是老闆的Mike Drury先生是該地稍具知名度的品酒師，如果有客人上門，他總是用相當豐富的威士忌知識來請客人試喝看看。此外，在店內有展示一瓶在2009年被列為世界金氏紀錄、容量105.3L的世界最大酒瓶。這個酒瓶裡裝的是48%非冷凝過濾的都明多14年特別酒款，另外還有推出限定500瓶的複製款。擺在店內架上的威士忌非常驚人，光是麥芽威士忌就高達有550種，其中還包括非常多這家店自己特別訂製、蒸餾廠原本沒有推出的年份酒（也就是說這些酒不是來自獨立裝瓶廠，而是由蒸餾廠正式裝瓶推出的稀有款），即使只是看看也覺得非常開心。另外，在商店的隔壁還同時開了間紀念品店「Highland Market」，由於在這裡就可以直接買到蘇格蘭的紀念品，這對於時間相當緊湊的蒸餾廠巡禮之旅可說是非常方便的事。這家商店的位置離一些蒸餾廠不遠，下了坡之後到格蘭利威酒廠只要15分鐘，開車到旁邊郊外的都明多酒廠則只需5分鐘。

地址：6 Main Street, Moray, AB37 9EX
☎：0187 580 213
e-mail: saleswhiskycastle.com

TITLE

愛酒家的蘇格蘭威士忌講座

STAFF

出版　三悅文化圖書事業有限公司
作者　和智英樹　高橋矩彥
譯者　謝逸傑

總編輯　郭湘齡
責任編輯　黃思婷
文字編輯　黃美玉　莊薇熙
美術編輯　朱哲宏
排版　二次方數位設計
製版　昇昇製版股份有限公司
印刷　桂林彩色印刷股份有限公司

法律顧問　經兆國際法律事務所　黃沛聲律師

代理發行　瑞昇文化事業股份有限公司
地址　新北市中和區景平路464巷2弄1-4號
電話　(02)2945-3191
傳真　(02)2945-3190
網址　www.rising-books.com.tw
e-Mail　resing@ms34.hinet.net

劃撥帳號　19598343
戶名　瑞昇文化事業股份有限公司

初版日期　2017年2月
定價　600元

ORIGINAL JAPANESE EDITION STAFF

撮影協力　目白・田中屋

スコッチウィスキー参考文献

開高健「地球はグラスのふちを回る」新潮文庫
マイケル・ジャクソン「ウィスキー・エンサイクロペディア」小学館
土屋守著「スコッチウィスキー紀行」東京書籍
土屋守著「シングルモルト・ウィスキー大全」小学館
古賀邦正著「ウィスキーの科学」講談社
橋口孝司著「ウィスキーの教科書」新星出版社
旅名人ブックス「スコッチウィスキー紀行」日経BP
旅名人ブックス「スコットランド」日経BP
オキ・シロー著「ヘミングウェイの酒」河出書房新社
盛岡スコッチハウス編「スコッチ・オデッセイ」盛岡文庫
中森保貴「旅するバーテンダー」双風舎
山田健「シングルモルト紀行」たる出版
スチュアート・リヴァンス「ウィスキー・ドリーム」白水社
Gavin D Smith & Graeme Wallance「Discovering Scotland' s Distillies」
Charles MacLean「Molt Whisky The Complete Guide」Mitchell Beazley
David Wishart「Whisky Classified」Pavilion
On The Whisky Trail「Discover The Fascinating Story Behind The WATER STORY」Delta
「MAP OF BRITAIN」COLLINS
「ROAD ATLAS BRITAIN & IRELAND」COLLINS
「Elgin & Dufftoun」Buckie & Keith

國家圖書館出版品預行編目資料

愛酒家的蘇格蘭威士忌講座：100間蒸餾廠的巡迴試飲之旅／和智英樹, 高橋矩彥作；謝逸傑譯.
-- 初版. -- 新北市：三悅文化圖書, 2017.02
336　面；14.8 X 21　公分
譯自：男のスコッチウィスキー講座：100蒸留所巡礼試飲旅
ISBN 978-986-94155-0-7(平裝)

1.威士忌酒 2.品酒

463.834　105023829